普通高等教育"十一五"国家级规划教材

高职高专电子信息专业系列教材

PLC原理与应用
（三菱FX系列） （第2版）

■ 俞国亮　主编

清华大学出版社
北京

内容简介

本书详细介绍了三菱 FX2N 系列 PLC 的原理与应用。主要内容包括：PLC 基础、FX2N 系列 PLC 内部软元件、基本逻辑指令、步进指令和功能指令、PLC 的通信、PLC 控制系统应用设计以及实验与实训。通过实例详细介绍了使用 FXGP 编辑、调试梯形图程序和 SFC 程序的全过程，使用 GPPW 软件进行模拟仿真的全过程。通过国产 PLC 工程应用案例，来掌握触摸屏、文本显示器、步进电机驱动器和变频器的编程与使用。书中配有的例题和习题翔实，好学易懂，特别适用于初学者。

本书可作为高职高专电子信息工程、电气工程、自动化、计算机应用以及机电一体化等专业教材，亦可作为职大、电大和本科相关专业的教学用书，还可用作电工类技师、高级技师的 PLC 技术培训教材。对于广大的电气工程技术人员，也是一本有价值的参考手册。

本书封面贴有清华大学出版社防伪标签，无标签者不得销售。
版权所有，侵权必究。举报：010-62782989，beiqinquan@tup.tsinghua.edu.cn。

图书在版编目（CIP）数据

PLC 原理与应用（三菱 FX 系列）/俞国亮主编．—2 版．—北京：清华大学出版社，2009.8(2023.8 重印)
高职高专电子信息专业系列教材
ISBN 978-7-302-20106-9

Ⅰ. P… Ⅱ. 俞… Ⅲ. 可编程序控制器－高等学校：技术学校－教材 Ⅳ. TP332.3

中国版本图书馆 CIP 数据核字（2009）第 069419 号

责任编辑：刘 青
责任校对：袁 芳
责任印制：沈 露

出版发行：清华大学出版社
网　　址：http://www.tup.com.cn, http://www.wqbook.com
地　　址：北京清华大学学研大厦 A 座　　　　邮　编：100084
社 总 机：010-83470000　　　　　　　　　　邮　购：010-62786544
投稿与读者服务：010-62776969，c-service@tup.tsinghua.edu.cn
质量反馈：010-62772015，zhiliang@tup.tsinghua.edu.cn
印 装 者：三河市人民印务有限公司
经　　销：全国新华书店
开　　本：185mm×260mm　　　印　张：19.25　　　字　数：429 千字
版　　次：2009 年 8 月第 2 版　　　　　　　　印　次：2023 年 8 月第 16 次印刷
定　　价：59.00 元

产品编号：029104-05

PREFACE 前言

本书第 1 版于 2005 年 6 月出版后,受到广大读者的关注和支持,得以多次印刷。在第 2 版中,总结了近几年来的教学实践,吸取了使用本书的院校老师的建议和意见,考虑到 PLC 的更新换代和 PLC 控制技术的迅速发展,对教材进行了全面的修订和改写,新增了触摸屏、文本显示器、步进电机驱动器和变频器方面的应用案例,在教材内容和体系上也做了必要的调整和取舍,重绘了许多插图。

在第 2 版中继续沿用第 1 版采用的个人电脑加 PLC 编程软件方式进行 PLC 学习和实验,随着笔记本电脑的普及,利用该方式进行现场调试较之使用简易编程器调试,功能更强大,使用更方便。关于 PLC 编程软件,删除了 DOS 平台下的 MEDOC 内容;把 Windows 平台下的 FXGP 升级到了 V3.30,增加了用 FXGP 进行监控调试的实例。新增了 GX Developer V8.52 的使用,当其内装了 GX Simulator(含梯形图逻辑测试工具 LLT)后,即使在没有昂贵的三菱 PLC 的情况下,也能对梯形图进行离线调试,进行软元件的监控测试,并获得模拟仿真时序图。这样,初学者学习 PLC,而苦于没有 PLC 的困惑将得以很大程度的解决。

在第 2 版中全面升级到以 FX2N 系列 PLC 为样机,对 FX3U 也作了介绍。全书系统地介绍了 FX2N 系列 PLC 的基本原理与组成结构、指令系统与程序设计,PLC 控制工程案例与实验实训。第 1 章和第 2 章为 PLC 基础,新增 GPPW 对软元件的监控、PLC 的源型与漏型,更新了 FX2N 系列 PLC 内部软元件,还公开了深圳九天丰菱 FL1S-20MT 型 PLC(能支持 FXGP)电原理图,而且,丰菱公司将会以硬件成本价向在校学生提供此款 PLC,这样就可以在没有上千元的 PLC 的情况下,也能学习使用 PLC。

第 3 章和第 4 章为本书的重点,介绍了 FX2N 系列 PLC 基本逻辑指令(新增了脉冲型指令)与梯形图程序设计、步进指令与状态编程,并以具体实例详细地介绍了用 FXGP 设计 SFC 程序的过程。第 5 章介绍了 FX2N 系列 PLC 的常用功能指令,许多示例程序将通过 GPPW 模拟仿真来加强理解。第 6 章为 PLC 的通信,以实例详细介绍了用 FXGP 编辑、调试梯形图和程序传送的全过程;以变频器自由格式通信案例,展示了无锡信捷开发的在 PLC 程序中调用 C 函数的功能;还介绍了作者开发的三菱 FX 系列 PLC 与上位机 VB 通信实例。

第 7 章和第 8 章为 PLC 控制系统应用设计案例和实验实训，介绍了国产 PLC 应用案例，这些案例有信捷 PLC 与触摸屏在污水处理中的应用、信捷 PLC 多段速脉冲输出控制三相步进电机和上海丰炜 PLC 对二相步进电机进行绝对定位控制。国产 PLC 正在崛起，它们在指令上与三菱兼容，但又比三菱有发展。如三菱 FX1S 每相能同时输出 2 点最高 100kHz 脉冲，而上述国产 PLC 的最高输出脉冲频率可达 200～400kHz，输出点也更多，而且国产 PLC 价格约只有三菱的三分之一，备件和服务会更好。实验内容都经过了改写，增加了监控调试或模拟仿真等功能。实训内容是通过上述项目化的案例来掌握触摸屏、文本显示器和步进电机驱动器的编程与使用。这些项目化内容也十分适合于电工类技师和高级技师单片机技术和 PLC 应用技术的应会课题。本书附录中的三菱 FX2N 系列 PLC 编程元件和指令表可供技术人员查阅。

在第 2 版中力求按照理论知识够用适用、技能培养重在应用的原则编写；力求做到由浅入深、浅显易懂，便于自学者学习和掌握。书中配有的例题和习题内容翔实，好学易懂。全书参考学时为 84 学时，采用 54 学时的可重点选学，建议第 1～3 章、第 6 章的 6.3 节和第 8 章中的几个实验为必选内容，其余章节可根据情况选学。可在清华大学出版社网站下载本书的课件。若有需要，可提供本书新增案例成功运行的录像和人机界面制作屏幕录像。

本书由俞国亮担任主编，负责全书的组织和统稿。本书第 2 章由蒋敏、俞国亮编写，第 6 章、第 7 章的 7.1 节和 7.2 节由俞日龙编写与制图，附录由徐均和编写，其余章节都由俞国亮编写与制图。在本书的编写过程中，编者查阅和参考了参考文献和其他的资料，从中得到许多帮助和启示；参与新增案例设计与编程的高工与技术人员有石大奎、郁宣虎、谢镜祥、徐德、张鸣扬，另外，还得到了高工邹俊宇、颜见明、秦祖兴、张俊的热心帮助和大力支持，在此一并表示诚挚的谢意！

由于编者水平和时间有限，书中错误之处在所难免，望广大读者批评指正。编者 E-mail：ygl990951@sina.com.cn。

编 者

2009 年 4 月

CONTENTS 目录

第 1 章 可编程控制器基础 ………………………… 1
 1.1 可编程控制器概述 …………………………… 1
  1.1.1 PLC 的产生 ……………………… 1
  1.1.2 PLC 的特点 ……………………… 2
  1.1.3 PLC 的应用 ……………………… 4
  1.1.4 PLC 的分类 ……………………… 5
  1.1.5 PLC 的发展 ……………………… 6
  1.1.6 PLC 的主要技术指标 …………… 8
 1.2 PLC 的一般结构 …………………………… 9
  1.2.1 PLC 的硬件系统 ………………… 9
  1.2.2 PLC 的软件系统 ………………… 14
 1.3 PLC 的基本工作原理 ……………………… 15
  1.3.1 PLC 的工作方式 ………………… 15
  1.3.2 PLC 的扫描周期与 GPPW 软元件
      监控 ……………………………… 18
  1.3.3 PLC 的 I/O 响应时间与输入信号
      最高频率 ………………………… 20
 1.4 丰菱 FL1S-20MT 型 PLC 硬件线路 ……… 21
 本章小结 ………………………………………… 28
 习题 1 …………………………………………… 28

第 2 章 三菱 FX 系列 PLC ……………………… 29
 2.1 三菱小型 PLC 产品 ………………………… 29
  2.1.1 FX2N 系列 PLC 产品简介 ……… 29
  2.1.2 FX3U 系列 PLC 产品简介 ……… 30
 2.2 三菱 FX 系列 PLC 型号命名 ……………… 31
  2.2.1 PLC 的源型与漏型 ……………… 31
  2.2.2 FX 系列 PLC 型号命名方法 …… 32

2.3 三菱 FX2N 系列 PLC 内部软元件 ·· 33
   2.3.1 输入/输出继电器 ··· 33
   2.3.2 辅助继电器 ··· 34
   2.3.3 状态元件 S ··· 35
   2.3.4 常数 K/H 与指针 P/I ··· 35
   2.3.5 定时器 T(T0~T255) ·· 36
   2.3.6 计数器 C(C0~C255) ··· 38
   2.3.7 数据寄存器 D ··· 41
2.4 GX Developer V8.52 及其内装的模拟仿真功能 ································ 42
本章小结 ··· 45
习题 2 ··· 45

第 3 章 三菱 FX2N 系列 PLC 基本指令 ··· 46

3.1 三菱 FX2N 系列 PLC 的程序设计语言 ·· 46
   3.1.1 梯形图编程语言 ··· 46
   3.1.2 助记符语言 ··· 49
   3.1.3 流程图语言 ··· 49
3.2 三菱 FX2N 系列 PLC 的基本逻辑指令 ·· 51
   3.2.1 逻辑取与输出线圈驱动指令 LD、LDI、OUT ······················· 52
   3.2.2 接点串联指令 AND、ANI ·· 54
   3.2.3 接点并联指令 OR、ORI ·· 55
   3.2.4 串联电路块的并联指令 ORB ··· 56
   3.2.5 并联电路块的串联指令 ANB ··· 57
   3.2.6 多重输出指令 MPS、MRD、MPP ·································· 57
   3.2.7 置位与复位指令 SET、RST ·· 59
   3.2.8 脉冲输出指令 PLS、PLF ·· 61
   3.2.9 主控与主控复位指令 MC、MCR ···································· 62
   3.2.10 脉冲型指令 LDP/F、ANDP/F、ORP/F ··························· 63
   3.2.11 取反、空操作与程序结束指令 INV、NOP、END ··············· 65
3.3 梯形图程序设计方法 ·· 67
3.4 基本指令应用程序举例 ··· 68
本章小结 ··· 74
习题 3 ··· 75

第 4 章 三菱 FX2N 型 PLC 的步进指令 ··· 79

4.1 状态转移图 SFC ·· 79
   4.1.1 SFC 的特点与示例 ··· 79
   4.1.2 FX2N 的状态软元件 ··· 80
   4.1.3 SFC 的编制方法 ··· 80

4.2 步进指令与状态编程 ·· 81
　　4.2.1 步进指令 STL、RET ··· 81
　　4.2.2 单流程 SFC 与步进梯形图编程 ··· 83
　　4.2.3 用三菱 FXGP 软件设计 SFC ··· 85
　　4.2.4 多流程状态程序设计 ·· 93
4.3 步进指令应用程序示例 ·· 101
本章小结 ··· 113
习题 4 ·· 113

第 5 章 三菱 FX2N 系列 PLC 的功能指令 ··· 118

5.1 功能指令的基本规则 ·· 118
　　5.1.1 功能指令的表示 ·· 118
　　5.1.2 功能指令的数据长度 ·· 120
　　5.1.3 功能指令的执行方式 ·· 122
　　5.1.4 变址操作 ·· 123
5.2 程序流向控制指令 ·· 123
　　5.2.1 条件跳转指令 ··· 124
　　5.2.2 转子与返回指令 ·· 126
　　5.2.3 中断与返回指令 ·· 128
　　5.2.4 主程序结束指令 ·· 131
　　5.2.5 警戒时钟指令 ··· 131
　　5.2.6 循环指令 ·· 132
5.3 数据传送指令 ··· 134
　　5.3.1 比较指令 ·· 134
　　5.3.2 区间比较指令 ··· 135
　　5.3.3 传送指令 ·· 136
　　5.3.4 移位传送指令 ··· 137
　　5.3.5 取反传送指令 ··· 138
　　5.3.6 块传送指令 ··· 139
　　5.3.7 多点传送指令 ··· 140
　　5.3.8 数据交换指令 ··· 141
　　5.3.9 BCD 变换指令 ·· 142
　　5.3.10 BIN 变换指令 ··· 143
5.4 算术和逻辑运算指令 ·· 144
　　5.4.1 BIN 加法指令 ··· 144
　　5.4.2 BIN 减法指令 ··· 145
　　5.4.3 BIN 乘法指令 ··· 146
　　5.4.4 BIN 除法指令 ··· 147

5.4.5 BIN 加 1 指令 ·· 149
5.4.6 BIN 减 1 指令 ·· 150
5.4.7 逻辑"与"指令 ·· 150
5.4.8 逻辑"或"指令 ·· 152
5.4.9 逻辑"异或"指令 ·· 153
5.4.10 求补指令 ·· 154
5.5 循环移位与移位指令 ·· 155
5.5.1 循环右移指令 ·· 155
5.5.2 循环左移指令 ·· 156
5.5.3 带进位的循环右移指令 ·· 158
5.5.4 带进位的循环左移指令 ·· 159
5.5.5 位元件右移指令 ·· 160
5.5.6 位元件左移指令 ·· 161
5.5.7 字元件右移指令 ·· 162
5.5.8 字元件左移指令 ·· 164
5.5.9 FIFO 写入指令 ··· 165
5.5.10 FIFO 读出指令 ·· 166
5.6 数据处理指令 ·· 167
5.6.1 区间复位指令 ·· 167
5.6.2 译码指令 ·· 168
5.6.3 编码指令 ·· 169
5.6.4 置 1 位总数指令 ·· 170
5.6.5 置 1 位判断指令 ·· 171
5.6.6 求平均值指令 ·· 171
5.6.7 报警器置位指令 ·· 172
5.6.8 报警器复位指令 ·· 173
5.6.9 平方根指令 ·· 173
5.6.10 浮点数转换指令 ··· 174
5.7 高速处理指令 ·· 175
5.7.1 刷新指令 ·· 175
5.7.2 刷新并调整滤波时间指令 ······································ 175
5.7.3 矩阵输入指令 ·· 176
5.7.4 高速计数器置位指令 ·· 177
5.7.5 高速计数器复位指令 ·· 178
5.7.6 高速计数器区间比较指令 ······································ 179
5.7.7 速度检测指令 ·· 179
5.7.8 脉冲输出指令 ·· 180
5.7.9 脉宽调制输出指令 ·· 181

5.8 方便指令 ··· 182
    5.8.1 置初始状态指令 ·· 182
    5.8.2 数据检索指令 ·· 182
    5.8.3 绝对值式凸轮顺控指令 ·· 183
    5.8.4 增量式凸轮顺控指令 ·· 185
    5.8.5 示教定时器指令 ·· 186
    5.8.6 特殊定时器指令 ·· 187
    5.8.7 交替输出指令 ·· 188
    5.8.8 斜坡信号输出指令 ··· 189
本章小结 ·· 190
习题 5 ··· 190

第 6 章 三菱 FX 系列 PLC 的通信 ·· 194
6.1 PLC 通信概述 ··· 194
    6.1.1 通信系统 ·· 194
    6.1.2 通信方式 ·· 195
    6.1.3 PLC 使用的通信介质和接口标准 ····························· 197
    6.1.4 通信协议 ·· 199
6.2 PLC 通信的实现 ·· 199
    6.2.1 PLC 与计算机之间的通信 ···································· 199
    6.2.2 PLC 与 PLC 之间的通信 ····································· 202
6.3 用 FXGP 设计梯形图程序 ·· 205
6.4 三菱 FX 系列 PLC 在 SC-09 下与上位机通信 ···················· 209
6.5 变频器自由格式通信中的 C 函数调用 ······························ 213
本章小结 ·· 219
习题 6 ··· 219

第 7 章 PLC 控制系统应用设计 ·· 220
7.1 PLC 控制系统的总体设计 ··· 220
    7.1.1 PLC 控制系统设计的基本原则 ······························· 220
    7.1.2 PLC 控制系统的设计流程 ···································· 221
7.2 PLC 控制系统的设计步骤 ··· 222
    7.2.1 确定控制对象和控制范围 ····································· 222
    7.2.2 PLC 机型的选择 ·· 223
    7.2.3 内存容量估计 ·· 224
    7.2.4 输入/输出模块的选择 ··· 225
    7.2.5 PLC 的硬件设计 ·· 227
    7.2.6 PLC 的软件设计 ·· 227

7.2.7　总装统调 228
7.3　PLC 控制系统的应用举例 228
7.3.1　三菱 FX2N 系列 PLC 在电梯自动控制中的应用 228
7.3.2　三菱 FX2N 系列 PLC 对 T68A 卧式镗床的控制 233
7.3.3　信捷 PLC 与触摸屏在污水处理中的应用 236
7.3.4　丰炜 PLC 对二相步进电机绝对定位控制 240
7.3.5　信捷 PLC 多段速脉冲输出控制三相步进电机 246
本章小结 251
习题 7 251

第 8 章　PLC 控制系统的实验与实训 253

8.1　PLC 控制系统实验 253
8.1.1　实验 1　双灯闪烁——熟悉 PLC 控制实验的步骤 254
8.1.2　实验 2　点动与长动——在 GPPW 中调试并加注释 255
8.1.3　实验 3　直流电机正反转控制 PLC 系统 257
练习题 258
8.1.4　实验 4　两台电机顺序控制 PLC 系统 258
8.1.5　实验 5　笼型异步电机丫/△降压启动控制 PLC 系统 260
8.1.6　实验 6　交通灯控制 PLC 系统 261
8.1.7　实验 7　广告牌 PLC 控制及 SFC 的监控调试 264
练习题 266
8.1.8　实验 8　七段码 LED 显示器 PLC 控制系统 266
8.2　PLC 控制系统实训 268
8.2.1　实训 1　污水处理程序调试和触摸屏编程 268
8.2.2　实训 2　多段速脉冲输出程序调试和文本显示器编程 274
8.2.3　实训 3　丰炜绝对定位控制程序的调试与人机界面编程 279
8.2.4　实训 4　自制 PLC 并用单片机仿真 PLC 方法进行控制 283

附录 A　三菱 FX2N 系列 PLC 编程元件 287

附录 B　FX2N 系列 PLC 指令表 289

参考文献 296

CHAPTER 1

第 1 章

可编程控制器基础

本章导读

本章主要介绍可编程控制器基础知识。要求了解可编程控制器的硬件结构、软件系统和用户程序的特点;熟悉可编程控制器的性能指标、扫描周期、I/O 响应时间;掌握可编程控制器的扫描工作方式的基本原理,初试 GX Developer V8.52。

1.1 可编程控制器概述

可编程控制器(Programmable Controller)的英文缩写是 PC,容易同个人计算机(Personal Computer)混淆,因此通常都称其为 PLC(Programmable Logic Controller)。PLC 是在继电器控制基础上以微处理器为核心,将自动控制技术、计算机技术和通信技术融为一体而发展起来的一种新型工业自动控制装置。特别是由于 PLC 采用了依据继电器控制原理而开发的梯形图作为程序设计语言,使得不熟悉计算机的机电设计人员和工人中的技师均能较快地掌握梯形图的编程方法,极大地促进了 PLC 在工业生产中的推广应用。目前 PLC 已基本替代了传统的继电器控制系统,成为工业自动化领域中最重要、应用最多的控制装置,居工业生产自动化三大支柱(可编程控制器、机器人、计算机辅助设计与制造)的首位。

1.1.1 PLC 的产生

在 PLC 出现之前,工业生产中广泛使用的电气自动控制系统是继电器控制系统,例如控制电机的运行,都是将各种继电器、接触器、按钮开关等电器按控制要求连接起来的硬控制系统。虽然继电器控制系统具有价格低廉、维护技术要求低的优点,但该系统的缺点也是很明显的:继电器控制系统设备体积大,触点寿命低,可靠性差;对于比较复杂的控制系统来讲,维护不便,排除故障困难。这种用硬件实现的控制程序,智能化程度很低,当产品更新、生产工艺和流程变化时,必须改变相应的器件和接线。这种变动的工作量大,工期长,因而使得生产成本提高。继电器控制系统只适用于工作模式固定、控制要求简单的场合。现代社会制造工业竞争激烈,产品更新换代频繁,迫切需要一种新的更先进的"柔性"控制系统来取代传统的继电器控制系统。

20 世纪 60 年代,随着电子技术的发展,出现了晶体管和中小规模集成电路。利用它们的开关特性来替代继电器等构成的逻辑控制系统，体积将更小，改变器件和接线的工作量也随之减少；更重要的特点是，由这些数字器件构成的开关是无触点的，因而可靠性就更高。但是这种由中小规模集成电路构成的电气控制柜，其控制规模较小，输入/输出点数只有几十点，编程也不够灵活。随着计算机技术开始用于工业控制领域，人们尝试用小型计算机取代继电器控制系统。但是，由于小型计算机价格高昂，对恶劣的工业环境难以适应，其输入/输出信号与被控电路不匹配，再加上控制程序的编制困难，不像现时的梯形图易于被操作人员掌握，这一"瓶颈"阻碍了其进一步发展和推广应用。

20 世纪 60 年代末，汽车工业竞争激烈，美国通用汽车公司(GM)希望有一种"柔性"的汽车制造生产线来适应汽车型号不断更新的要求，为此公开向制造商招标，并提出了 10 项要求。中标的美国数字设备公司(DEC)根据提出的要求，于 1969 年研制出了第一台可编程控制器 PDP-14，并在美国通用汽车公司的生产线上取得了成功。这种新型的工业控制装置——可编程控制器就这样应运而生了，它用计算机的软元件的逻辑编程成功取代了继电器控制的硬接线编程，人们希望生产硬设备的生产线是"柔性"的愿望终于实现了。

1.1.2　PLC 的特点

可编程控制器产生的初期主要是用来替代继电器控制系统的，只能进行开关量逻辑控制，PLC 即可编程逻辑控制器正是由此而得名。

20 世纪 70 年代后期，随着微电子技术、计算机技术的迅猛发展，单片机或其他 16 位、32 位的微处理器被用作 PLC 的主控芯片——CPU(Central Processing Unit，中央处理单元)，输入/输出(Input/Output)及外围电路也采用大规模集成电路(Large Scale Integration，LSI)，甚至采用超大规模集成电路(Very Large Scale Integration，VLSI)，从而使得 PLC 的功能有了突飞猛进的发展。PLC 不再是仅有开关量逻辑控制功能，还同时具有数据处理、数据通信、模拟量控制和 PID 调节等诸多功能。因此，1980 年美国电气制造商协会(National Electrical Manufacturers Association，NEMA)将其命名中的"逻辑"一词去掉了，称为可编程控制器(Programmable Controller，PC)。其定义为："PC 是一种数字式的电子装置，它使用可编程序的存储器以及存储指令，能够完成逻辑、顺序、定时、计数及算术运算等功能，并通过数字或模拟的输入、输出接口控制各种机械或生产过程。"上面已经提到过，仅仅是因为 PC 容易同个人计算机(Personal Computer)混淆，才仍然称它为 PLC。

1987 年 2 月，国际电工委员会(IEC)颁布的可编程控制器标准草案中将其进一步定义为："可编程控制器是一种数字运算操作的电子系统，专为在工业环境下应用而设计。它采用了可编程序的存储器，用来在其内部存储执行逻辑运算、顺序控制、定时、计数和算术运算等操作的指令，并通过数字式和模拟式的输入和输出，控制各种类型的机械或生产过程。可编程控制器及其有关外围设备，都应按易于与工业控制系统连成一个整体，易于扩充其功能的原则设计。"由此可见，PLC 实质上是一种面向用户的工业控制专用计算机，它与通用计算机相比有其自身的特点。

(1) 可靠性高,抗干扰能力强

PLC 采用了 LSI 芯片,组成 LSI 的电子元件都是由半导体电路组成的。以这些电路充当的软继电器等开关是无触点的,如存储器、触发器的 0、1 状态转换均无触点可言,而继电器、接触器等硬件使用的是机械触点开关,所以两者的可靠程度是无法比拟的。目前 PLC 的整机平均无故障工作时间可高达 3 万~5 万小时以上。为了保证 PLC 能在恶劣的工业环境下可靠工作,在其设计和制造中采取了一系列硬件和软件方面的抗干扰措施。

硬件方面首先对元器件进行了严格的筛选和老化。此外,在 PLC 的电路中采用了隔离技术,PLC 的 I/O 接口电路采用光电隔离器,它能隔断输入/输出电路与 PLC 内部电路间的直流通路,防止外部高压窜入,抑制外部干扰源对 PLC 内部电路的影响。PLC 电路的电源、I/O 接口电路中采用了滤波技术,特别对 CPU 供电电源采取屏蔽、稳压、保护等措施,可有效抑制高频干扰信号。在 PLC 的电路中设置了"看门狗"(Watchdog)电路,能把因干扰而走飞的程序拉回来,从而起到自动恢复作用。PLC 采用耐热、密封、防潮、防尘和抗振的外壳封装,以适应恶劣的工业环境。

在软件方面采取数字滤波、故障检测与诊断程序,能自动扫描 PLC 的状态和用户程序,一旦发现出错后,立即自动做出相应的处理,如报警、保护数据和封锁输出等。目前的 PLC 对用户程序和数据大多采用 E^2PROM(电可擦可编程只读存储器)而无需锂电池后备,以保护掉电后用户程序和数据不会因此而丢失。PLC 大多采用循环扫描的方式,而不是并行的工作方式,使得输入信号只有在输入采样阶段才能进入 PLC 内部电路,使得输出信号只有在输出刷新阶段才能影响 PLC 的输出电路。

(2) 编程软件简单易学

PLC 有多种编程语言可供选用,最大特点是采用从清晰直观的继电器控制线路演化过来的梯形图作为编程语言。梯形图是面向控制过程、面向操作人员的语言,因此,梯形图程序易学易懂,易修改,深受电器工作人员的欢迎。

(3) 适应性好,具有柔性

正是因为 PLC 编程简单易学、控制程序可变,使其具有较好的柔性。当生产工艺改变、生产设备更新时,不必改变 PLC 的硬设备,只需改变相应的软件,就可满足新的控制要求了。目前 PLC 产品已经标准化、系列化和模块化,针对不同的控制要求,不同的控制信号,PLC 都有相应的 I/O 接口模块与工业现场控制器件和设备直接连接,适应性好。用户可以根据需要方便地进行系统配置,组成各种各样的控制系统,既可控制一台单机、一条生产线,又可以控制一个复杂的群控系统、多条生产线;既可以现场控制,又可以远程控制。

(4) 功能完善,接口多样

PLC 除基本单元外,还可以配上各种特殊适配器,不仅具有数字量和模拟量的输入/输出、顺序控制、定时计数等功能,还具有模/数(A/D)及数/模(D/A)转换、算术运算及数据处理、通信联网和生产过程监控等功能。

(5) 易于操作,维护方便

PLC 安装方便,具有 DIN 标准导轨安装用卡扣。PLC 连接方便,具有输入/输出端子排,接线不用焊接,只要用螺丝刀就可以将 PLC 与不同的控制设备连接。其输入端子可直接与各种开关量和传感器连接,输出端子通常也可直接与各种继电器、接触器等连接。PLC 的调试方便,输入信号可以用开关来模拟,输出信号可以通过 PLC 面板上的发光二极管的状态来判断。PLC 维护方便,有完善的自诊断功能和运行故障指示装置。当发生故障时,可以观察其面板上各种发光二极管的状态,迅速查明原因,排除故障。如 ERROR LED 的状态是:灯亮表示 CPU 出错;闪烁表示程序出错。

(6) 体积小、重量轻、功耗低

PLC 采用 LSI 或 VLSI 芯片,其产品结构紧凑、体积小、重量轻、功耗低,如三菱 FX1S-20MT 型 PLC 的外形尺寸仅为 75mm×90mm×87mm,重量只有 400g,功耗仅为 20W,这种迷你型的 PLC 很容易嵌入机械设备内部,是实现机电一体化的理想的控制设备。

1.1.3 PLC 的应用

PLC 的应用范围广阔,目前已经广泛应用于汽车装配、数控机床、机械制造、电力、石化、冶金钢铁、交通运输、轻工纺织等行业。但归纳起来,PLC 的主要应用有以下 5 个方面。

(1) 开关量逻辑控制

开关量逻辑控制是 PLC 最基本的应用,即用 PLC 取代传统的继电器控制系统,实现逻辑控制和顺序控制。如机床电气控制、电动机控制、注塑机控制、电镀流水线、电梯控制等。总之,PLC 既可用于单机控制,也可用于多机群和生产线的控制。

(2) 模拟量过程控制

除了数字量之外,PLC 还能控制连续变化的模拟量,如温度、压力、速度、流量、液位、电压和电流等均为模拟量。通过各种传感器将相应的模拟量转换为电信号,然后通过 A/D 模块将它们转换为数字量送到 PLC 内部 CPU 处理,处理后的数字量再经过 D/A 模块转换为模拟量进行输出控制。若使用专用的智能 PID 模块,可以实现对模拟量的闭环过程控制。

(3) 机械件位置控制

位置控制是指 PLC 使用专用的位置控制模块来控制步进电动机或伺服电动机,从而实现对各种机械构件的运动控制,如控制构件的速度、位移、运动方向等。PLC 的位置控制典型应用有机器人的运动控制、机械手的位置控制、电梯运动控制等。PLC 还可与计算机数控(CNC)装置组成数控机床,以数字控制方式控制零件的加工、金属的切削等,实现高精度的加工。

(4) 现场数据采集处理

目前 PLC 都具有数据处理指令、数据传送指令、算术与逻辑运算指令和循环移位与移位指令,所以由 PLC 构成的监控系统,可以方便地对生产现场的数据进行采集、分析和加工处理。数据处理通常用于诸如柔性制造系统、机器人和机械手的控制系统等大中型控制系统中。

(5) 通信联网、多级控制

PLC 与 PLC 之间、PLC 与上位计算机之间通信，要采用其专用通信模块，并利用 RS-232C 或 RS-422A 接口，用双绞线或同轴电缆或光缆将它们连成网络。由一台计算机与多台 PLC 组成的分布式控制系统，进行"集中管理，分散控制"，建立工厂的自动化网络。PLC 还可以连接 CRT 显示器或打印机，实现显示和打印。

1.1.4　PLC 的分类

目前国内外各生产厂家生产的 PLC 产品品种繁多、型号各异，规格和性能也各不相同，但仍可以按照结构形式、I/O 点数和功能进行分类。

1. 按结构形式分类

按照结构形式的不同，PLC 可分为整体式和模块式两种。

(1) 整体式

整体式结构的 PLC 是将 CPU、存储器、I/O 和电源等部件集中于一体，安装在一个金属或塑料机壳的基本单元内，机壳的上下两侧是输入/输出接线端子，并配有反映输入/输出状态的微型发光二极管。整体式结构的 PLC 具有结构紧凑、体积小巧、重量轻、价格低的优势，适用于嵌入控制设备的内部，常用于单机控制。一般小型以下 PLC 多采用这种结构，如三菱公司的 FX2N、FX0N、FX1S 系列。图 1.1 所示为三菱 FX1S 系列 PLC。

(2) 模块式

模块式 PLC 是把各个组成部分如 CPU、I/O、电源等分开，做成各自独立的模块，各模块做成插件式，插入机架底板的插座上。用户可以按照控制要求，选用不同档次的 CPU 模块、各种 I/O 模块和其他特殊模块，构成不同功能的控制系统。模块式结构的 PLC 具有配置灵活、组装方便、扩展容易等优点。其缺点是结构较复杂，造价也较高。一般大中型 PLC 都采用这种结构，如三菱的 Q 系列 PLC，OMRON 公司的 C1000H、C2000H 及松下电工的 FP2 型机。图 1.2 所示为三菱 Q 系列 PLC。

图 1.1　三菱 FX1S 系列 PLC

图 1.2　三菱 Q 系列 PLC

2. 按 I/O 点数和功能分类

按 I/O 点数、内存容量和功能来分，PLC 可分为微型、小型、中型、大型和超大型五类，如表 1.1 所示。

表 1.1　PLC 按类型分类

类　型	I/O 点数	存储容量/KB	机　型
微型	<64	<2	三菱 FX1S 系列
小型	64~128	2~4	三菱 FX2N 系列
中型	128~512	4~16	三菱 A1N 系列
大型	512~8192	16~64	三菱 A3N 系列
超大型	>8192	>64	西门子 SU-155

从表中可见，小型 PLC 的存储器容量一般在 2~4KB 之间，I/O 点数一般为 64~128 点。小型 PLC 具有逻辑运算、定时和计数等功能，适合于开关量控制、定时和计数控制等场合，常用于代替继电器控制的单机线路中。如三菱 FX2N 系列 PLC 是小型化 PLC。

I/O 点数小于 64 点的 PLC 称为微型（超小型）PLC，如三菱 FX1S 系列 PLC 就属于微型 PLC。这种迷你型的 PLC 适用于最小的封装，是希望低成本的用户在有限的 I/O 范围内寻求功能强大的控制的首选机种。由于 FX1S 提供多达 30 个 I/O，并且能通过串行通信传输数据，所以它能用在常用的紧凑型 PLC 不能应用的场合。

中型 PLC 的存储器容量一般在 4~16KB 之间，I/O 点数一般为 128~512 点。除具有逻辑运算、定时和计数功能外，还具有算术运算、数据传送、通信联网和模拟量输入/输出等功能，适用于既有开关量又有模拟量的较为复杂的控制系统。如三菱 A1N 系列 PLC 就属于中型 PLC。

大型 PLC 的存储器容量一般在 16~64KB 之间，I/O 点数一般为 512~8192 点。除具有上述中型机的功能外，还具有多种类、多信道的模拟量控制以及强大的通信联网、远程控制等功能；可用于大规模过程控制、分布式控制系统和工厂自动化网络等场合。如三菱公司的 AnA/AnN 大型系列程控器，其运算速度可达 $0.15\mu s$/步，直接控制 I/O 点数为 256~2048 点。

存储器容量和 I/O 点数比大型 PLC 更大、更多的 PLC 称为超大型 PLC，如西门子 SU-155 系列 PLC 就属于超大型 PLC，其 I/O 点数远远超过了 8192 点。

以上 PLC 的五种分类并非是绝对的，各种类型机种之间可能会有重叠，其分类的界线也将随 PLC 的发展而变化。

1.1.5　PLC 的发展

1. 国内外 PLC 的发展

自从美国数字设备公司（DEC）于 1969 年研制出第一台 PLC 以来，其初衷是用它取代美国通用汽车公司（GM）的汽车自动装配线的继电器控制系统，且一鸣惊人地取得了成功。随后，这种崭新的工业控制装置很快就在世界各国的其他工业领域得到了推广使用。20 世纪 70 年代初，日本、德国和法国等国家纷纷从美国引进这项技术，开始生产 PLC。目前，世界上生产 PLC 的工厂众多，竞争十分激烈，产品的更新换代迅速。目前，PLC 的应用几乎涵盖了机械、冶金、矿山、石油化工、轻工、交通运输等所有工业行业，成为工业自动化领域中最重要、应用最多的控制设备，并已跃居现代工业自动化三大支柱的首位。

我国也在 20 世纪 70 年代初研制、生产自己的 PLC。目前国内崛起了一批与三菱 FX 系列 PLC 兼容的 PLC 生产厂家,不但在硬件性能指标上比三菱更具特色,而且还开发了有自主知识产权的软件。例如无锡信捷、上海丰炜和深圳九天丰菱等,在第 8 章的实训中将会介绍国产 PLC 应用的案例。我国的 PLC 技术已经进入较快速度的发展阶段,国产 PLC 具有更高的性价比,更好的服务,在各行各业的应用越来越广泛,占有率也逐步提高,对提高我国的工业生产自动化水平起到了巨大作用。

2. 不断发展的 PLC

随着微电子技术、计算机技术的迅猛发展,以单片机或其他 16 位、32 位的微处理器作为主控芯片,从而使得 PLC 的功能有了突飞猛进的发展。从 PLC 诞生初期的取代继电器、接触器的开关量控制,以单机为主的技术,到 20 世纪 80 年代末融入柔性制造系统 (FMS),再到 90 年代以来,为适应计算机集成制造系统(CIMS)而采用的多微处理器 PLC 系统,现在,几乎所有的 PLC 都具有通信联网功能,可使 PLC 与 PLC 之间、PLC 与计算机之间相互通信,形成一个统一的分散集中控制系统。目前,PLC 不但能进行开关量控制,而且还能进行模拟量控制、数字控制、机器人控制以及多级分布式控制。

展望未来,PLC 也像计算机的发展趋势一样,将向着更强大和更小巧两个方向发展。更强大是指存储容量更大,I/O 点数更多,执行速度更高,智能化程度更强,数据更安全。如三菱电机(MITSUBISHI ELECTRIC)新推出的 Q 系列 PLC,其内置程序存储容量可到 252K 步,加扩展内存卡后,存储量可达 32MB;能控制的 I/O 点数达 8192 点;高速 CPU 扫描 4K 步程序的时间仅为 0.5ms。QnA 的运算速度更可达 $0.075\mu s$/步,能以 USB 接口进行高速程序上/下载,QnA 具有浮点运算及 PID 控制等指令 400 多条,提供结构化编程,且可多个设计者同时进行;但是 QnA 基板的面积只有 AnS 系列的 40%。Q4AR 型 PLC 是一种双机热备份 PLC,用于高可靠热备份系统,对 CPU、网络和电源能够实现冗余。再如莫迪康公司 984-780 和 984-785 型号的 PLC 的最大 I/O 点数已达到 16384 点。这些大型 PLC 能与计算机组成多级分布式控制系统,实现对生产全过程的集中管理。大型 PLC 代表了当今世界 PLC 发展的水平。

更小巧是指体积更小,价格更低,但性能却更强的微型化 PLC。它们主要应用于诸如注塑机、印刷机、包装机、纺织机和电梯控制等机械配套控制电器上,以真正完全取代最小的继电器系统;它们也能适应复杂单机、数控机床和工业机器人等领域的控制要求。三菱电机推出的 FX 系列小型 PLC 将 CPU 和输入/输出一体化,应用更为方便。如 FX1S 系列超小型 PLC 采用全独立单元式结构,具有 10/14/20/30 点型基本单元,供用户自由选择;内附 E^2PROM 的存储器容量为 2K 步;具有多种特殊功能模板,如 RS-232C、RS-422A 和 RS-485A 通信模块,模拟量输入模块;还可给 PLC 安装小型的显示器,作简单的显示;具有定位和脉冲输出功能,一个 PLC 单元中每相能同时输出 2 点 100kHz 脉冲,配备有 7 条特殊的定位指令。三菱最新开发的 FX3U 是第三代小型化 PLC 产品,相当于 FX 系列中最高档次的 PLC,基本性能比 FX1S、FX2N 大幅提升,仅比较定位控制,晶体管输出型的基本单元内置了 3 轴独立最高 100kHz 的定位功能,并且增加了新的定位指令,显得更加强大。小型和微型 PLC 使用的数量,代表了当今世界 PLC 普及的程度。

1.1.6　PLC 的主要技术指标

虽然各厂家所生产的 PLC 产品型号、规格和性能各不相同,但通常可以按照以下 6 种指标来描述 PLC 的主要性能。

1. I/O 总点数

I/O 总点数是指 PLC 输入信号和输出信号的数量,也就是输入、输出的端子数总和。不过其他的端子,如电源、各 COM 等端子是不能作为 PLC 的输入/输出端子计入的。I/O 总点数是描述 PLC 性能的重要技术指标。

2. 存储容量

存储容量是指在 PLC 中的用户程序存储器的容量,也就是用户 RAM 的存储容量。目前 PLC 中的用户 RAM 大多使用 E^2PROM。E^2PROM 既能在线擦写,又能掉电保持,给用户存取程序提供了方便。在 PLC 中存储容量除了用通常的 KB 作单位之外,更多的是用"步"作单位。PLC 中程序指令是按"步"存放的,一步占用一个地址单元。大家知道,在 16 位的机器中一个地址单元内的 16 位(bit)二进制数称为 1 个字(Word),可见 PLC 中的 1 步就是 1 个字。而 1 个字为 2 个字节(Byte),就有 1 步=2 字节。若已知 PLC 的存储容量为 1000 步,则容易推算得其容量正好为 2000 字节(即 2KB)。PLC 中有的指令只占 1 步,有的指令要占几步。如一般的逻辑操作指令占 1 步,而功能指令要占好几步。

3. 扫描速度

扫描速度是指 PLC 扫描 1000 步用户指令所需的时间,通常以毫秒/千步为单位表示。也有用扫描 1 步指令所需要的微秒数来表示,即 μs/步。如上面提到的 QnA 的扫描速度可达 $0.075\mu s$/步。

4. 内部寄存器

PLC 内部寄存器用以存放输入/输出变量的状态、逻辑运算的中间结果、定时器/计数器的数据。内部寄存器的种类多少、容量大小,将影响到用户编程的效率。因此,内部寄存器的配置及容量也是衡量 PLC 硬件功能的一个指标。

5. 编程语言与指令系统

PLC 的编程语言一般有梯形图、助记符、SFC(Sequential Function Chart)以及高级语言等。PLC 的编程语言越多,用户编程的选择性就越大。梯形图和助记符两种编程语言一般 PLC 大多都具有,但是不同的 PLC 厂家,采用的编程语言往往并不兼容。采用 IEC(国际电工委员会)标准的 SFC,又称状态转移图,多用于复杂的顺控系统的编程。在 PLC 的指令系统中,包含的指令种类越多,其功能就越强。

6. 特殊功能模块

PLC 除了基本单元外,还可以选配各种各样的特殊功能模块。PLC 的特殊功能模块越多,其适应性就越强。特殊功能模块的种类多少、功能强弱是衡量 PLC 技术水平高低的一个重要指标。常用的特殊功能模块有 A/D 和 D/A 转换模块、通信模块、高速计数模块、位置和速度控制模块、温控模块、诊断监控模块和高级语言模块等。如配置了高级语言模块后,用户就可以用高级语言来编制应用程序。

1.2 PLC 的一般结构

1.2.1 PLC 的硬件系统

PLC 是专为工业控制而设计的,采用典型的计算机结构,主要由 CPU、存储器、采用扫描方式工作的 I/O 接口电路和电源等组成。图 1.3 为 PLC 硬件系统结构框图。

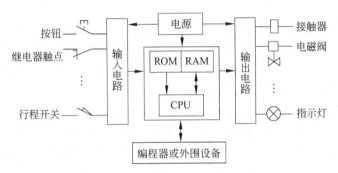

图 1.3 PLC 硬件系统结构框图

1. 微处理器(CPU)

同通用计算机一样,CPU 由控制器、运算器和寄存器组组成。PLC 大多采用 8 位、16 位、32 位甚至 64 位微处理器或单片机作为主控芯片,如 Intel 的 80X 系列的 CPU,Atmel 的 89CX 系列的单片机。从图 1.3 中可以看出 CPU 处在主控的地位,实际上系统中的各个部件,如 ROM、RAM 和 I/O 部件等都是通过地址总线、数据总线和控制总线挂靠在 CPU 上的。CPU 是 PLC 系统的控制中心和运算中心,其作用如同人的大脑,整个 PLC 的工作过程都是在 CPU 的统一指挥下有条不紊进行的。在 PLC 中 CPU 是按照固化在 ROM 中的系统程序所赋予的功能来工作的,它能监测和诊断电源、内部电路工作状态和用户程序中的语法错误;它能按照扫描方式来完成用户程序。

PLC 的扫描工作方式是周而复始进行的。首先,它采样从输入设备输入的现场状态信号,并存入相应的输入映像区中。接着,逐条读取用户指令,解释用户指令,执行用户指令。在此期间它将完成指令规定的各种算术和逻辑运算,完成各种数据的传递和存储,运算的结果只存入输出映像区。可见,输入/输出映像区是对输入/输出信号的缓冲和隔离。最后,才集中进行输出刷新,即将输出映像区中的各输出状态、输出寄存器内的数据传送到输出锁存电路,去驱动相应的输出装置。

对于重要的 PLC 控制系统,要考虑其安全性和可靠性,可以采用多 CPU 系统,如三菱电机的 Q4AR 型 PLC 是一种双机热备份 PLC。

2. 存储器(ROM 和 RAM)

同通用计算机一样,PLC 系统中也有两种存储器:只读存储器 ROM(Read Only Memory)和随机存取存储器 RAM(Random Access Memory)。ROM 用来存放系统程序,是软件固化的载体,相当于通用计算机中的 BIOS;RAM 则用来存放用户的应用程序。

PLC 中用得比较多的只读存储器有 EPROM(Erasable Programmable Read Only Memory)和 E^2PROM(Electrical Erasable Programmable Read Only Memory)。EPROM 称为可擦除可编程只读存储器,其特点是它所存储的信息是非易失性的,即当电源掉电后又上电时,存储的信息不变。因此,EPROM 适用于存放各种系统程序和固定的数据。但是,EPROM 的缺点是不能进行在线擦写。它需要在紫外灯下连续照射 20～40min(视芯片厂家、型号而异)后才能将信息擦除,擦除后,还需要用编程器才能将程序或数据写入到芯片中。

正因为 EPROM 给用户的擦写带来不便,现在的 PLC 中多采用 E^2PROM。E^2PROM 称为电擦除可编程只读存储器。它在正常运行时,和普通 RAM 一样,可随机进行读出和写入操作,仅仅是擦写时间稍长一些,9～15ms;它又能像 ROM 那样,掉电后具有信息的非易失性(不用锂电池支持)。

PLC 中用得比较多的随机存取存储器有 CMOS RAM。它的特点是制造工艺简单、集成度高、功耗低、价格便宜,所以适宜于存放用户程序和数据,以方便用户进行程序修改。但是它的缺点是掉电后具有信息的易失性,所以 PLC 内要用锂电池作为后备电源,一旦失电,仍可用锂电池供电,以保持 RAM 中的信息不丢失。

由于 CMOS RAM 需要锂电池支持,才能保证 RAM 内信息掉电不丢,而且经常使用的锂电池的寿命,通常为 2～5 年,这些都给用户带来了不便,所以近年来的 PLC 内置的用户程序存储器,大多选用不需锂电池支持的 E^2PROM。如三菱电机的 FX1S 型号的 PLC 内置了 2K 步 E^2PROM,作为用户的程序存储器。

近年来,闪速存储器(Flash Memory),简称闪存,作为一种新型的半导体存储器件,以其独有的特点得到了迅猛的发展。闪存具有与 E^2PROM 类似的特点,其读写方法与 E^2PROM 相同。闪存的存储单元由一个晶体管构成,因而其存储容量密度高,成本低。闪存能在 3V 甚至更低的电压下工作,因而功耗小。闪存的异军突起,也给 PLC 产品提供了一种高可靠、高密度、非易失、低电压的存储器,为 PLC 的开发带来了方便和宽广的前景。但是,闪存也存在一些明显的缺点,如写入速度较慢、使用过程中会出现无效块,不能按字节擦除,而是全片或分块擦除。

PLC 所配的用户存储器的容量,一般远小于通用计算机中用户存储器的容量,中小型 PLC 的用户存储器容量在 16K 步以下,大型 PLC 的存储器容量才能达到或超过 256K 步。

3. 输入/输出(I/O)单元

输入/输出单元是 PLC 与输入/输出设备之间信息传送的接口电路。

(1) FX2N 系列 PLC 基本单元输入电路

FX2N 的输入性能规格见表 1.2,其基本单元 DC 输入电路如图 1.4 所示,从此图中可以看出以下几点。

表 1.2 FX2N 的输入性能规格

项 目	DC 输入技术指标	DC 输入技术指标
机型	(AC 电源型)FX2N 基本单元	扩展模块,FX0N、FX2N 用;扩展单元,FX2N 用
输入信号电压	DC24V±10%	DC24V±10%
输入信号电流	7mA/DC24V(X010 以后 5mA/DC24V)	5mA/DC24V
输入 ON 电流	4.5mA 以上(X010 以后 3.5mA/DC24V)	3.5mA 以上
输入 OFF 电流	1.5mA 以下(X010 以后 1.5mA/DC24V)	1.5mA 以上
输入响应时间	约 10ms X000～X017 内含数字滤波器,可在 0～60ms 内转换,但最小为 50μs	约 10ms
输入信号形式	接点输入或 NPN 开路集电极晶体管	
输入电路绝缘	光电耦合器隔离	
输入动作表示	输入连接时 LED 灯亮	

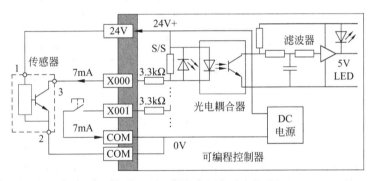

图 1.4 FX2N 基本单元 DC 输入电路

① 因为单元内部已经有 24V 的直流电源,所以输入端子和 COM 端子之间可以接无电压开关等输入器件,也可以接 NPN 型集电极开路晶体管,输入接好后,表示该输入的 LED 就会点亮。

② 输入的 1 次电路和 2 次电路之间信号是用光电耦合器耦合,同时又可对两电路之间的直流电平起隔离作用。2 次电路设有 RC 滤波器,防止因输入干扰而引起的误动作,同时也会引起 10ms 的 I/O 响应的延迟。但是对于 X000～X017 内置有数字滤波器,从而可以按照功能指令在 0～60ms 范围内变动。

③ 输入电流为 7mA/DC24V,X010 以后是 5mA/DC24V。但是,为可靠起见,其 ON 电流应分别在 4.5mA 和 3.5mA 以上,其 OFF 电流应在 1.5mA 以下。

④ 利用外接电源驱动光电开关等传感器时,要求外接电源的电压与内部电源电压相同;允许的范围是:DC24V±4V。

(2) FX2N 系列 PLC 基本单元输出电路

PLC 的输出继电器的输出触点是接到 PLC 的输出端子上的,外部负载和工作电源与 PLC 的输出端子和公共端子 COM 相连,负载工作与否受 PLC 程序运行结果的控制。

FX2N、FX1S 和 FX0N 的输出规格基本相同,FX2N 的输出性能规格见表 1.3。

表 1.3　FX2N 的输出性能规格

项目		继电器输出	晶闸管输出	晶体管输出
机型		FX2N 基本单元、扩展单元、扩展模块	FX2N 基本单元、扩展模块	FX2N 基本单元、扩展单元、扩展模块
外部电源		AC250V 以下	AC85～240V	DC5～30V
电路绝缘		机械绝缘	光控晶闸管绝缘	光耦合器绝缘
动作指示		继电器线圈通电 LED 灯亮	光控晶闸管驱动 LED 灯亮	光耦合器驱动 LED 灯亮
最大负载	电阻负载	2A/1 点,8A/4 点(COM) 8A/8 点(COM)	0.3A/1 点,0.8A/4 点	0.5A/1 点,0.8A/4 点, 1.6A/8 点(Y0、Y1 除外), 0.3A/1 点(Y0、Y1)
	感性负载	80V・A	15V・A/AC100V, 30V・A/AC200V, 150V・A/AC100V, 100V・A/AC200V	12W/DC24V(Y0、Y1 除外), 7.2W/DC24V(Y0、Y1)
	灯负载	100W	30W[100W]	1.5W/DC24V(Y0、Y1 除外), 0.9W/DC24V(Y0、Y1)
开漏电流			1mA/AC100V, 2mA/AC200V	0.1mA/DC30V
最小负载		DC5V/2mA 参考值	0.4V・A/AC100V, 1.6V・A/AC200V	
响应时间		OFF→ON 约 10ms ON→OFF 约 10ms	1ms 以下 10ms 以下	0.2ms 以下　15μs:Y0、Y1 0.2ms 以下　30μs:Y0、Y1

PLC 的输出形式主要有三种:继电器输出、晶体管输出和晶闸管输出。

① 继电器输出

继电器输出电路如图 1.5 所示。图中 PLC 用继电器作为输出元件。当 PLC 有输出时,输出继电器线圈得电,其主触点闭合,驱动外部负载工作。继电器可以将 PLC 的内部电路与外部负载电路进行电气隔离。

继电器输出的优点是电压范围宽,导通压降小,价格也便宜,既可以控制交流负载,也可控制直流负载。但其缺点是触点寿命短,触点断开时有电弧产生,容易产生干扰,转换频率低,响应时间约为 10ms。由表 1.3 可知最大负载是,纯电阻负载

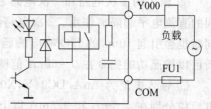

图 1.5　继电器输出电路

2A/1 点;感性负载 80V·A 以下。

② 晶体管输出

晶体管输出的优点是寿命长,无噪声,可靠性高,响应快,I/O 响应时间为 0.2ms。但其缺点是价格高,过载能力差。由表 1.3 可知,晶体管输出最大负载是纯电阻负载 0.5A/1 点;但考虑温度上升的影响,还要求总电流不超过 0.8A/4 点。晶体管输出电路如图 1.6 所示。晶体管输出是无触点的,通过光电耦合器使晶体管截止或饱和来控制负载,并同时对 PLC 内部电路和输出电路进行光电隔离。

③ 晶闸管输出

晶闸管输出电路如图 1.7 所示。

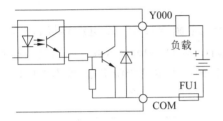
图 1.6　晶体管输出电路

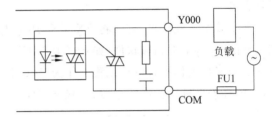
图 1.7　晶闸管输出电路

晶闸管输出也是无触点的,通过光触发双向晶闸管,使其截止或导通来控制负载。由表 1.3 可知,晶闸管输出最大负载是纯电阻负载 0.3A/1 点。晶闸管输出的优点是寿命长,无噪声,可靠性高,可驱动交流负载。但其缺点是价格高,负载能力较差。

4. 电源单元

电源单元在 PLC 中所起的作用是极为重要的,因为 PLC 内部各部件都需要它来提供稳定的直流电压和电流。PLC 的内部有一个高性能的稳压电源,因此对外部电源的稳定性要求不高,一般允许外部电源电压的额定值在 -15%～+10% 的范围内波动,实际上 PLC 的电源性能都更优异。例如,FX1S 系列 PLC 电源的规格:额定电压为 AC100～240V;电压允许范围为 AC85～264V;传感器电源为 DC24V/400mA。

可见对于 AC100 系列和 AC200 系列它都能共享,还有一个能向外部传感器提供 DC24V/400mA 的稳压电源,避免使用其他不合格外部电源引起的故障。一般小型 PLC 的电源包含在基本单元内,大中型 PLC 才配有专用电源。PLC 内部还带有锂电池作为后备电源,以防止内部程序和数据等重要信息因外部失电或电源故障而丢失。

5. 编程器

编程器是 PLC 的最重要的外围设备,一般分为简易编程器和图形编程器两类。

简易编程器只比普通计算器稍大些,因而十分适合现场调试,以及在线监视 PLC 的工作状态。它不仅可以输入用户的汇编指令,还可以对用户汇编指令程序进行检查、修改和调试。简易编程器通常与小型 PLC 直接连接使用。FX0N 等系列 PLC 与编程器 FX-20P 等的连接如图 1.8 所示。

图形编程器有液晶显示的便携式和阴极射线式两种,它除了可以用汇编指令进行编程外,还可以用梯形图编程,这就给用户的编程带来了方便。图形编程器除了可以联机

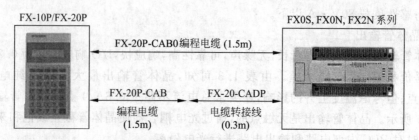

图 1.8　PLC 与编程器 FX-20P 等的连接

编程外,还可以脱机编程,还可以连接打印机、绘图仪等设备,通常大中型 PLC 多采用图形编程器。

在学校的实验室里,可以将 FX 系列 PLC 与个人电脑通过 SC-09 电缆连接起来,如图 1.9 所示,再配上相应软件(如 FXGP/WIN-C 或者 GX Developer),就可以用包括梯形图在内的多种编程语言进行编程。作为 PLC 上位机的个人电脑资源丰富,编程软件操作方便,能轻松地进行程序的上传、下载与监控。

图 1.9　PLC 与微型计算机通过 RS-232C 接口连接

PLC 生产厂家还提供 I/O 扩展单元、存储器扩展单元、各种特殊功能模块、EPROM 写入器、打印机等,用户可以根据需要来选用,以适应控制系统的要求。

1.2.2　PLC 的软件系统

与通用计算机一样,PLC 系统也是由硬件系统和软件系统两部分组成。没有任何软件的 PLC 称为"裸机"。在"裸机"上只能运行机器语言源程序,显然它的功能是十分有限的,机器的效能将得不到充分的发挥,就像人的大脑,如果没有知识,发挥不了作用。

PLC 软件主要可以分为两大类:系统程序和应用程序。

1. PLC 的系统程序

PLC 的系统程序用来控制系统自身各部件的动作,是 PLC 厂商出厂时提供的。就像通用计算机的 BIOS 一样,系统程序一般固化在 EPROM、E^2PROM 或 Fresh ROM 中。系统程序可分为管理程序、编译程序、系统调用功能模块。

(1) 管理程序

管理程序是系统控制中心,它管理 PLC 的所有资源,由它控制 PLC 各部件的操作,由它控制 PLC 的输入/输出、数据与代码的传送与存取、算术与逻辑运算等操作,由它对

PLC 系统各部件进行自检和故障诊断。管理程序犹如一个乐队的指挥,使各部分协调有效地工作。

（2）编译程序

编译程序相当于一个翻译,它能把用户编写的梯形图程序、助记符源程序和高级语言源程序翻译成 PLC 能够识别的机器语言。

（3）系统调用功能模块

系统调用功能模块由许多独立的功能模块组成,通过系统调用实现某种独立的功能,如输入/输出及特殊运算操作。PLC 根据不同的控制要求,选用不同的模块完成不同的操作。

2. 应用程序

应用程序包括 PLC 厂商开发的提供用户在各种平台上使用的软件,以及用户根据控制要求,用 PLC 的程序设计语言编制的应用程序。

（1）本书用到的 PLC 编程软件

① 三菱 FXGP/WIN-C V3.30 中文版,适用于三菱 FX 系列 PLC 和丰菱 FL1S-20MT;

② 三菱 GX Developer V8.52 中文版与内装的仿真软件 GX Simulator6-C,适用于三菱 Q、QnA、A 和 FX 全系列 PLC;

③ 信捷 XCPPro V3.10a,适用于信捷 XC 等系列 PLC;

④ 丰炜 Ladder Master V1.70.1,适用于丰炜 VB、VH 和 M 系列 PLC。

（2）用户程序

小型 PLC 用户程序多为顺序结构,是由 PLC 的循环扫描工作方式决定的,一般存放在 E^2PROM 中,不断地被循环扫描和执行。

大中型 PLC 的用户程序庞大而复杂,一般都采用模块化结构,就是将一个大程序划分成多个功能模块,然后按功能模块来编程,最后再把各部分调试组合成一个完整的大程序。因此,使得原本复杂的编程工作简单了许多,程序的调试、修改和查错等也方便了。

1.3 PLC 的基本工作原理

1.3.1 PLC 的工作方式

PLC 源于用计算机控制来取代继电接触器,所以 PLC 与通用计算机具有相同之处,如具有相同的基本结构和相同的指令执行原理。但是,两者在工作方式上却有着重要的区别,不同之点体现在 PLC 的 CPU 采用循环扫描工作方式,集中进行输入采样,集中进行输出刷新。I/O 映像区分别存放执行程序之前的各输入状态和执行过程中各结果的状态。

1. PLC 的循环扫描工作方式

PLC 循环扫描的工作过程如图 1.10 所示。一般包括五个阶段：内部处理与自诊断、与外设进行通信处理、输入采样、用户程序执行、输出刷新。

当方式开关置于 STOP 位置时，只执行前两个阶段，即只作内部处理与自诊断，与外设进行通信处理；当 PLC 方式开关置于 RUN 位置时，将执行上述所有阶段。

上电复位时，PLC 首先作内部初始化处理，清除 I/O 映像区中的内容；接着作自诊断，检测存储器、CPU 及 I/O 部件状态，确认其是否正常；再进行通信处理，完成各外设（编程器、打印机等）的通信连接；还将检测是否有中断请求，若有则作相应中断处理。在此阶段可对 PLC 进行联机或离线编程，如学生实验时的编程阶段。

上述阶段确认正常后，并且 PLC 方式开关置于 RUN 位置时，PLC 才进入独特的循环扫描，即周而复始地执行输入采样、程序执行、输出刷新。

图 1.10 PLC 循环扫描工作过程

图 1.11 反映了 RUN 状态下扫描的全部过程。

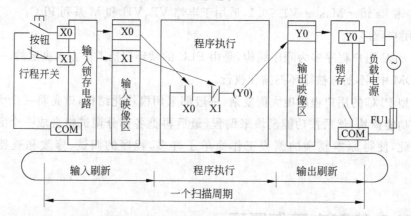

图 1.11 RUN 状态下扫描的全部过程

（1）输入采样阶段

在输入采样阶段，PLC 的 CPU 顺序扫描每个输入端，顺序读取每个输入端的状态，并将其存入输入映像区单元中。采样结束后，输入映像区被刷新，其内容将被锁存而保持着，并将作为程序执行时的条件。当进入程序执行阶段后，若输入端又发生变化，则输入映像区相应单元保存的信息，因被输入锁存器隔离而不会跟着改变。只有在下一个扫描周期的输入采样阶段，输入端信息才会被输入锁存器再次送入输入映像区的单元中。因此，为了保证输入脉冲信号能被正确读入，要求脉宽必须大于一个扫描周期。

(2) 程序执行阶段

在程序执行阶段,PLC 的 CPU 从用户程序的第 0 步开始,顺序地逐条扫描用户梯形图程序。在扫描每支梯形图时,则总是按先上后下、先左后右的顺序对由接点构成的控制线路进行逻辑运算。这里的接点就是 I/O 映像区存储单元,由于它对应的是输入端的状态,所以把它称为接点,或称为软触点。以接点数据为条件,根据用户程序进行逻辑运算,并把运算结果存入输出映像区单元中。在程序执行阶段,只有输入端在 I/O 映像区存放的输入采样值不会发生改变,而其他各软元件和输出点在 I/O 映像区的状态和数据都有可能随着程序的执行而变化。请注意 PLC 非并行工作的特点,在程序的执行过程中,上面逻辑行中线圈状态的改变,会对其下面逻辑行中对应的接点状态起作用。反之,排在下面的逻辑行中线圈状态的改变,只能等到下一个扫描周期才能对其上面逻辑行对应此线圈的接点状态起作用。当所有指令都扫描处理完后,即转入输出刷新阶段。

(3) 输出刷新阶段

在输出刷新阶段,PLC 的 CPU 将输出映像区中的状态信息转存到输出锁存器中,刷新其内容,改变输出端子上的状态,然后通过输出驱动电路驱动被控外设(负载)。这才是 PLC 的实际输出。

2. PLC 处理输入/输出的特点

正因为 PLC 采取集中输入采样、集中输出刷新的扫描方式,所以 PLC 对输入/输出处理有着如下特点。

① 在用户 RAM 区中设置 I/O 映像区,分别存放执行程序之前采样的各输入状态和执行过程中各结果的状态。

② 输入点在 I/O 映像区中的数据,取决于输入端子在本扫描周期输入采样阶段所刷新的状态,而在程序执行和输出刷新阶段,其内容不会发生改变。

③ 输出点在 I/O 映像区中的数据,取决于程序中输出指令的执行结果,而在输入采样和输出刷新阶段,其内容不会发生改变。

④ 输出锁存电路中的数据,取决于上一个扫描周期输出刷新阶段存入的内容,而在输入采样和程序执行阶段,其内容不会发生改变。

⑤ 直接与外部负载连接的输出端子的状态,取决于输出锁存电路输出的数据。

⑥ 程序执行中所需要的输入/输出状态,取决于由 I/O 映像区中读出的数据。

3. PLC 与传统继电器控制的异同

PLC 的扫描工作方式与继电接触器控制有着明显不同,如表 1.4 所示。

表 1.4 PLC 控制系统与继电器控制系统比较

控制系统	控制方式	线圈通电
继电器	硬逻辑并行运行方式	所有常开/常闭触点立即动作
PLC	循环扫描工作方式	CPU 扫描到的接点才会动作

继电器控制装置采用硬逻辑并行运行的方式,一个继电器线圈的通断,将会同时影响该继电器的所有常开和常闭触点动作,与触点在控制线路的位置无关。PLC 的 CPU

采用循环扫描工作方式,一个软继电器的线圈通断,只会影响该继电器的扫描到的接点动作。但是,由于 CPU 的运算处理速度很高,使得从外观上看,用户程序似乎是同时执行的。

1.3.2 PLC 的扫描周期与 GPPW 软元件监控

1. PLC 扫描周期的定义

PLC 全过程扫描一次所需的时间定为一个扫描周期。从图 1.10 已经知道,在 PLC 上电复位后,首先要进行初始化工作,如自诊断、与外设(如编程器、上位计算机)通信等处理。当 PLC 方式开关置于 RUN 位置时,它才进入输入采样、程序执行、输出刷新。一个完整的扫描周期应包含上述 5 个阶段。运行以后的 PLC 不断循环重复执行后 3 个阶段,所以运行后的扫描周期相应地要短一些。

2. PLC 扫描周期的计算

一个完整的扫描周期可由自诊断时间、通信时间、扫描 I/O 时间和扫描用户程序时间相加得到。

① 自诊断时间。同型号的 PLC 的自诊断时间通常是相同的,如三菱 FX2 系列机自诊断时间为 0.96ms。

② 通信时间。它取决于连接的外设数量,若连接外设为零,则通信时间为 0s。

③ 扫描 I/O 时间。它应等于扫描的 I/O 总点数与每点扫描速度的乘积。

④ 扫描用户程序时间。它应等于基本指令扫描速度与所有基本指令步数的乘积。对于扫描功能指令的时间,也同样计算。功能指令的扫描速度与指令步数可以查阅相关用户手册。

可见,PLC 控制系统固定后,扫描周期将主要随着扫描用户程序时间的长短而增减。当机型确定后,扫描速度就确定了,扫描用户程序时间的长短将随着用户梯形图程序的长短而增减。

表 1.5 列出了 FX 系列中几种典型 PLC 机型的指令扫描速度,其中 FX0N 的扫描速度最慢,而 FX3U 的扫描速度最快。

表 1.5 几种典型 PLC 机型的指令扫描速度

FX 系列机型	FX0N	FX1S	FX2N	FX3U
基本指令扫描速度/(μs/指令)	1.6~3.6	0.55~0.7	0.08	0.065
应用指令扫描速度/(μs/指令)	几十~几百	3.7~几百	1.52~几百	0.642

例 1.1 三菱 FX1S-30MT 基本单元,其输入/输出点数为 16/14,用户程序为 2000 步基本指令,PLC 运行时不连接上位计算机等外设。I/O 扫描速度为 3.8μs/点,用户程序的扫描速度取表 1.5 中 0.7μs/步,自诊断所需的时间设为 1ms,试计算一个扫描周期所需要的时间为多少。

解 扫描 30 点 I/O 所需要的时间 $T_1 = 3.8\mu s/点 \times 30 点 = 0.114ms$

扫描 2000 步程序所需要的时间 $T_2 = 0.7\mu s/步 \times 2000 步 = 1.4ms$

自诊断所需要的时间 $T_3=1\text{ms}$

因 PLC 运行时，不与外设通信，所以通信时间 $T_4=0$

这样一个扫描周期为

$$T=T_1+T_2+T_3+T_4=(0.114+1.4+1)\text{ms}\approx 2.5\text{ms}$$

在实际使用中要精确计算 PLC 的扫描周期是比较麻烦的。特别是对于功能指令，逻辑条件满足与否，执行时间各不相同。为了方便用户，FX 系列 PLC 中，将扫描周期最大值、扫描周期最小值、扫描周期当前值和恒定扫描周期的值分别存入 D8012、D8011、D8010 和 D8039 4 个特殊数据寄存器中，如表 1.6 所示。如何用 GPPW 软件监控这 4 个寄存器值呢？

表 1.6　有关扫描周期的 4 个特殊数据寄存器的内容

数据寄存器号	内容名称	备　注
[D]8010	扫描周期当前值（计时单位：0.1ms）	含恒定扫描等待时间
[D]8011	扫描周期最小值（计时单位：0.1ms）	
[D]8012	扫描周期最大值（计时单位：0.1ms）	
[D]8039	恒定扫描时间	初始值 0（计时单位：1ms）

在 PLC 与 GPPW 软件联机情况下，执行“在线”|“监视”|“软元件批量”菜单命令，出现软元件批量监控窗口，在此窗口的“软元件”文本框中输入 D8010，然后单击“监视开始”按钮，就能观察到表 1.6 中各寄存器的值，参见图 1.12（GPPW 软件的使用见 2.4 节）。在图 1.12 中间是相关扫描寄存器的十六进制值，对应的十进制值在其右边。若要改变图 1.12 中恒定扫描周期的值，可以通过双击其值来改变。要实现恒定扫描，必须同时满足以下两个条件。

① 恒定扫描周期的值要大于 PLC 可能出现的最大扫描周期值：$T_{const}>T_{max}$。

② 恒定扫描周期的值要小于警戒定时器设定值：$T_{const}<\text{WDT}$。因为 PLC 的警戒定时器（又称看门狗）监控每次扫描是否超过规定时间，如果因故扫描周期变长，就会发出报警信号。警戒定时器定时时间的默认值为 200ms，同样可以用 GPPW 修改 D8000 的值来改变此定时时间。

软元件	+F E D C	+B A 9 8	+7 6 5 4	+3 2 1 0	
D8010	0 0 0 0	0 0 0 0	0 0 0 0	1 0 1 0	10
D8011	0 0 0 0	0 0 0 0	0 0 0 0	1 0 1 0	10
D8012	0 0 0 0	0 0 0 0	0 0 0 1	0 1 0 0	20
D8039	0 0 0 0	0 0 0 0	0 0 0 0	0 1 0 0	4

图 1.12　某 FX0N-60MR 型 PLC 的扫描值

例 1.2　图 1.12 为用 GPPW 软件监控到的某 FX0N-60MR 型 PLC 有关扫描周期的 4 个特殊数据寄存器的值，试计算此 PLC 的扫描周期当前值、扫描周期最小值、扫描周期最大值和恒定扫描周期的值各为多少。

解　将各数据寄存器中的数值乘以各自的计时单位即可得到所求的计时值。

扫描周期当前值 $T=10\times 0.1=1\text{ms}$

扫描周期最小值 $T_{min}=10\times 0.1=1\text{ms}$

扫描周期最大值 $T_{max}=20\times 0.1=2\text{ms}$

恒定扫描周期的值 $T_{const}=4\times 1=4ms$，符合 $T_{const}>T_{max}$。

3. PLC 扫描周期与继电接触控制系统响应时间比较

传统的继电控制系统采用硬逻辑并行工作方式，线圈控制其所属触点是同时动作的，而 PLC 控制系统则是采用顺序扫描工作方式，软线圈控制其所属接点是串行动作的。这样，扫描周期越长，响应速度越慢，这种输入、输出的滞后，会不会影响 PLC 控制系统正确取代继电接触控制系统呢？通过例 1.1 的计算，可以得出 FX 小型 PLC 的扫描周期一般为毫秒级的，也即每秒钟可扫描用户程序几十到几百次，而被控对象继电器、接触器触点的动作时间约为 100ms，相对而言，PLC 的扫描过程几乎是同时完成。PLC 因扫描而引起的响应滞后非但无害，反而可增强系统的抗干扰能力，避免在同一时刻因有几个电器同时动作而产生继电器、接触器的触点动作时序竞争现象，避免执行机构频繁动作而引起的工作过程波动。但对响应时间要求高的设备，则应选用高速 CPU、快速响应模块、高速计数模块，直至采用中断传输方式。

1.3.3 PLC 的 I/O 响应时间与输入信号最高频率

I/O 响应时间指从 PLC 的输入信号变化开始到引起相关输出端信号的改变所需的时间，它反映了 PLC 的输出滞后输入的时间。引起输出滞后输入的主要原因有以下两种。

① 为了增强 PLC 的抗干扰能力，PLC 的每个开关量输入端都采用电容滤波、光电隔离等技术。

② 由于 PLC 采用集中 I/O 刷新方式，在程序执行阶段和输出刷新阶段，即使输入信号发生变化，输入映像区的内容也不会改变。这样，就导致了输出信号滞后于输入信号要比一般微型计算机的控制系统来得多，其响应时间至少要一个扫描周期，一般均大于一个扫描周期甚至更长。

最短的 I/O 响应时间如图 1.13 所示，输入信号的变化正好在采样阶段结束前发生，所以在本扫描周期能被及时采集，并在本扫描周期的输出刷新阶段开始时就输出。

图 1.13 最短的 I/O 响应时间

最长的 I/O 响应时间如图 1.14 所示，输入信号的变化正好在采样阶段结束后发生，所以要在下一扫描周期的采样阶段才能被采集到，并且在下一扫描周期的输出刷新阶段结束前输出。

从上面分析可见，输入信号的变化周期必须比 PLC 的扫描周期长，因此输入信号的最高频率就受到了限制。例 1.1 对扫描周期作过估算，为 2.5ms，估算时的用户程序为 2K 步。若将用户程序增至 8K 步，不妨将扫描周期也增为 10ms，若考虑输入滤波器

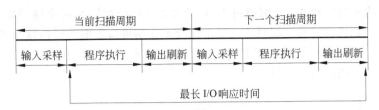

图 1.14 最长的 I/O 响应时间

的响应延迟也为 10ms，则输入脉冲的宽度至少为 20ms，即输入脉冲的周期至少为 40ms。由此可以估算出，输入脉冲的频率应低于 1/40ms=25Hz。这种滞后响应，在一般的工业控制场合是完全允许的，但对于要求 I/O 响应速度快的实时控制场合就不能适应了。

对于要求高速的场合，近期的 PLC 除了提高扫描速度，还在软硬件中采取相应的措施，以提高 I/O 的响应速度。如在硬件方面，选用快速响应模块、高速计数模块。FX2N 系列 PLC 还提供 X0～X7 共 8 个高速输入端，其 RC 滤波器时间常数仅为 50μs。在软件方面采用 I/O 立即信息刷新方式、中断传送方式和能用指令修改的数字式滤波器等。因此，可以处理的输入信号的最高频率有很大提高。FX2N 系列 PLC 的 1 个基本指令运行时间只需 0.08μs，可读取最大 50μs 的短脉冲输入，可见输入信号的最高频率可以达到 20kHz。

1.4 丰菱 FL1S-20MT 型 PLC 硬件线路

FL1S-20MT 是深圳九天丰菱公司设计的学习型 PLC，它的输入/输出总点数为 20 点，为 DC24V 晶体管输出型。除了基本指令与三菱的 FX1S 全兼容外，还扩充了一些功能指令，编程软件与 FXGP 兼容。丰菱还提供 FL1S-20MT 的 DIY 套件，通过读者自己动手装接 FL1S-20MT，完成本书第 8 章中的 8 个实验，培养 PLC 控制系统实际应用能力。为了支持在校学生学习 PLC，丰菱承诺以低廉的硬件成本价格向在校学生提供 FL1S-20MT，使得学生读者无须购买几千元的三菱 PLC，也能学习三菱梯形图编程和 PLC 控制技术（有关 FL1S-20MT 购买事宜请到丰菱网站查询）。

这里公开的是 FL1S-20MT 的硬件电原理图，它实质上就是一个单片机应用系统，读者可以同图 1.3 比较，以求更深入而具体地理解 PLC 硬件系统的结构。若需要 FL1S-20MT 中的电子元件的更详细资料，可到丰菱公司网站 www.szflyingtec.com 下载。

FL1S-20MT 采用上下两块印制板，下面是电源和输入/输出板，上面是 CPU 主控板，上下之间相关信号通过 24PIN 连接器相连。PLC 的输入/输出与电源端子如图 1.15 所示。

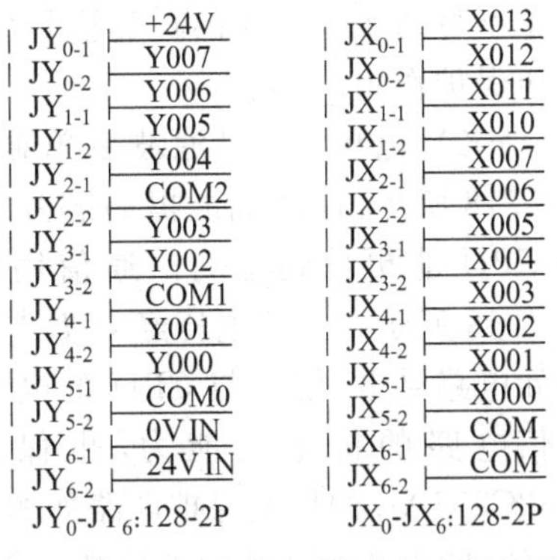

1. FL1S-20MT 电源电路

FL1S-20MT 电源部分电路如图 1.16 所示。

图 1.15 PLC 的输入/输出与电源端子

DC24V 电源的+24V 和 0V 分别通过 PLC 的 24V IN 和 0V IN 两个端子输入,先经 F_1 可恢复的保险丝;再经贴片二极管 D_1,其单向导电作用可避免电源极性接反而对 PLC 的损坏;后接一个过压保护的瞬变管 P6KE36A,其作用是当输入电压高于 36V 时,会自动短路,从而保护了内部电子元件。

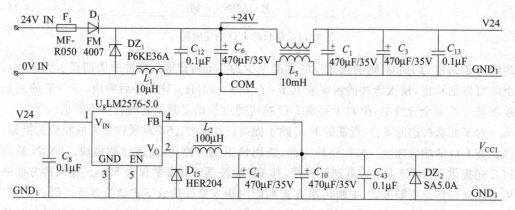

图 1.16 FL1S-20MT 电源部分电路

L_5 共模电感前标号为+24V 和 COM 的两点还将连接到 PLC 的端子上,作为 PLC 对外的 DC24V 电源,同时还作为 PLC 内部单元+24V 的直流电源。此 24V 电源经共模电感 L_5 及其前后电容后,作为 LM2576-5.0 的输入电压。此芯片的输出端 V_O 将输出 DC5V 电压,经 L_2 从 V_{CC1} 和 GND_1 两点输出,再通过连接器分别与上层 CPU 板的 V_{CC} 和 GND 相连,又经 C_{34} 和 C_{69} 再次滤波,作为系统用的+5V 电压,为各个 IC 供电,如图 1.17 所示(图中的 7 个 0.1μF 电容分别是各 IC 去耦电容)。

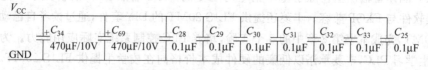

图 1.17 CPU 板上各 IC 的旁路电容

图 1.16 中 LM2576-5.0 的输出端并联了一个型号为 HER204 的快速二极管 D_{15},其反压为 200V,电流为 2A,对电感 L_2 引起的反电势起续流作用。在+5V 输出两端也并联了型号为 SA5.0A 的瞬变管 DZ_2,当 LM2576-5.0 的输出电压高于 5V 时,同样也会起过压保护作用。

+5V 电压经 LC 滤波后单独给 CPU 供电,如图 1.18 所示,这样就能提高芯片的抗干扰能力,保证 CPU 能更好地运行。通信用隔离电源电路如图 1.19 所示,+5V 电压经双 L 与 C 滤波后给通信单元电路供电,使之与 CPU 的电源进行隔离,提高

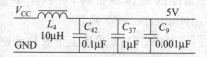

图 1.18 CPU 供电电源电路

通信电路的抗干扰能力,也保证 CPU 能更好地运行。图 1.21 中 RAM 芯片 IS62C256AL 的掉电保护电路如图 1.20 所示,当正常工作电源 V_{CC} 失效时,二极管 D_{13} 截止,D_{14} 导通,RAM 芯片被切换到备用充电电池 BT_1 供电,保证数据不被丢失。

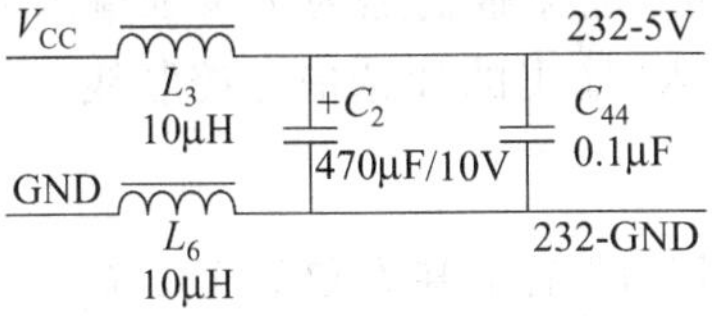

图 1.19 通信用隔离电源电路 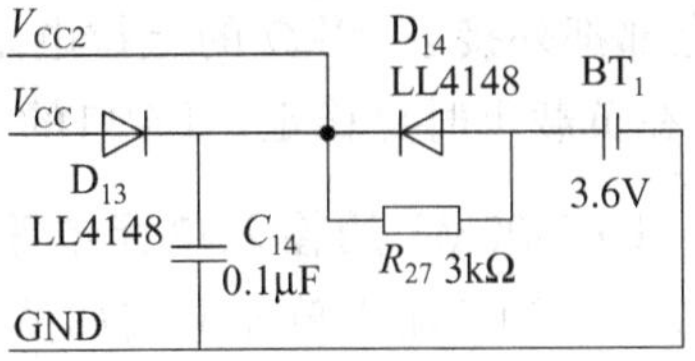　　　　图 1.20 数据存储器掉电保护电路

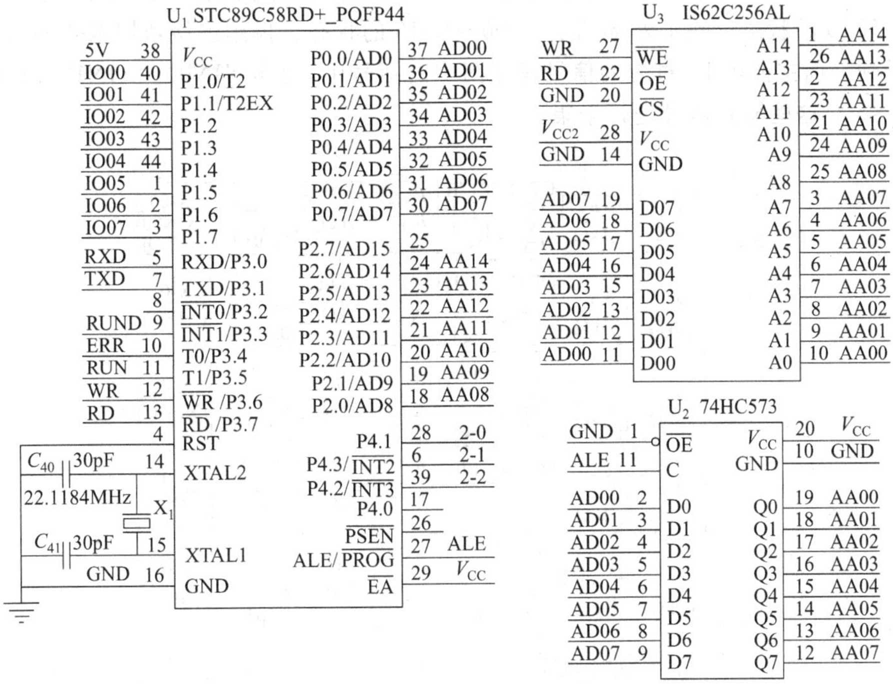

图 1.21 FL1S-20MT 的 CPU 主控电路

2. FL1S-20MT 的主控电路

FL1S-20MT 的 CPU 主控电路如图 1.21 所示，主控芯片是 STC89C58RD＋单片机，它与 MCS-51 系列单片机是兼容的。但是，STC89C58RD＋单片机内有更多的资源，有高达 32KB 的 FLASH ROM，用于存放厂家的 BIOS；有 16KB 的 E^2PROM，以 512B 为一个扇区，其内部地址是从 8000H 起，用于存放用户程序和一些重要的运行标志；它的运行频率也更高，本电路中使用的是 22.1184MHz。

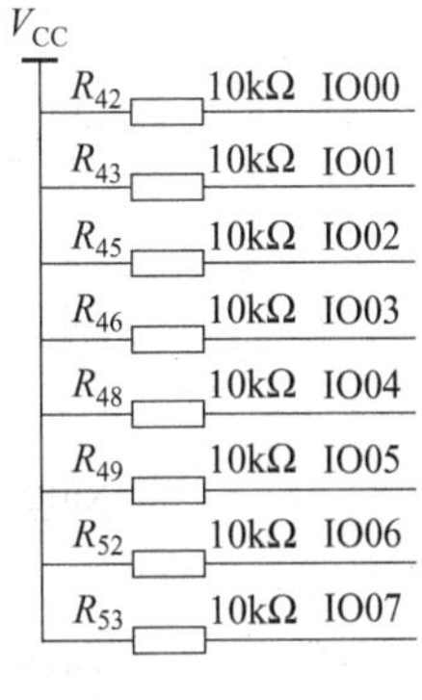

CPU 的 P0 口通过地址锁存器 74HC573，扩展了一片 32KB RAM 芯片 IS62C256AL，用于存放 M、S、T、C、D 等内部软元件。为保证掉电后数据不丢失，加了一个如图 1.20 所示的掉电保护电路。外部数据总线上没有再挂靠其他芯片，被此 RAM 芯片独占，这样做可提高 CPU 的抗干扰能力。

CPU 的 P1 口用于输入/输出信号的采集和输出，并且将

图 1.22 P1 口上拉电阻

P1口全部都外接了10kΩ的上拉电阻,如图1.22所示,这样做也是为了保证输入和输出的信号在负载重时更稳定。P4口的相关口线作为输入/输出的片选信号控制线。

3. FL1S-20MT的输入单元电路

FL1S-20MT输入单元电路如图1.23所示,此图与图1.4基本单元DC输入电路是类似的。例如,当一个无电压开关把X000端与COM端接通时,光耦内部发光二极管发光,使光敏三极管导通,X-00就会变为低电平;否则,当开关断开时,X-00为高电平。X-00~X-13的状态反映了外部端子X000~X013的状态。再用连接器把X-00~X-13的状态送到上面主控板上,对应的信号写在图中的括号中,记作XIN00~XIN13,通过两片74HC245对这些输入信号进行采集。

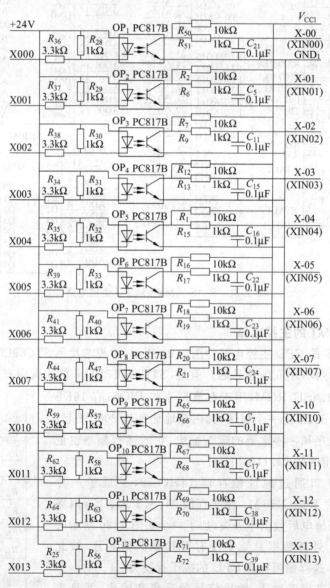

图1.23　FL1S-20MT输入单元电路

当输入刷新时,CPU 分时使 P4.1 和 P4.2 变低,使相应的片选信号 2-0 和 2-2 有效,将输入端的状态信号从 P1 口采集到 CPU 中,并对输入寄存器进行刷新。图 1.23 电路中的光耦输出端,10kΩ 电阻为上拉电阻,1kΩ 电阻与 0.1μF 电容组成一个 RC 滤波器,以去除外界尖峰电压的干扰。

X 输入端 LED 指示电路如图 1.24 所示,当外部端子 X000~X013 中的某一个与 COM 端接通时,输入刷新后会使 XIN00~XIN13 中相应的那个信号变低,相应的 LED 就会点亮,输入断开时就会熄灭,这样可以通过 LED 信号灯来监视 X 输入端的状态。

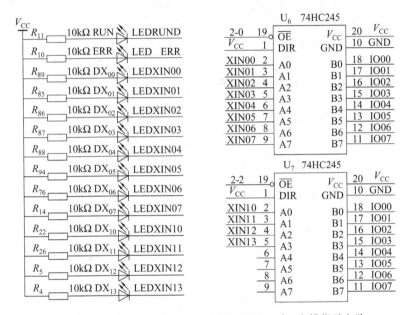

图 1.24　FL1S-20MT 输入信号采集与电源、运行、出错指示电路

4. FL1S-20MT 的输出单元电路

FL1S-20MT 输出锁存与 LED 指示电路如图 1.25 所示,输出驱动电路如图 1.26 所示。当输出刷新时,CPU 从 P4.3 引脚输出一个正脉冲,这个片选信号 2-1 使 74HC273 时钟有效,将 CPU 从 P1 口输出的数据 IO00~IO07 锁存在 74HC273 输出端,相应的信

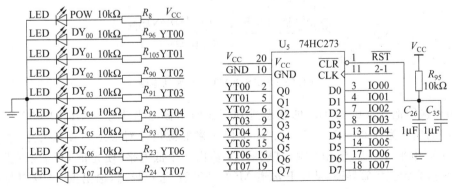

图 1.25　FL1S-20MT 输出锁存与 LED 指示电路

号为 YT00～YT07，此状态一直要保持到下一次输出刷新时才会发生变化。

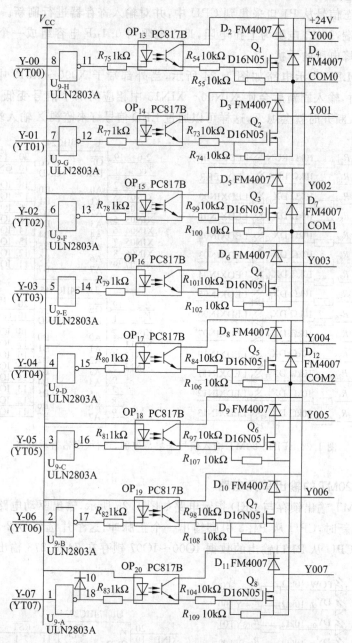

图 1.26　FL1S-20MT 输出驱动电路

用连接器把 YT00～YT07 的状态送到下面印制板上驱动芯片 ULN2803A 的输入端，对应的信号为 Y-00～Y-07（图 1.26 中把送来的源信号对应地写在括号中）。假定 YT07 为高电平，经 U_{9-A} 反相驱动，其引脚 18 输出一个低电平，使光耦 OP_{20} 内部发光二极管发光，光敏三极管导通，从而 P 沟道 MOSFET 管 Q_8 也导通，输出点 Y007 就输出一个低电平。反之，Y007 将输出一个高电平。上电时，通过图 1.25 中 R_{95} 与 C_{26}、C_{35} 组成的低电平复位电路,使锁存器 74HC273 的输出 Q0~Q7 清零,对应输出端 Y000~Y007 均输出高电平。

ULN2803A 内部在引脚 10 与引脚 18 之间有一个续流二极管,图 1.26 中只画在 U_{9-A} 的电路处,在 U_{9-B}~U_{9-H} 电路处均未画上去。

从图 1.25 可见,输出端也有 LED 指示电路,当某个 Y 端有高电平输出时,相对应的 LED 灯会点亮,否则就熄灭,这样可以通过 LED 信号灯的亮暗来监视 Y 输出端的状态。

5. FL1S-20MT 通信单元与其他电路

FL1S-20MT 通信电路如图 1.27 所示,它是采用 STC232EESE 芯片进行 RS-232C 电平转换的单片机与 PC 串行通信接口电路,把单片机 TTL 电平转化成 RS-232C 电平。单片机的 TXD 引脚作为数据的发送端,RXD 引脚作为数据的接收端,这两个引脚通过电平转换之后,连接到 9 芯的标准插座,再通过电缆线与 PC 串口相连。

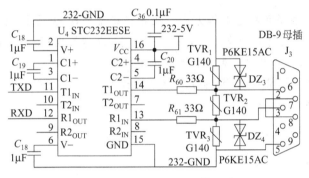

图 1.27　FL1S-20MT 通信电路

在实际使用中,如果用户电脑的电源地线没有接地,静电将会累积太多而导致电压很高,如果带电插拔,就有可能损坏 PLC 的串口芯片 STC232EESE,因此在电路中做了二级保护措施。第一级是两个 TVS(Transient Voltage Suppressor)瞬变管 DZ_3 和 DZ_4,当其两极受到反向瞬态高能量冲击时,它能以 10^{-12} s 量级的速度,将其两极间的高阻抗变为低阻抗,吸收高达数千瓦的浪涌功率,使两极间的电压箝位于一个预定值,保护电路中的元器件免受各种浪涌电压的损坏。第二级是 TVR_1~TVR_3 片式压敏电阻,它具有优良的浪涌能量吸收能力及内部散热能力,响应时间小于 0.5ns。与 RS-232 相连接前还有一个 33Ω 电阻,在一定程度上也能保护通信 IC。

PLC 的用户运行开关电路如图 1.28 所示。RUN 信号占用单片机的一条输入线 P3.5,当运行时将开关打到引脚 3 一边,使 CPU 的 P3.5 引脚输入低电平就可以了。结合图 1.24 来看,此时,若 P3.3(RUND 信号)输出低电平,表示 PLC 运行正常,PLC 运行灯 (RUN LED)会变亮;若 P3.4(ERR 信号)输出低电平,表示用户程序出错,PLC 出错灯 (ERR LED)会变亮。从图 1.25 可见,开机后若功率灯(POW LED)亮,表示 DC24V 供电正常。

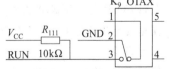

图 1.28　用户运行开关电路

本章小结

PLC 内部存储器被看做各类软元件,采用类似继电器控制线路的形式进行编程的梯形图程序就存储在其中。只需改变用户梯形图程序,就可以根据生产需要灵活变更控制规律。

(1) PLC 具有可靠性高、抗干扰能力强、简单易学、适应性强、调试维修方便等特点。

(2) PLC 除了用于开关量控制,还能进行模拟量控制、数据处理和通信联网等。

(3) PLC 有着与通用微机相同的硬件结构,其软件系统也包括系统程序和应用程序。

(4) 熟悉可编程控制器的主要技术指标:I/O 总点数、存储容量、扫描速度、内部软元件、特殊功能模块。

(5) 掌握 PLC 的循环扫描工作方式。在扫描梯形图时,总是按先上后下、先左后右的顺序进行扫描。逻辑行间的作用特点是:上对下,立即影响;下对上,等待下次。扫描工作方式是产生输入/输出响应滞后现象的主要原因。

(6) 会进行扫描周期的计算,会用 GPPW 软件在线监控扫描时间的特殊数据寄存器。

习题 1

1. 什么是 PLC? PLC 有哪些主要特点?
2. PLC 有哪些主要应用?
3. 简述 PLC 的硬件结构和软件系统。
4. PLC 的主要技术指标有哪些?
5. 简述 PLC 扫描工作方式的基本原理并指出与继电器控制系统的异同。
6. 某 FX1S 型号的 PLC 运行时,查得 D8010、D8011、D8012 和 D8039 分别存放的数值为 25、20、30 和 4,试计算它的扫描周期的当前值、最小值、最大值和恒定扫描周期值各为多少。用 GPPW 软件在线监控这些软元件。
7. 三菱电机 FX2-40MR,输入/输出点数为 24/16,用户程序为 1000 步,不包含功能指令,PLC 运行时不连接上位计算机等外设。扫描速度为 0.03ms/8 点,用户程序的扫描速度为 $0.74\mu s$/步,自诊断所需的时间为 0.96ms,试计算一个扫描周期所需要的时间为多少。
8. 简述 PLC 的分类和 PLC 的发展趋势。

CHAPTER 2

三菱 FX 系列 PLC

本章导读

本章主要简介了三菱 FX2N 和 FX3U 系列 PLC 产品；介绍了 FX 系列 PLC 型号命名的基本格式；介绍了三菱 FX2N 系列 PLC 内部软元件特性与地址分配；介绍了 PLC 的漏型与源型；还介绍了 GX Developer V8.52 的使用和其内装的 GX Simulator 具有的模拟仿真功能。要求重点掌握对学习 PLC 控制十分有用的模拟仿真的方法。

2.1 三菱小型 PLC 产品

三菱小型 F 系列 PLC 为早期的 1981 年的产品，它仅有开关量控制功能。以后被升级为 F1 和 F2 系列，主要是加强了指令系统，增加了通信功能和特殊功能单元。至 20 世纪 80 年代末，推出了 FX 系列产品，在容量、速度、特殊功能和网络功能等方面都有了全面的加强。1991 年推出的 FX2 系列是整体式和模块式相结合的叠装式结构，它采用了一个 16 位微处理器和一个专用逻辑处理器，执行速度为 $0.48\mu s$/步。近几年不断推出的多种产品有 FX1S、FX0N、FX1N、FX2N 以及 FX3U 等，全面地提升了各种功能，实现了微型化、小型化，为用户提供了更多的选择。

2.1.1 FX2N 系列 PLC 产品简介

FX2N 系列产品是小型化、高速度、高性能和所有方面都相当于 FX 系列中较高档次的 PLC，除基本单元的独立用途外，还可以适用于多个基本元件间的连接、模拟控制、定位控制等特殊用途，多用在单机控制或简单的网络控制中。FX2N 兼容了 FX1S、FX1N 的全部功能，使用的 CPU 性能更高，I/O 点数和扩展功能模块也更多，编程功能与通信功能更强。FX2N 的性能特点如下。

(1) 系统配置固定灵活

可进行 16～256 点的灵活输入/输出组合。增加了模拟量输入/输出模块，可以连接扩展模块，包括 FX0N 系列扩展模块。

(2) 编程简单，指令丰富

FX2N 编程种类如表 2.1 所示。FX2N 系列的应用指令大为增加，有高速处理指令、便利指令、数据处理、特殊用途指令等。

表 2.1 FX2N 编程种类

指令种类	基本指令	步进梯形指令	应用指令
指令数目	27 种	2 种	128 种,298 个

(3) 品种丰富,特殊用途

可选用 16/32/48/64/80/128 点的主机,可采用最小 8 点的扩展模块进行扩展。也可根据电源及输出形式,自由选择。1 台基本单元最多可连接 8 台扩展模块或特殊功能模块,连接上相关的特殊功能模块后,可应用在模拟控制、定位控制等特殊场合。

(4) 高性能,高速度

内置程序容量 8000 步,最大可扩充至 16K 步,可输入注释,还有丰富的软元件。由表 1.5 可见,指令的执行速度,基本指令只需 0.08μs/指令,应用指令在 1.52~几百 μs/指令之间,分别比 FX1S 速度提高了近 10 倍和 2 倍多。

(5) 通信简单化

一台 FX2N 主机可安装一个机能扩充板,使用 FX2N-485-BD 及 FX0N-485-ADP 的 FX2N 系列 PLC 间,可作简易 PLC 通信连接。还增加了 M-NET 网络链接的通信模块,以适应网络链接的需要。

(6) 共享外部设备

可以共享 FX 系列的外部设备,如便携式简易编程器 FX-10P-E、FX-20P-E(需使用 FX-20P-CAB0 作连接线)。用 SC-09 电缆线与微机连接,可使用 FXGP/WIN-C 编程软件。

2.1.2 FX3U 系列 PLC 产品简介

FX3U 是三菱最新开发的第三代小型化 PLC 产品,相当于 FX 系列中最高档次的 PLC,采用了基本单元加扩展的形式,基本功能兼容了 FX2N 系列的全部功能。由于 FX3U 采用了比 FX2N 更高性能的 CPU,基本性能大幅提升。FX3U 的特点如下。

(1) I/O 点数更多

主机控制的 I/O 点数可达 256 点,完全兼容 FX2N 的 I/O 扩展单元和扩展模块,通过远程 I/O 连接,其最大 I/O 点数可以达到 384 点。

(2) 编程功能更强

强化了应用指令的功能,提供了与三菱变频器通信、CRC 计算、产生随机数等指令。软元件数量更多,内部继电器达到 7680 点、状态继电器达到 4096 点、定时器达到 512 点。FX3U 系列 PLC 编程软件需要 GX Developer 8.23Z 以上版本(目前为 V8.52)。

(3) 速度更快,存储器容量更大

由表 1.5 可见指令的执行速度,基本指令只需 0.065μs/指令,应用指令在 0.642μs/指令,分别是 FX2N 速度的 1.2 倍和近 2.4 倍。用户程序存储器的容量可达 64K 步,并可以采用闪存卡。

(4) 通信功能更强

通信功能增强,其内置的编程口可以达到115.2Kbps的高速通信,最多可以同时使用3个通信口(包括编程口)。增加了RS-422标准接口与网络链接的通信模块,以适合网络链接的需要。同时,通过转换装置还可以使用USB接口。

(5) 高速计数与定位控制

内置6点同时100kHz的高速计数功能,双相计数时可以进行4倍频计数。晶体管输出型的基本单元内置了3轴独立最高100kHz的定位功能,并且增加了新的定位指令:带DOG搜索的原点回归(DSZR)、中断单速定位(DVIT)和表格设定定位(TBL),从而使得定位控制功能更加强大,使用更为方便。

(6) 多种特殊适配器

新增了高速输入/输出、模拟量输入/输出、温度输入适配器,这些适配器不占用系统点数,提高了高速计数和定位控制的速度。还可以选装高性能的显示模块(FX3U-7DM)。

2.2 三菱FX系列PLC型号命名

2.2.1 PLC的源型与漏型

场效应管分极性相反的P沟道和N沟道两种,对应晶体管也有PNP和NPN之分。三极管类型的传感器或编码器与PLC连接时,要注意选择输入形式是PNP型还是NPN型,国内PLC厂家多采用这样的描述,而三菱则是称之为源型输入与漏型输入。

假定图1.4中的NPN型传感器是一个三线式接近开关,此开关的引脚1和2分别为电源线V_{cc}和0V线,而引脚3为信号输出线。它与PLC连接正是采用了漏型输入,接近开关的输出端3与PLC的输入端子X000相连,接近开关的引脚1与2分别与DC24V的正端和0V相连。PLC内部光耦输入电路一端通过一个3.3kΩ电阻与X000相连,另一端S/S则是与DC24V电源正端相连,可以把此漏型输入的接法简化画成如图2.1(a)所示。当接近开关接通时,电流是从PLC的输入端X000流出来的,另外各开关的公共点是接在0V电位上的,可见,漏型特点是低电平输入有效。国内信捷XC3-48RT-E型PLC是NPN型的,与NPN传感器连接就要采用此种接法。

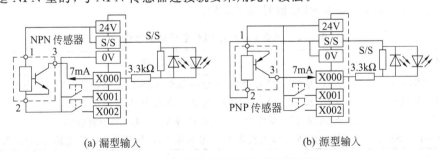

(a) 漏型输入　　　　　　　　(b) 源型输入

图2.1 输入形式是漏型与源型的接法

从上面的分析中会想到,现在用的都是双向光耦,如果不把 S/S 端接死,而是作为独立的端子引出,则这个 PLC 也可以方便地与 PNP 型接近开关接成源型输入。三菱的 FX3U 硬件手册中也有此线路,如图 2.1(b)所示。接近开关的输出端 3 与 PLC 的输入端子 X000 相连,接近开关的引脚 1 与 2 分别与 DC24V 的正端和 0V 相连。PLC 内部光耦输入电路一端通过一个 3.3kΩ 电阻与 X000 相连,但另一端 S/S 则改为与 0V 端相连。当接近开关接通时,电流是输入 PLC 的输入端 X000 的,同样可以得出下面两个无源开关闭合时,电流也是流入 X001 和 X002 的;另外各开关的公共点是接在 24V 正电位上的,可见,源型特点是高电平输入有效。国内丰炜 VB1 型 PLC 正是采用这种可构造方法,只要改变 S/S 端的接法,就能使 PLC 与两种极性的传感器相接。

同样地,在直流输出时也要考虑选择是采用漏型输出还是源型输出的接线方法。

2.2.2 FX 系列 PLC 型号命名方法

三菱 FX 系列的 PLC 基本单元和扩展单元型号命名由字母和数字组成,其格式如图 2.2 所示,其中①~⑤各框的含义说明如下。

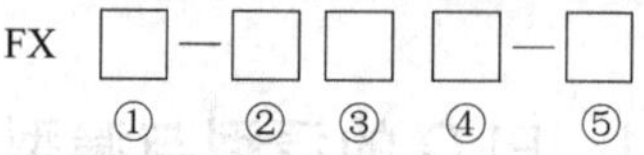

① 系列的名称　如 0N、1S、1N、2N、3U。

② I/O 总点数　4~256。

③ 单元类型　M 为基本单元;EX 为输入扩展模块;EY 为输出扩展模块;E 为输入/输出混合扩展单元或扩展模块。

图 2.2　FX 系列 PLC 型号命名格式

④ 输出形式　R 为继电器输出;S 为双向晶闸管输出;T 为晶体管输出。

⑤ 适用类型或特殊品种　举出常用的几种,如:

D、DS 为 DC24V 电源;

DSS 为 DC24V 电源,源型晶体管输出;

ES 为 AC 电源;

ESS 为 AC 电源,源型晶体管输出;

A1 为 AC 电源,AC 输入(AC100~120V)或 AC 输入模块;

无标记为 AC 电源,DC 输入,横式端子排;

/UL 为符合 UL 认证。

表 2.2 为三菱 FX 系列 PLC 型号命名举例。

表 2.2　三菱 FX 系列 PLC 型号命名举例

型　号	说　明
FX3U-48MR-DS	FX3U 系列,I/O 点数为 48 点的基本单元,继电器输出,DC24V 电源
FX2N-16MR-ES	FX2N 系列,I/O 点数为 16 的基本单元,继电器输出,AC 电源
FX-8EYS	FX 系列,I/O 点数为 8 的输出扩展模块,双向晶闸管输出
FX1S-20MT-ESS/UL	FX1S 系列,I/O 点数为 20 的基本单元,晶体管输出,AC 电源,源型,UL 认证

2.3 三菱 FX2N 系列 PLC 内部软元件

PLC 内部有许多具有不同功能的器件,实际上这些器件是由电子电路和存储器组成的,通常把它们称为软元件。所谓软元件,是指 PLC 中可以被程序使用的所有功能性器件。可以将各个软元件理解为具有不同功能的内存单元,对这些单元的操作,就相当于对内存单元进行读写。由于 PLC 的设计初衷是为了替代继电器、接触器控制,许多名词仍借用了继电器、接触器控制中经常使用的名称,例如"母线"、"继电器"等。

FX2N 系列 PLC 中的软元件有输入继电器 X、输出继电器 Y、辅助继电器 M、状态继电器 S、指针 P/I、常数 K/H、定时器 T、计数器 C、数据寄存器 D 和变址寄存器 V/Z 等。在使用 PLC 时,需要和外部进行硬件连接的软元件只有输入和输出继电器,其他软元件只能通过程序加以控制。本节将对这些软元件逐一进行介绍。

2.3.1 输入/输出继电器

1. 输入继电器 X(X000～X377)

从图 1.4 中可以看到,输入继电器是通过光耦接收各种外部输入设备信号的电子"继电器"。从 PLC 内部来看,一个输入继电器就是一个一位的只读存储器,可以无限次读取,其取值只有两种状态:外接开关闭合,处于 ON 状态;外接开关断开,则处于 OFF 状态。它有无数的常开与常闭接点,两者都可使用。它在 ON 状态下,其常开接点闭合,常闭接点断开;在 OFF 状态下,则相反。

输入继电器符号是 X,其地址按八进制编号,FX2N 系列 PLC 的输入继电器 X 的地址范围是 X000～X377,共 256 个。

注意,输入继电器必须由外部信号来驱动,不能用程序驱动,即输入继电器的状态用程序无法改变。

2. 输出继电器 Y(Y000～Y377)

从图 1.5 中可以看到,输出继电器的外特性相当于一个接触器的主触点,连接到 PLC 的输出端子上供外部负载使用。从使用的角度看,可以将一个输出继电器当作一个受控的开关,其断开或闭合受到程序的控制。从 PLC 内部来看,一个输出继电器就是一个一位的可读/写的存储器单元,可以无限次读取和写入。在读取时既可以用输出继电器的常开接点,也可以用输出继电器的常闭接点,使用次数不限。输出继电器的初始状态为断开状态。

输出继电器符号是 Y,其地址按八进制编号,FX2N 系列 PLC 的输出继电器 Y 的地址范围是 Y000～Y377,共 256 个。

FX2N 系列 PLC 常用型号的输入/输出继电器接点的配置见表 2.3。

表 2.3 输入/输出继电器接点配置

型 号	FX2N-16M	FX2N-32M	FX2N-48M	FX2N-64M	FX2N-80M	FX2N-128M	扩 展 时
输入继电器 X	X000~X007,8点	X000~X017,16点	X000~X027,24点	X000~X037,32点	X000~X047,40点	X000~X077,64点	X000~X267,184点
输出继电器 Y	Y000~Y007,8点	Y000~Y017,16点	Y000~Y027,24点	Y000~Y037,32点	Y000~Y047,40点	Y000~Y077,64点	Y000~Y267,184点

在不加扩展单元的情况下,输入接点与输出接点数是相等的,各占总接点数的一半。输入/输出继电器的编号是由基本单元固有地址号和按照与这些地址号相连的顺序给扩展设备分配的地址号组成的。

注意,FX2N 系列 PLC 的所有软元件中只有输入/输出继电器采用八进制地址,因此它们的地址不是输入/输出接点的数量,请不要按十进制来理解其地址含义。

2.3.2 辅助继电器

PLC 内部辅助继电器的功能相当于各种中间继电器,它们只起信号传递作用,可以驱动其他软元件,也可以被其他软元件驱动,但不能与 PLC 外部发生关系。辅助继电器有无数常开和常闭接点,在 ON 状态下,其常开接点闭合,常闭接点断开;在 OFF 状态下,则相反。辅助继电器没有输出接点,也就是说不能驱动外部负载,外部负载只能由输出继电器驱动。

辅助继电器的符号是 M,其地址按十进制编号。FX2N 系列 PLC 的辅助继电器 M 的地址分配见附录 A。从此表可见,FX2N 系列 PLC 中有三种特性不同的辅助继电器,分别是通用辅助继电器(M0~M499)、断电保持辅助继电器(M500~M3071)和特殊功能辅助继电器(M8000~M8255)。

(1) 通用辅助继电器(M0~M499)

通用辅助继电器共有 500 个,在通电之后全部处于 OFF 状态。无论程序是如何编制的,一旦断电,再次通电之后,M0~M499 这 500 个辅助继电器都恢复为 OFF 状态。

(2) 断电保持辅助继电器(M500~M3071)

断电保持辅助继电器共有 2572 个,当 PLC 断电并再次通电之后,这些继电器会保持断电之前的状态。其他特性与通用辅助继电器完全一样。

① M500~M1023 共 524 个,可用参数设置方法改为非断电保持用;
② M800~M899 保留作两台 PLC 并联时点对点通信用;
③ M1024~M3071 共 2048 个,其断电保持特性不可改变。

(3) 特殊功能辅助继电器(M8000~M8255)

特殊功能辅助继电器共有 256 个,各具特定的功能,可以分成两大类。一类是反映 PLC 的工作状态或为用户提供常用功能。这些器件用户只能使用其接点,不能对其进行驱动。例如:

M8000 运行监控,在 RUN 状态时总是接通的,用于程序执行条件及状态显示。
M8002 初始脉冲,从 STOP 到 RUN 时,导通第一个扫描周期,用于初始化。

M8011～M8014　内部时钟,上电后分别产生 10ms、100ms、1s 和 1min 时钟脉冲。

M8020～M8022　运算标志,分别为零标志、借位标志和进位标志。

另一类是可驱动线圈型特殊功能辅助继电器,驱动这些继电器之后,PLC 将做一些特定的操作。例如,下面是一些特殊功能辅助继电器 ON 时的功能。

M8030　锂电池欠电压指示灯熄灭。

M8033　在 STOP 状态输出也将保持。

M8034　禁止所有输出。

M8040　禁止状态间转移,但状态内程序仍动作,输出线圈等不会自动断开。

M8046　STL 动作,状态接通时就会自动接通,避免与其他程序同时启动或做状态标志。

M8047　STL 监控有效,则编程功能可自动读出正在动作的状态号并加以显示。

M8050　禁止 I0XX 中断。

2.3.3　状态元件 S

状态元件 S 是构成状态转移图的重要软元件,它在步进顺控程序中使用。从附录 A 可见 FX2N 系列 PLC 的状态元件共有 1000 点,其地址分配如下:

① 通用状态元件 S0～S499,共 500 点,其中,初始化用 10 点(S0～S9),原点回归用 10 点(S10～S19);

② 断电保持状态元件 S500～S899,共 400 点;

③ 报警状态元件 S900～S999,共 100 点。

前两种状态元件 S 与步进指令 STL 配合使用,使编程简洁明了。第三种状态元件专为信号报警所设置。不用步进顺控指令及 M8049 处 OFF 状态时,状态元件 S 可以作为辅助继电器 M 在程序中使用。

2.3.4　常数 K/H 与指针 P/I

1. 常数 K/H

PLC 中常用的数是十进制数和十六进制数,常数也作为器件对待,在存储器中占有一定的空间。为了区分,十进制数前必须冠以 K,十六进制数前必须冠以 H。例如 K23 表示十进制的 23;H64 表示十六进制的 64,对应十进制的 100。常数一般用于定时器、计数器的设定值或当前值,以及功能指令中的操作数。

PLC 中的数是以二进制表示的,最高位是符号位,0 表示正数,1 表示负数。但一般的编程器往往只能检测到十进制数或十六进制数,数的最大范围见附录 A。

2. 指针 P/I

FX2N 系列 PLC 的指令中允许使用两种指针(又称为标号),一种为 P 指针,用于子程序调用或跳转;另一种为 I 指针,专用于中断服务程序的入口地址。从附录 A 可见 FX2N 系列 PLC 的指针地址分配如下。

P 指针有 128 个,从 P0 到 P127,不能随意指定。P63 相当于 END,不能作为普通标号使用。P指针在整个程序中只允许出现一次,但可多次引用。

P指针用在跳转指令中,使用格式为:CJ P0~CJ P127。

P指针用在子程序调用指令中,使用格式为:CALL P0~CALL P127。

I指针有以下 3 种类型。

① 外中断指针 I00□~I50□(6 点)

这 6 个中断指针分别表示由 X000~X005 输入的中断(不受 PLC 扫描周期的影响),I 后的第一位数就是输入点的标号,第 2 位是常 0,最后一位□表示中断边沿触发的类型。

② 定时中断指针 I6□□~I8□□(3 点)

这 3 个中断指针分别表示由定时器引起的中断,中断指针低两位□□是定时时间(10~99ms)。当中断控制周期与 PLC 运算周期不同时,可采用定时器中断,如高速处理或每隔一定的时间执行的程序。例如,I810 表示每隔 10ms 执行一次标号 I810 后面的中断程序,并由 IRET 指令结束该中断程序。

③ 高速计数器中断指针 I0□0(6 点)

这 6 个中断指针分别表示由高速计数器引起的中断,中断指针中的□位为 1~6。与 HSCS(高速计数器比较置位)指令配合,利用高速计数器的当前值产生中断。中断指令的具体应用将会在第 5 章中详细介绍。

2.3.5 定时器 T(T0~T255)

PLC 内部定时器的功能相当于时间继电器,它有一个设定值寄存器,一个当前值寄存器,以及许多接点供编程时使用,引用次数不限。FX2N 系列 PLC 的定时器都是 16 位的,数值位为二进制 15 位,其设定值范围为 1~32767,可以用常数 K 或数据寄存器 D 的值来设定。

定时器的符号是 T,其地址按十进制编号,FX2N 系列 PLC 的定时器 T 的地址分配见附录 A。FX2N 系列 PLC 中共有 256 个定时器,分为通用定时器和累计定时器两种。

(1) 通用定时器(T0~T245)

通用定时器分为 100ms 和 10ms 两种。100ms 通用定时器有 200 个,地址为 T0~T199,其中 T192~T199 可在子程序或中断服务程序中使用。100ms 定时器的定时区间为 0.1~3276.7s。

图 2.3 为定时器 T10 的常规用法,分图(a)和(b)分别为其梯形图和对应的波形图。

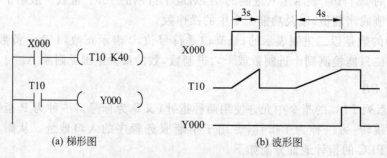

图 2.3 100ms 通用定时器使用示例

T10 定时时间由 K40 指定为 4s,当 X000 闭合时,定时器 T10 线圈被驱动,开始对内部 100ms 时钟脉冲进行加计数;当定时器的当前值还未达到设定值 4s 时,X000 断开,则 T10 马上复位而不会将定时值累计下来。当 X000 再次闭合时,T10 重新从 0 开始加计数,直至当前值达到设定值 4s 时,T10 动作,其常开接点闭合,Y000 线圈接通。

10ms 通用定时器有 46 个,地址为 T200～T245,其定时区间为 0.01～327.67s。图 2.4 所示为定时器 T200 的常规用法。上电后,M8002 接通一个扫描周期,执行 MOV 指令使 D0=K918,即设定时间为 9.18s。程序的执行过程与上例类似,读者不难自行分析。

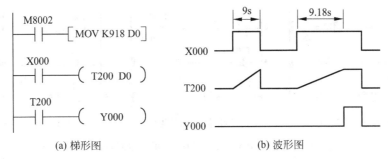

图 2.4 10ms 通用定时器使用示例

(2) 累计定时器(T246～T255)

累计定时器又称积算定时器,也有两种,一种是 1ms 累计定时器,另一种是 100ms 累计定时器。它们除了定时分辨率不同外,在使用上也有区别。

1ms 累计定时器有 4 个,地址为 T246～T249,其定时区间为 0.001～32.767s。考虑到一般实用程序的扫描时间都要大于 1ms,因此该定时器设计成以中断方式工作,可以在子程序或中断中使用。

例 2.1 试说明图 2.5(a)梯形图的工作过程,并用 GPPW 软件模拟仿真此梯形图来说明累计定时器的特性。

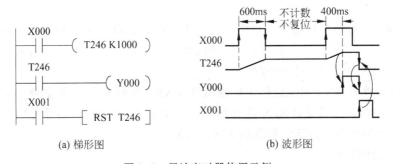

图 2.5 累计定时器使用示例

解 图 2.5(a)梯形图的工作过程如图 2.5(b)波形图所示。T246 定时时间由 K1000 指定为 1000ms,当 X000 闭合时,定时器 T246 线圈被驱动,开始对内部 1ms 时钟脉冲进行加计时;若中间断电或 X000 断开 T246 只会停止计数,而不会复位。当再次通电或 X000 再次闭合后,T246 在原来计数值的基础上继续累加计时,直至当前值累加达到设定值 1000ms 时为止。这时 T246 动作,其常开接点闭合,Y000 线圈接通。这种状态将一直保持,即使此后 X000 断开,对定时器也没有任何影响。只有当 X001 闭合时,执行 RST 指令才对 T246 复位,从而 Y000 才断开。

图 2.6 为用 GPPW 内装的软件模拟仿真图 2.5 中梯形图的画面,图中蓝色阴影的元件表示接通。分图(a)表示 X000 被强制 ON,T246 计时达到 1000ms 引起 Y000 接通时的画面;分图(b)表示 X000 被强制 OFF,但对 T246 没有影响(当前值还是 1000),Y000 仍保持接通时的画面;分图(c)表示 X001 被强制 ON,T246 才被复位(当前值已变为 0),从而 Y000 被断开时的画面。

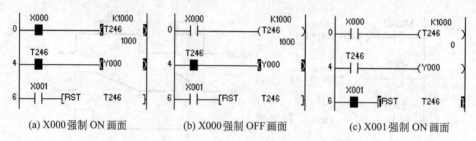

图 2.6 用 GPPW 软件模拟仿真累计定时器的特性

这个模拟仿真实验十分清楚地表明了,累计定时器与通用定时器的区别在于:当驱动逻辑为 OFF 或 PLC 断电时,通用定时器会立即复位,而累计定时器却并不复位,再次通电或驱动逻辑再次为 ON 时,累计定时器将在上次定时时间的基础上继续累加,直至达到设定值。

100ms 累计定时器共有 6 个,地址为 T250~T255。每个定时器的定时区间为 0.1~3276.7s。100ms 累计定时器除了不能在中断或子程序中使用和定时分辨率为 0.1s 外,其余特性与 1ms 累计定时器没有区别。

2.3.6 计数器 C(C0~C255)

PLC 内部计数器的功能是对指定输入端子上的输入脉冲或其他继电器逻辑组合的脉冲进行计数,当达到计数的设定值时,计数器的接点动作。计数发生在输入脉冲的上升沿,要求输入脉冲具有一定的宽度。

计数器的符号是 C,其地址按十进制编号,FX2N 系列 PLC 的计数器 C 的地址分配见附录 A。从附录 A 可见,FX2N 系列 PLC 中共有 256 个计数器,编号为 C0~C255。它们按特性的不同可分为内部计数器和高速计数器两类。

(1) 内部计数器

内部计数器又分为 16 位增计数器和 32 位增/减计数器两类。

① 16 位增计数器(C0~C199)

通用 16 位增计数器共有 100 个,其地址编号为 C0~C99;断电保持 16 位增计数器也有 100 个,其地址编号为 C100~C199。计数器都按增计数方式计数,其设定值范围为 1~32767,可以用常数 K 或数据寄存器 D 的值来设定。计数器输入脉冲的频率不能过高,一般要求输入脉冲的周期大于扫描周期的两倍以上,这实际上已能满足绝大部分实际工程的需要。

例 2.2 试说明图 2.7(a)梯形图中通用计数器 C0 的工作过程。

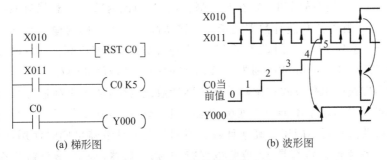

图 2.7 通用计数器使用示例

解 图 2.7(a)梯形图的工作过程如图 2.7(b)波形图所示。复位按钮 X010 按下时,使计数器 C0 复位。X010 断开后,计数输入 X011 每断开闭合一次,其上升沿使计数器 C0 计数加 1。当计数的当前值等于设定值 5 时,其常开接点 C0 闭合,使 Y000 输出接通。此后即使 X011 再有上升沿产生,或者断开它,C0 的计数当前值也不会随之变化。只有复位按钮 X010 再次按下时,计数器 C0 才立即复位,其当前值变为 0,输出接点 C0 断开,Y00 断开。

用 GPPW 内装的软件模拟仿真图 2.7 中梯形图的画面见 2.4 节中图 2.14 和图 2.15,它们与图 2.7(b)中的波形图是吻合的。

② 32 位增/减计数器(C200~C234)

通用 32 位增/减计数器共有 20 个,其地址编号为 C200~C219;断电保持 32 位增/减计数器共有 15 个,其地址编号为 C220~C234。32 位增/减计数器的计数设定值范围为 -2147483648~$+2147483647$,其设定值可以用常数 K 或两个相邻的数据寄存器间接设定。

32 位增/减计数器的计数方向是由特殊功能辅助继电器 M82XX 来定义的,M82XX 中的 XX 与计数器相对应,即 C200 的计数方向由 M8200 定义,C210 的计数方向由 M8210 定义。M82XX 若为 OFF,则 C2XX 为增计数;M82XX 若为 ON,则 C2XX 为减计数。由于 M82XX 的初始状态是断开的,因此,默认的 C2XX 都是增计数。当置位 M82XX 时,相应的 C2XX 才变为减计数。

32 位增/减计数器的计数当前值在 -2147483648~$+2147483647$ 间循环变化,即从 -2147483648 变化到 $+2147483647$,然后再从 $+2147483647$ 变化到 -2147483648,进行环形计数。当计数当前值等于设定值时,计数器的接点动作,但计数器仍在计数,计数当前值仍在变化,直到执行了复位指令时,计数当前值才为 0。这就是说,计数器当前值的增/减与其接点的动作无关。

通用与断电保持计数器的区别与定时器中的区别类似,若输入脉冲数未达到设定值就发生断电,通用计数器将立即复位,其计数当前值立即被清除;而断电保持计数器的计数当前值和接点的状态均将被保持。再次通电后,只要复位信号从来没有对计数器复位过,断电保持计数器就将在原来计数值的基础上,继续增计数,直到计数当前值等于设定值。

(2) 高速计数器(C235~C255)

PLC 应用程序的扫描周期一般在几十毫秒左右,因此内部计数器就只能处理频率在 20Hz 以下的输入脉冲。高速计数器是指能对频率高于扫描周期的输入脉冲进行计数的计数器。FX2N 系列 PLC 专门设置了 21 个高速计数器,可响应高达 10kHz 的频率,其地址编号为 C235~C255,计数范围为-2147483648~+2147483647。

可用编程方式或中断方式控制高速计数器计数或复位,适用于高速计数器输入端只有 X000~X007,其他端子不能对高速脉冲信号进行处理。X006 和 X007 也是高速输入,但只能用作启动信号而不能用于高速计数。不同类型的计数器可同时使用,但它们的输入不能共享。高速计数器都是 32 位断电保持增/减计数器,按增/减计数切换方法可分为 3 类,如表 2.4 所示。

表 2.4 FX2N 系列 PLC 的高速计数器

分 类	单相单计数输入	单相双计数输入	双相双计数输入
地址编号	C235~C245	C246~C250	C251~C255
计数方向控制	M8235~M8245 ON/OFF	输入脉冲从 U/D 输入	A、B 相状态
计数方向监控		M8246~M8255 状态:1 为减计数,0 为加计数	

① 单相单计数输入高速计数器又有无启动/复位端(C235~C240)与有启动/复位端(C241~C245)之分,与前面介绍的内部计数器类似,仍然用 M82XX 的 ON/OFF 状态来控制增/减计数方向。

② 单相双计数输入高速计数器有增和减(U/D)两个计数输入端。若输入脉冲信号是从增计数输入端 U 输入,为加计数;若输入脉冲信号是从减计数输入端 D 输入,为减计数。

③ 双相双计数高速计数器则是由 A 相和 B 相信号来控制计数方向。若 A 相为 ON,B 相由 OFF→ON,则为增计数;若 A 相为 ON,B 相由 ON→OFF,则为减计数。

上述②和③两种高速计数器可通过监控 M8246~M8255 的状态,获知其计数方向,为 1 是减计数,为 0 则是加计数。

高速计数器按中断方式工作,其驱动逻辑必须始终有效,而且不能像普通计数器那样用产生脉冲信号的端子来驱动。图 2.8(a)所示为其正确的接法,C235 的脉冲信号从 X000 输入,但必须用一直接通的接点(M8000)来驱动,否则按图 2.8(b)所示接法是错误的。

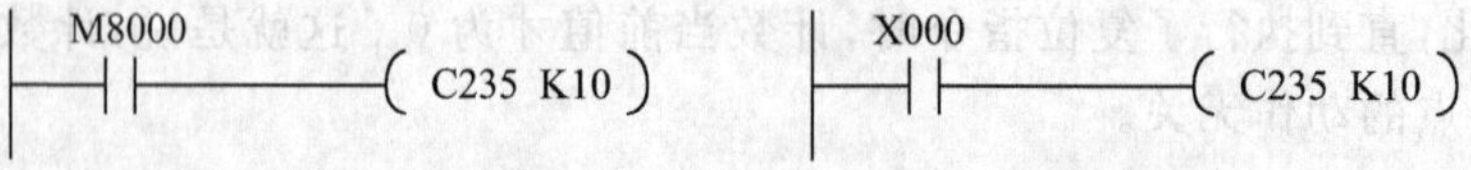

```
   M8000                              X000
────┤ ├────────( C235  K10 )     ────┤ ├────────( C235  K10 )

   (a) 高速计数器的正确接法              (b) 高速计数器的错误接法
```

图 2.8 高速计数器的正确与错误接法

对高速计数器的线圈编程时,与其对应的输入继电器的输入滤波器会自动变为 $20\mu s$(X000、X001)或 $50\mu s$(X002~X005),不需要采用 REFE 指令或 D8020 进行输入滤波器调整。

在使用时不能超过高速计数器允许的响应频率范围,如 C235 作为硬件计数器时最高响应频率为 60kHz,作为软件计数器时最高响应频率为 10kHz。每个高速计数器的响应频率不一定相同,每个高速计数器的输入端子也不是任意的,具体请查阅 FX2N 硬件手册。

2.3.7 数据寄存器 D

在进行输入/输出处理、模拟量控制和位置控制时,需要许多数据寄存器来存储相关数据信息。每个数据寄存器的字长为二进制 16 位,最高位为符号位,16 位有符号数所能够表示的数的范围为 -32768 ~ $+32767$。根据需要也可以将两个相邻数据寄存器组合为一个 32 位字长的数据寄存器,其地址用低 16 位寄存器的地址来表示,在指定时宜用偶地址为好。32 位有符号数的最高位也是符号位,所能够表示的数的范围为 -2147483648 ~ $+2147483647$。

数据寄存器的符号是 D,其地址按十进制编号,FX2N 系列 PLC 的数据寄存器 D 的地址分配见附录 A。它们按特性的不同可分为如下 4 种。

(1) 通用数据寄存器(D0~D199)

通用数据寄存器共 200 个。PLC 的数据寄存器和普通微机的数据寄存器相同,都具有"取之不尽,后入为主"的特性。向一个数据寄存器写入数据时,无论原来该寄存器中存储的是什么内容,都将被后写入的数据覆盖掉。

上电后通用数据寄存器的内容都是 0。而且,当 PLC 从 RUN 转向 STOP 状态时,也会将所有数据寄存器的内容都清零。但是,若特殊功能辅助继电器 M8033 被置为 ON,则 PLC 从 RUN 转向 STOP 状态时,会保留原来数据寄存器中保存的内容。

(2) 断电保持数据寄存器(D200~D7999)

断电保持数据寄存器共 7800 个。其中,D200~D511 共 312 个为通用型断电保持数据寄存器,D490~D509 可供两台 PLC 之间进行点对点通信用;D512~D7999 共 7488 个为专用型断电保持数据寄存器,其断电保持功能不能用软件改变,但可用指令清除其内容。D1000 后可以 500 个为单位作为文件寄存器。文件寄存器的功能是存储用户程序中用到的数据文件,只能用编程器写入,不能在程序中用指令写入,但在程序中可用 BMOV 指令将文件寄存器中的内容读到普通的数据寄存器中。断电保持数据寄存器的所有特性都与通用数据寄存器完全相同,除非改写,否则即使是断电也仍然保持。

(3) 特殊数据寄存器(D8000~D8255)

特殊数据寄存器共有 256 个,其作用是用来监控 PLC 的运行状态,如扫描时间、电池电压等。特殊数据寄存器中的内容是在 PLC 通电之后由系统的监控程序写入,有的可以读写,有的只能读不能写。上述区间有一些未加定义的寄存器地址,对这些寄存器的操作将是无意义的。

(4) 变址寄存器(V0~V7,Z0~Z7)

变址寄存器共 16 个,它们都是 16 位的数据寄存器,其作用相当于微机中的变址寄存器,具有变址功能。详细内容将在第 5 章中介绍。

2.4 GX Developer V8.52 及其内装的模拟仿真功能

三菱开发的 Windows 平台下的 PLC 编程软件常用的有两种,GX Developer(以下简称其为 GPPW)对其 Q、QnA、A 和 FX 全系列的 PLC 都适用,软件的长度达 153MB,而 FXGP 则是针对 FX 系列的,其软件的长度仅为 1.83MB。本书将在 6.3 节详细介绍 FXGP 编程软件,读者可先予阅读。GPPW 内装了 GX Simulator(含梯形图逻辑测试工具 LLT)后,具有模拟仿真功能,可以对梯形图进行离线调试、进行软元件的监控测试及外部机器 I/O 的模拟操作等,使用户即使不依靠昂贵的三菱 PLC,也可以学习梯形图编程,弥补了自学者硬件的不足。下面以例 2.2 为实例,说明梯形图模拟仿真的过程。

1. GX Developer V8.52 编程软件的安装

目前该软件中文版的最高版本为 V8.52,产品型号为 SW8D5C-GPPW-C。打开安装主目录后,其安装步骤简述如下:

(1) 执行 EnvMEL\setup.exe 命令,安装"通用环境"。

(2) 执行安装主目录下的 setup.exe 命令,安装 GX Developer 8.52 中文版。安装时一路按提示进行。在出现"监视专用"复选框时,不能勾选;出现其他复选框时,可以勾选。

(3) 安装仿真软件,执行 GX Simulator6-C\目录下的 setup.exe 命令。

(4) 安装完成后将在桌面创建 GPPW 快捷方式图标 。

2. 用 GPPW 设计例 2.2 中图 2.7 的梯形图

双击 GPPW 桌面执行图标,出现 GPPW 启动界面,参见图 2.10。下面简要说明例 2.2 中图 2.7 梯形图的绘制过程。

(1) 新建工程

选择"工程"|"创建新工程"菜单命令,打开"创建新工程"对话框。在"PLC 系列"下拉列表框中选择 FXCPU,在"PLC 类型"下拉列表框中选择 FX2N(C),其余按默认的选项,如图 2.9 所示。然后,单击"确定"按钮,将在图 2.10 的主工作区出现仅画好 END 的梯形图编辑界面。选择"工程"|"保存工程"菜单命令,以 fig27 工程名保存。

图 2.9 "创建新工程"对话框

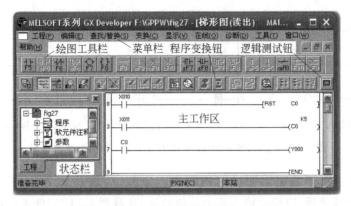

图 2.10 GPPW 界面

（2）绘制梯形图

执行"编辑"|"写入模式"菜单命令，进入写入模式，这样才能在主编辑区中绘制梯形图。可以用"绘图"工具栏中的绘图元件符号来绘制图 2.7 的梯形图，绘制方法与 6.3 节介绍的 FXGP 一样，此处不再重复。画好后要选择"变换"|"变换"菜单命令或按功能键 F4，也可单击变换按钮，使梯形图由灰变白。

3. 梯形图的模拟仿真

执行"工具"|"梯形图逻辑测试启动(L)"菜单命令，或单击工具栏上的"逻辑测试"按钮，出现自动进行 PLC 写入的模拟进度画面，之后，出现监控状态窗和梯形图逻辑测试工具窗口，分别如图 2.11 和图 2.12 所示。再执行"在线"|"调试"|"软元件调试"菜单命令，出现"位软元件"对话框，在对话框上部"软元件"列表框中输入要进行强制操作的软元件名，并根据需要，按下"强制 ON"、"强制 OFF"

图 2.11 监控状态窗口

和"强制 ON/OFF 取反"中某一个按钮，在对话框下部"软元件"及"设置状态"下将会显示执行结果，如图 2.13 所示。模拟仿真图 2.7 中梯形图的画面如图 2.14 所示。

图 2.12 逻辑测试工具窗口

图 2.13 软元件测试窗口

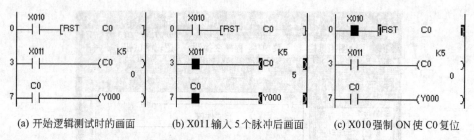

(a) 开始逻辑测试时的画面　　(b) X011 输入 5 个脉冲后画面　　(c) X010 强制 ON 使 C0 复位

图 2.14　用 GX Simulator 模拟仿真图 2.7 中梯形图的画面

分图(a)表示刚开始逻辑测试时的画面。分图(b)表示对 X011 按了 9 次"强制 ON/OFF 取反"按钮后,以模拟输入 5 个计数脉冲,计数器 C0 的当前值已经达到设定值 5,Y000 则因之接通的画面;可以观察到,如果再继续按 X011,或者断开它,C0 的计数当前值将不会随之变化。分图(c)表示 X010 被强制 ON 后,C0 才被复位,其当前值随之变为 0,从而 Y000 被断开时的画面。最后再次单击"逻辑测试"按钮关闭测试。

4. 梯形图模拟仿真时序图

图 2.7 的梯形图在进行模拟仿真时,还可以获得形象的时序图,如图 2.15 所示。与图 2.7(b)波形图比较,两者是吻合的。那么如何获得时序图呢？可按如下步骤。

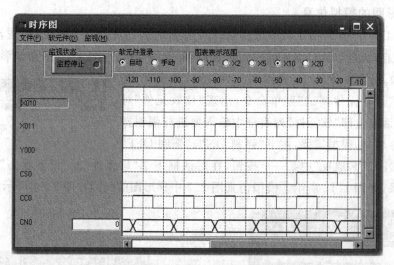

图 2.15　梯形图模拟仿真时序图

在图 2.12 的逻辑测试工具窗口,选择如图 2.16 所示的执行"菜单启动"|"继电器内存监视"菜单命令,出现软元件内存监控窗口时,再选择如图 2.17 所示的执行"时序图"|"启动"菜单命令,将出现如图 2.15 所示的时序图窗口。在时序图窗口中,选中"软元件登录"为"自动"单选按钮,选中"图表表示范围"为 X10 单选按钮,单击"监控停止"按钮即可进入监控状态,并自动在时序图窗口左边出现此梯形图中的各个软元件(见图 2.15 左边)。调试方法与上面介绍的逻辑测试时的情形类似,只是改用双击来对 X010 和 X011 强制 ON/OFF,从而得到图 2.15 所示时序图。

图 2.16 软元件内存监控命令

图 2.17 软元件内存监控窗口

5. 梯形图监控，在线调试运行

如果有实际的 FX2N 型 PLC，并用 SC-09 通信电缆把 PC 与 PLC 连接起来，则可以对图 2.7 的梯形图进行在线监控调试。通过执行"在线"|"PLC 写入(W)"菜单命令，将梯形图程序下载到实际的 PLC 中；再选择"在线"|"监视"|"监视模式"菜单命令进入监控。如果接有外接按钮 X010 和 X011，则可以用实际按钮进行监控调试；如果没有外接按钮，可以同模拟仿真时一样，选择"在线"|"调试"|"软元件调试"菜单命令来进行监控调试。

本章小结

(1) PLC 软元件是指可以被程序使用的所有功能器件，可以将它们理解为具有不同功能的内存单元。对这些单元的操作，就相当于对内存单元的读/写。只是在它们的名称上借用了继电器控制中常用的"继电器"、"定时器"、"计数器"等名词。在使用 PLC 时，需要在外部进行硬件连接的软元件只有输入/输出继电器，其他软元件只能通过程序加以控制。

(2) 要求熟悉 FX2N 系列 PLC 内部软元件的地址分配、FX 系列 PLC 的型号命名，了解 PLC 的源型与漏型。

(3) 掌握 GX Simulator 具有的模拟仿真功能，来指导 PLC 编程与控制的学习。

习题 2

1. 指出 PLC 内部软元件与实际的继电器之间的主要区别。
2. 说明 FX1N-60MT-ES/UL 型号的含义。
3. FX2N 系列 PLC 的指令中允许使用哪两种标号？
4. 定时器在 PLC 中的作用相当于什么？
5. 特殊数据寄存器的地址范围多大？其主要作用是什么？
6. FX2N 高速计数器在驱动时，能不能用产生脉冲信号的端子来驱动？
7. M8210 处在断开状态，查表指出计数器 C210 是增计数还是减计数。
8. 指出定时器 T249 与 T250 各是哪一种定时器？两者之间的主要区别是什么？
9. 有一个 PLC 各输入开关的汇合点接在与 0V 相连的 COM 端子上，开关闭合时电流是从输入端流出来的，试判断这个 PLC 的输入开关的接法是源型输入还是漏型输入。
10. 在图 2.17 软元件内存监控窗口中，选择"软元件"|"位软元件窗口"菜单命令，调出图 2.7 梯形图中各软元件，通过双击来对 X10 和 X11 强制 ON/OFF，重做梯形图模拟仿真实验。

第 3 章

三菱 FX2N 系列 PLC 基本指令

本章导读

本章主要介绍三菱 FX2N 系列 PLC 的 27 条基本逻辑指令,基本逻辑指令一览表见附录表 B.1。这 27 条指令功能十分强大,已经能解决一般的继电接触控制问题。本章重点介绍了梯形图和助记符语言以及其程序设计方法。通过介绍 GPPW 内装的 Simulator 具有的模拟仿真、时序图等功能,来指导基本逻辑指令编程学习。

3.1 三菱 FX2N 系列 PLC 的程序设计语言

3.1.1 梯形图编程语言

1. 从继电接触控制图到梯形图

对于对继电接触控制技术较为熟悉的电气技术人员来说,从继电接触控制电原理图转到梯形图(Ladder)是比较容易的。下面举一个转换的例子。

例 3.1 图 3.1 是常见的电机启-保-停继电接触控制线路,现准备改用 PLC 来控制电机的启-保-停,试将其控制部分线路改用与其等效的 PLC 控制的梯形图。

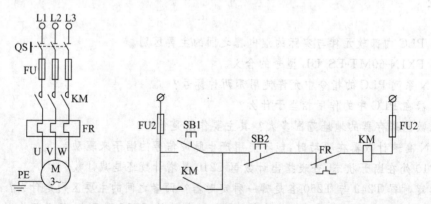

图 3.1 电机启-保-停控制电路图

解 图 3.1 电机启-保-停控制线路的工作原理可以用下面的动作顺序表来表示。

与图 3.1 等效的 PLC 控制梯形图如图 3.2(a)所示。比较这两个图,可以得出如下结论。

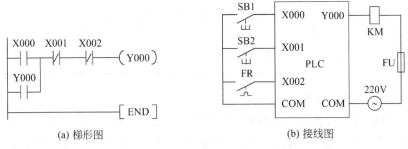

(a) 梯形图　　　　　　　　　(b) 接线图

图 3.2　电机启-保-停控制梯形图与接线图

① 输入、输出信号完全相同,其输入/输出点的分配对应关系如表 3.1 所示。

表 3.1　例 3.1 输入、输出点分配表

输入			输出		
名　称		输入点	名　称		输出点
启动按钮	SB1	X000	输出接触器	KM	Y000
停止按钮	SB2	X001			
热继电器常闭触点	FR	X002			

② 电机启停过程的控制逻辑相同。两图中都是使用常开、常闭、线圈等器件,只不过梯形图中使用的是简化的器件符号。两图都可以用上面给出的动作顺序表来解释控制过程。

③ 两者的区别在于,前者使用硬器件,靠接线连接形成控制程序;而后者使用 PLC 中的内部存储器组成的软器件,靠软件实现控制程序。如前者图中使用的 KM 是实际继电器和 KM 的实际辅助接点,使用的 SB1 为实际常开按钮,SB2 为实际常闭按钮,FR 为实际常闭接点。在后者图中使用的 Y000 是软继电器和软接点,X000 为常开输入接点,X001 和 X002 均为常闭输入接点。也就是用 PLC 内部的存储器位来映像上面提到的这些外部硬器件的状态,如存储位为 1,表示对应的线圈得电或开关接通;存储位为 0,表示对应的线圈失电或开关断开。PLC 的存储过程控制具有很高的柔性,不需改变接线即能改变控制过程。

④ 梯形图中不存在实际的电流,而是用一种假想的能流(Power Flow)来模拟继电接触控制逻辑。

2. 梯形图中的图元符号

梯形图中的图元符号是对继电接触控制图中的图形符号的简化和抽象,两者的对应关系如表 3.2 所示。

表 3.2　梯形图中的图元符号与继电接触控制图中的图形符号比较

名称	梯形图中的图元符号	继电接触控制图中的符号
常开	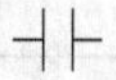 ─┤├─	
常闭	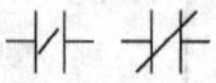 ─┤/├─ ─┤╳├─	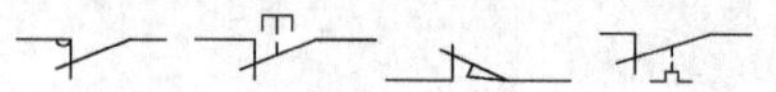
线圈	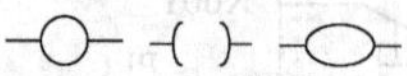 ─○─ ─( )─ ─⊙─	─□─

从表 3.2 可以得出如下结论。

① 对应继电接触控制图中的各种常开符号,在梯形图中一律抽象为一种图元符号来表示。同样,对应继电接触控制图中的各种常闭符号,在梯形图中也一律抽象为一种图元符号来表示。

② 不同的 PLC 编程软件(或版本),在其梯形图中使用的图元符号可能会略有不同。如在表 3.2 中的"梯形图中的图元符号"这一列中,有两种常闭符号、三种线圈符号。

3. 梯形图的格式

梯形图是形象化的编程语言,它是用接点的连接组合表示条件,用线圈的输出表示结果而绘制的若干逻辑行组成的顺控电路图。从图 3.2(a)也可看出,梯形图的绘制必须按规定的格式进行。

① 与 PLC 程序执行顺序一样,组成梯形图网络各逻辑行(或称梯级)的编写顺序也是从上到下、从左至右。梯形图的左边垂直线称为起始母线,右边垂直线称为终止母线。每一逻辑行总是从起始母线开始,终止于终止母线(终止母线可以省略)。

② 每一逻辑行由一个或几个支路组成,左边是由接点组成的支路,表示控制条件;其最右端必须连接输出线圈,表示控制的结果。输出线圈总是终止于右母线,同一标识的输出线圈只能使用一次。如图 3.2(a)中的第一逻辑行,左边两个支路是由 X000~X002 和 Y000 接点连接组成,最右端是输出线圈 Y000。

③ 梯形图中每一常开和常闭接点都有自己的标识,以互相区别。如在图 3.2(a)的第一逻辑行中 X000 表示第 1 个常开接点的标识,X001 表示第 2 个常闭接点的标识。同一标识的常开和常闭接点均可多次重复使用,次数不限。因为它们是 PLC 内部 I/O 映像区或 RAM 区中存储器位的映像,而存储器位的状态是可以反复读取,"取之不尽"的。继电接触控制图中的每个开关均对应一个物理实体,故使用次数有限。这也是 PLC 相比于继电接触控制的一大优点。

④ 梯形图中的接点可以任意串联和并联;而输出线圈只能并联,不能串联。

⑤ 在梯形图的最后一个逻辑行要用程序结束符 END,以告诉编译系统,用户程序到此结束。

3.1.2 助记符语言

助记符语言(Mnemonic)是以汇编指令的格式来表示控制程序的程序设计语言。梯形图编程虽然直观形象，但要求配置较大的图形显示器。而在现场调试时，小型 PLC 往往只配备显示屏只有几行宽度的简易编程器，如编程器 FX-10P 的液晶显示屏只能显示 16 字×2 行。这时，梯形图就无法输入了，但助记符指令却可以一条一条地输入，滚屏显示。

同微机的汇编指令一样，助记符指令也是由操作码和操作数两部分组成。操作码用便于记忆的助记符表示，用来表示指令的功能，告诉 CPU 要执行什么操作，如 LD 表示取、OR 表示或。操作数用标识符和参数表示，用来表示参加操作的数的类别和地址。如用 X 表示输入、用 Y 表示输出。在图 3.2(a)中的第一逻辑行，X000～X002 表示输入接点，Y000 表示输出线圈。操作数是一个可选项，如 END 指令就没有对应的操作数。

编程时，可直接用助记符编写。更方便的方法是先编制梯形图，再用软件将梯形图转换成对应的指令表。表 3.3 是针对图 3.2(a)梯形图的助记符指令程序，该程序共占 6 个程序步。如果是人工将图 3.2(a)梯形图转换成指令表，编写方法也是按梯形图的逻辑行和逻辑元件的编排顺序自上而下、自左向右依次进行。按此方法得到的指令表与表 3.3 相同。

表 3.3　对应图 3.2(a)梯形图的指令表

步序	操作码	操作数	说　明
0	LD	X000	逻辑行开始，输入 X000 常开接点
1	OR	Y000	并联 Y000 的自保接点
2	ANI	X001	串联 X001 的常闭接点
3	ANI	X002	串联 X002 的常闭接点
4	OUT	Y000	输出 Y000 线圈
5	END		逻辑行结束

3.1.3 流程图语言

流程图(Sequential Function Chart,SFC)是一种描述顺序控制系统功能的图解表示法。对于复杂的顺控系统，内部的互锁关系非常复杂，若用梯形图来编写，其程序步就会很长，可读性也会大大降低。符合 IEC 标准的流程图语言，以流程图形式表示机械动作，即以 SFC 语言的状态转移图方式编程，特别适合于编制复杂的顺控程序。

例 3.2　图 3.3(a)是某机床的运动简图，行程开关 SQ1 为动力头 1 的原位开关，SQ2 为终点限位开关，SQ4 为动力头 2 终点限位开关，SB2 为工作循环开始的启动按钮，M 是动力头 1 的驱动电动机。

试按照图 3.3(b)机床的工作循环图，用流程图语言描述动力头 1 的动作过程。

注：图 3.3(a)中没有画出动力头 2，完整的图参见本章习题的图 3.49(a)。

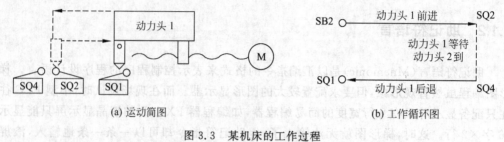

(a) 运动简图   (b) 工作循环图

图 3.3 某机床的工作过程

解 从图 3.3(b)机床的工作循环图可知,机床工作自动循环过程分为三个工步。

第一个工步从启动按钮 SB2 按下开始,电动机 M 正转,动力头 1 随之向前移动,到达终点位后,压下终点限位开关 SQ2,将 SQ2 信号作为转换主令,控制工作循环由第一工步切换到第二工步。SQ2 的动断接点动作,控制电动机 M 停转,动力头 1 停在终点位,等待动力头 2 的到来。同时,SQ2 的动合接点动作,控制动力头 2 前进,直至动力头 2 压下其终点限位开关 SQ4。SQ4 信号也作为转换主令,控制工作循环由第二工步切换到第三工步。此时 SQ4 的动合接点控制电动机 M 反转,两动力头随之由终点向原位返回。动力头 1 在到达原位后,压下原位行程开关 SQ1,使电动机 M 停转,动力头 1 停在原位,完成一次工作循环。用流程图语言来描述上述过程得到机床的顺序流程图如图 3.4 所示,它就是状态转移图的原型。

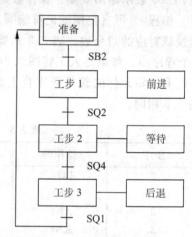

图 3.4 某机床的工作流程

通过例 3.2,可以归纳用 SFC 语言来编制复杂的顺控程序的编程思路。

(1) 按结构化程序设计的要求,将一个复杂的控制过程分解为若干个工步,这些工步称为状态。状态与状态之间由转移分隔。相邻的状态具有不同的动作。当相邻两状态之间的转移条件得到满足时,就实现转移,即上一状态的动作结束而下一状态的动作开始。可用状态转移图描述控制系统的控制过程。状态转移图具有直观、简单的特点,是设计 PLC 顺序控制程序的一种有力工具。

(2) SFC 语言的元素,从图 3.4 来看主要由状态、转移和有向线段等组成。

① 状态表示过程中的一个工步(动作)。状态符号用单线框表示,框内是状态的元件号。一个控制系统还必须要有一个初始状态,对应的是其运行的原点。初始状态的符号是双线框。如图 3.4 中,序号为"准备"的为初始状态,序号为"工步 1"~"工步 3"的均为工作状态。

② 转移是表示从一个状态到另一个状态的变化。所以,状态之间要用有向线段连接,以表示转移的方向。有向线段上的垂直短线和它旁边标注的文字符号或逻辑表达式表示状态转移条件,凡是从上到下、从左到右的有向线段的箭头可以省去不画。

③ 与状态对应的动作用该状态右边的一个或几个矩形框来表示,实际上其旁边大多

是被驱动的线圈等。

(3) SFC 流程图的基本形式

SFC 流程图按结构来分可以分为三种基本形式，如图 3.5 所示。

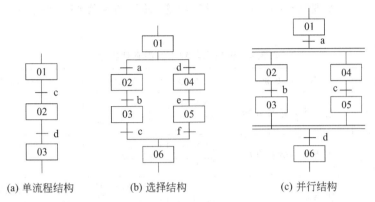

图 3.5 SFC 流程图的三种基本形式

① 单流程结构是指其状态是一个接着一个地顺序进行，每个状态仅连接一个转移，每个转移也仅连接着一个状态。单流程结构如图 3.5(a)所示。

② 选择结构是指在某一状态后有几个单流程分支，当相应的转移条件满足时，一次只能选择进入一个单流程分支。选择结构的转移条件是在某一状态后连接一条水平线，水平线下再连接各个单流程分支的第一个转移。各个单流程分支结束时，也要用一条水平线表示，而且其下不允许再有转移。选择结构如图 3.5(b)所示。

③ 并行结构是指在某一转移下，若转移条件满足，将同时触发并行的几个单流程分支，这些并行的顺序分支应画在两条双水平线之间。并行结构如图 3.5(c)所示。

本节介绍了梯形图、助记符和流程图三种 PLC 的程序设计语言，在 PLC 编程中要根据控制任务和三种语言的特点，灵活选择合适的程序设计语言和方法。梯形图具有与传统继电接触控制相似的特征，编程直观、形象，易于掌握，是取代继电接触控制的最佳选择。助记符语言与汇编语言相似，可以像汇编语言一样使用功能指令，它特别适合于便携式编程器，在现场输入和调试程序。SFC 语言以流程图形式表示机械动作，以状态转移图方式编程，解决了用梯形图和助记符语言编程可读性差、程序步长的缺点，特别适合于编制复杂的顺控程序。

3.2 三菱 FX2N 系列 PLC 的基本逻辑指令

为了后续编程的方便，在讲述三菱 FX2N 系列 PLC 的基本逻辑指令前，需要归纳一下三菱 FX2N 系列 PLC 的编程元件。读者可参看附录中的表 A.1，表 A.1 列出了 FX2N 系列 PLC 的性能规格，对于其他 FX 系列 PLC 基本相同，个别差异点可以查阅相应型号的 PLC 用户手册。下面各节将介绍附录表 B.1 中归纳的 27 条基本逻辑指令。

3.2.1 逻辑取与输出线圈驱动指令 LD、LDI、OUT

逻辑取与输出线圈驱动指令的助记符、功能、梯形图和程序步等指令要素如表 3.4 所示。

表 3.4 逻辑取与输出线圈驱动指令

助记符名称	操 作 功 能	梯形图与目的元件	程 序 步 数
LD(取)	常开接点运算开始	X Y M S T C	1
LDI(取反)	常闭接点运算开始	X Y M S T C	1
OUT(输出)	线圈驱动	Y M S T C	Y,M:1; S、特 M:2; T、C 16 位:3; C 32 位:5

(1) LD(取)为常开接点与母线连接指令,LDI(取反)为常闭接点与母线连接指令。LD 和 LDI 指令用于接点与母线相连。在分支开始处,这两条指令还作为分支的起点指令,与后述的 ANB 与 ORB 指令配合使用。操作目的元件为 X、Y、M、S、T、C。

(2) OUT(输出)为线圈驱动指令,用于将逻辑运算的结果驱动一个指定的线圈。OUT 指令用于驱动输出继电器、辅助继电器、定时器、计数器、状态继电器,但是不能用来驱动输入继电器,其目的元件为 Y、M、S、T、C。

(3) OUT 指令可以并行输出,在梯形图中相当于线圈是并联的。但是,输出线圈不能串联使用。

(4) 在对定时器、计数器使用 OUT 指令后,必须设置时间常数 K,或指定数据寄存器的地址。如图 3.6(a)中 T0 的时间常数设置为 K80。时间常数 K 的设定,要占用一步。

表 3.5 中给出了时间常数 K 的设定值范围与对应的时间实际设定值范围,表中还给出了以 T、C 为目的元件时 OUT 指令所占的步数。

表 3.5 定时器/计数器时间常数 K 的设定

定时器/计数器	时间常数 K 范围	实际设定值范围	步数
1ms	1~32767	0.001~32.767s	3
10ms		0.01~327.67s	3
100ms		0.1~3276.7s	3
16 位计数器	1~32767	1~32767	3
32 位计数器	−2147483648~+2147483647	−2147483648~+2147483647	5

例 3.3 图 3.6(a)梯形图具有延时断开功能,能用于走廊灯的延时自动熄灭等场合。试在学好下面两节中的 AND、ANI 和 OR 指令后解答:

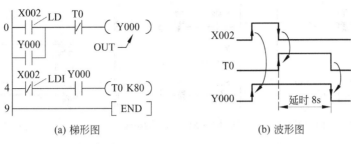

图 3.6 LD、LDI 和 OUT 在延时断开电路中的应用

(1) 写出图 3.6(a) 梯形图所对应的指令表,指出各指令的步序及程序的总步数;
(2) 计算定时器 T0 的定时时间(即电路的延时时间);
(3) 分析图 3.6(a) 梯形图的工作过程,并用 2.4 节的 GPPW 模拟仿真方法,获得其时序图来验证。

解 (1) 按照 3.1.2 小节介绍的从梯形图转换成指令表的方法,自上而下、自左向右依次进行人工转换,得到对应图 3.6(a) 梯形图的指令表如表 3.6 所示。表 3.6 中各指令的程序步可相应查阅表 3.4、表 3.7 和表 3.8 得到,除了定时器输出指令 OUT T0 K80 为 3 步外,其余指令均为 1 步,所以总的程序步为 10 步。各指令的步序如表 3.6 第 1 列所示。

表 3.6 对应图 3.6(a) 梯形图的指令表

步序	操作码	操作数	说　明
0	LD	X002	将 X002 常开接点与母线相连
1	OR	Y000	将 Y000 常开接点与 X002 接点并联
2	ANI	T0	将 T0 常闭接点与前面电路相连
3	OUT	Y000	驱动输出线圈 Y000
4	LDI	X002	将 X002 常闭接点与母线相连
5	AND	Y000	将 Y000 常开接点与前面电路相连
6	OUT	T0 K80	驱动线圈 T0,设定其定时时间为 8s
9	END		逻辑行结束

(2) 由附录中的表 A.1 可知 T0 是 100ms 定时器,所以 T0 定时时间为 80×0.1=8s。
(3) 图 3.6(a) 电路的工作波形如图 3.6(b) 所示。当按钮 X002 按下时,Y000 线圈即接通,Y000 常开闭合自锁;当 X002 释放断开后,其常闭接点闭合,定时器 T0 开始计时,延时 8s 至定时时间到后,T0 常闭接点断开。Y000 也随之断开。

按 2.4 节介绍的方法用 GPPW 模拟仿真此梯形图的画面如图 3.7 所示。分图(a)表示开始逻辑测试时的画面。分图(b)表示 X002 被"强制 ON"后,Y000 接通,再"强制 OFF"后 T0 开始计时工作时的画面。T0 定时时间到后,Y000 断开,即又回到了分图(a) 的画面。分图(c)是获得的时序图(TC0 是 T0 线圈),与图 3.6(b) 波形图比较,两者是吻合的。

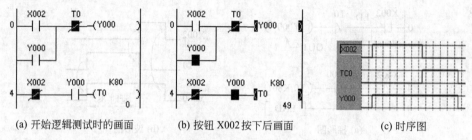

(a) 开始逻辑测试时的画面　　　(b) 按钮 X002 按下后画面　　　(c) 时序图

图 3.7　延时断开电路的 GPPW 模拟仿真

3.2.2　接点串联指令 AND、ANI

接点串联指令的助记符、功能、梯形图和程序步等指令要素如表 3.7 所示。

表 3.7　接点串联指令

助记符名称	操 作 功 能	梯形图与目的元件	程序步数
AND(与)	常开接点串联连接	X Y M S T C	1
ANI(与非)	常闭接点串联连接	X Y M S T C	1

(1) AND(与)为常开接点串联指令。

(2) ANI(与非)为常闭接点串联指令。

(3) AND(与)和 ANI(与非)指令用于单个接点串联,串联接点的数量不限,重复使用指令次数不限。操作目的元件为 X、Y、M、S、T、C。若要将两个以上接点并联而成的电路块串联,要用后述的 ANB 指令。

例 3.4　阅读图 3.8 中的梯形图,写出图 3.8 梯形图所对应的指令表,指出各指令的步序及程序的总步数。

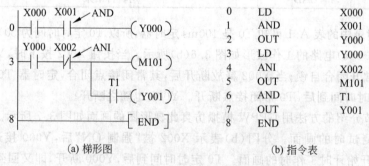

(a) 梯形图　　　　　　　　　　(b) 指令表

图 3.8　AND 与 ANI 指令应用举例

解　从梯形图转换成带有步序号的指令表,除了用人工方法之外,还可以方便地用 FXGP 软件来转换。先用 FXGP 画好图 3.8(a) 梯形图(画法详见 6.3 节),然后选择菜单

命令"工具"|"转换",就可得到对应的指令表,如图 3.8(b)所示。各指令的步序已经在此程序中标出,并可得到总的程序步为 9 步。人工查阅表 3.4 和表 3.7 相关指令的程序步可知,各指令均为 1 步,所以总的程序步也为 9 步。

3.2.3 接点并联指令 OR、ORI

接点并联指令的助记符、功能、梯形图和程序步等指令要素如表 3.8 所示。

表 3.8 接点并联指令

助记符名称	操作功能	梯形图与目的元件	程序步数
OR(或)	常开接点并联连接	XYMSTC	1
ORI(或非)	常闭接点并联连接	XYMSTC	1

(1) OR(或)为常开接点并联指令。
(2) ORI(或非)为常闭接点并联指令。
(3) OR 和 ORI 指令引起的并联,是从 OR 和 ORI 一直并联到前面最近的 LD 和 LDI 指令上,如图 3.9(a)所示,并联的数量不受限制。操作目的元件为 X、Y、M、S、T、C。OR 和 ORI 指令只能用于单个接点并联连接,若要将两个以上接点串联而成的电路块并联,要用后述的 ORB 指令。

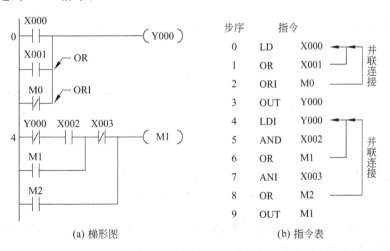

图 3.9 OR 与 ORI 指令举例

例 3.5 阅读图 3.9(a)中的梯形图,写出图 3.9(a)梯形图所对应的指令表,指出各指令的步序及程序的总步数。

解 用 FXGP 软件来转换,得到对应图 3.9(a)梯形图的指令表如图 3.9(b)所示。查阅表 3.8 和前述相关指令的程序步可知,各指令均为 1 步,所以总的程序步为 10 步,与

FXGP 转换后得到的结果相同。

3.2.4 串联电路块的并联指令 ORB

两个以上接点串联的电路称作串联电路块,串联电路块并联指令的助记符、功能、梯形图和程序步等指令要素如表 3.9 所示。

表 3.9 串联电路块的并联指令

助记符名称	操 作 功 能	梯形图与目的元件	程序步数
ORB(块或)	串联电路块并联连接	无	1

(1) ORB 为将两个或两个以上串联电路块并联连接的指令。串联电路块并联连接时,在支路始端用 LD 和 LDI 指令,在支路终端用 ORB 指令。ORB 指令不带操作数,其后不跟任何软元件号,因此,ORB 指令不表示接点,而是电路块之间的一段连接线。

(2) 多重并联电路中,若每个串联块结束处都用一个 ORB 指令,如图 3.10(b)所示,则并联电路数不受限制。也可将所有串联块先依次写出,然后再在这些电路块的末尾集中写 ORB 指令,如图 3.10(c)所示;但在一条线上 LD 和 LDI 指令重复使用数必须少于 8 次,即 ORB 指令最多使用 7 次。这种程序输入方法可读性较差,不推荐使用。随着 PLC 中 CPU 的字长增加,在 FXGP V3.30 和 GPPW V8.52 这两个软件中试验下来,已经突破了这一约束次数。

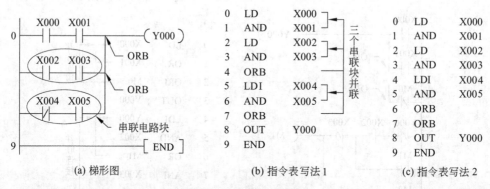

(a) 梯形图　　　　　　　(b) 指令表写法 1　　　　　(c) 指令表写法 2

图 3.10　ORB 指令举例

例 3.6　阅读图 3.10(a)中的梯形图,写出图 3.10(a)梯形图所对应的指令表,指出各指令的步序及程序的总步数。

解　用 FXGP 软件来转换,得到对应图 3.10(a)梯形图的指令表如图 3.10(b)所示。按照两两并联的原则,在首次出现的两个串联块后应加一个 ORB 指令,此后每出现一个要并联的串联块,就要加一个 ORB 指令。查阅表 3.9 和前述相关指令的程序步可知,各指令均为 1 步,所以总的程序步为 10 步,与 FXGP 转换后得到的结果相同。

3.2.5 并联电路块的串联指令 ANB

两个以上接点并联的电路称作并联电路块,并联电路块串联指令的助记符、功能、梯形图和程序步等指令要素如表 3.10 所示。

表 3.10 并联电路块的串联指令

助记符名称	操 作 功 能	梯形图与目的元件	程 序 步 数
ANB(块与)	并联电路块串联连接	无	1

(1) ANB(并联电路块与)为将并联电路块的始端与前一个电路串联连接的指令。并联电路块串联连接时,在支路始端用 LD 和 LDI 指令,在支路终端用 ANB 指令。ANB 指令不带操作数,其后不跟任何软元件编号,ANB 指令也是电路块之间的一段连接线。

(2) 多重串联电路中,若每个并联块都用 ANB 指令顺次串联,则并联电路数不受限制。ANB 指令也可以集中起来使用,最多可使用 7 次,相关说明与 ORB 指令是类似的。

例 3.7 阅读图 3.11(a)中的梯形图,写出图 3.11(a)梯形图所对应的指令表,指出各指令的步序及程序的总步数。

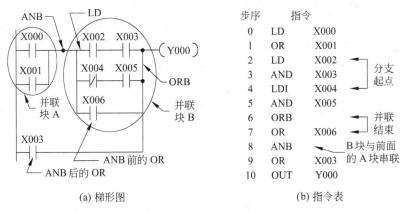

(a) 梯形图   (b) 指令表

图 3.11 ANB 指令举例

解 用 FXGP 软件来转换,得到对应图 3.11(a)梯形图的指令表如图 3.11(b)所示。按照两两串联的原则,在首次出现的两个并联块后应加一个 ANB 指令,此后每出现一个要串联的并联块,就要加一个 ANB 指令。当前面一个并联块结束时,应用 LD 或 LDI 指令开始后一个并联块。查阅表 3.10 和前述相关指令的程序步可知,各指令均为 1 步,所以总的程序步为 11 步,与 FXGP 转换后得到的结果相同。

3.2.6 多重输出指令 MPS、MRD、MPP

多重输出指令的助记符、功能、梯形图和程序步等指令要素如表 3.11 所示。

表 3.11 多重输出指令

助记符名称	操作功能	梯形图与目的元件	程序步数
MPS	进栈	MPS	1
MRD	读栈	MRD	1
MPP	出栈	MPP 无	1

（1）PLC 中,有 11 个可存储中间运算结果的存储器,它们相当于微机中的堆栈,是按照先进后出的原则进行存取的一段存储器区域。MPS、MRD、MPP 指令的操作如图 3.12 所示。这组指令可将接点的状态先进栈保护,当后面需要接点的状态时,再出栈恢复,以保证与后面的电路正确连接。

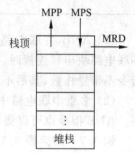

图 3.12 堆栈操作示意

（2）使用一次 MPS 指令,该时刻的运算结果就压入栈的第一个栈单元中（称之为栈顶）。再次使用 MPS 指令时,当时的运算结果压入栈顶,而原先压入的数据依次向栈的下一个栈单元推移。使用 MPP 指令,各数据依次向上一个栈单元传送。栈顶数据在弹出后就从栈内消失。MRD 是栈顶数据的读出专用指令,但栈内的数据不发生下压或上托的传送。

（3）MPS、MRD、MPP 指令均不带显式的操作数,其后不跟任何软元件编号。

（4）MPS 和 MPP 应该配对使用,连续使用的次数应少于 11 次。

例 3.8 图 3.13(a)为一 3 次闪烁报警电路,具有一层堆栈的结构。试解答:

（1）写出图 3.13(a)梯形图所对应的指令表,指出各指令的步序及程序的总步数;

（2）用 2.4 节 GPPW 模拟仿真方法,模拟图 3.13(a)梯形图,获得其时序图来分析 3 次闪烁报警电路的工作过程。

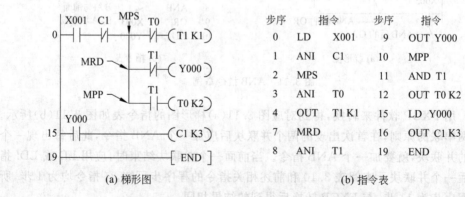

图 3.13 具有一层堆栈结构的 3 次闪烁报警电路

解 （1）用 FXGP 软件来转换,得到对应图 3.13(a)梯形图的指令表如图 3.13(b)所示,各指令的步序已经在此程序中标出,并可得到总的程序步为 20 步。如果是人工来转换的话,要注意的是,由于栈操作指令在梯形图中并非显式可见的,所以需要人工将它们加在指令表中。

(2) 按 2.4 节介绍的方法用 GPPW 模拟仿真此梯形图的画面如图 3.14 所示。分图(a)表示开始逻辑测试时画面。分图(b)表示 X001 被"强制 ON"后，C1 每计数 1 次，Y000 输出 1 个闪烁脉冲，直至 C1 计数到 3 后 Y000 闪烁输出停止时的画面。分图(c)是获得的时序图，由于图中左边只选了 3 个软元件 X001、Y000 和 C1 常开接点，所以与 2.4 节介绍的方法仅有一点不同，在图 2.15 所示的时序图窗中，要选中"软元件登录"为"手动"，然后用菜单命令"软元件"|"登录软元件"把这 3 个软元件逐个加进去。双击 X001"强制 ON"后，Y000 连续输出 3 个脉冲，因 C1 计数到，其常闭接点断开而终止。Y000 的高电平的持续时间为 0.1s 由 T1 控制，低电平的持续时间为 0.2s 由 T0 控制，闪烁次数由 C1 计数常数控制。图 3.14(c)中还反映了 PLC 对输入/输出信号是有延迟的。

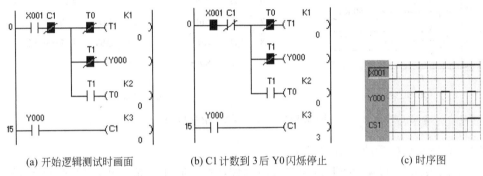

(a) 开始逻辑测试时画面　　(b) C1 计数到 3 后 Y0 闪烁停止　　(c) 时序图

图 3.14　3 次闪烁报警电路的 GPPW 模拟仿真

3.2.7　置位与复位指令 SET、RST

SET 和 RST 指令的助记符、功能、梯形图和程序步等指令要素如表 3.12 所示。

表 3.12　置位与复位指令

助记符名称	操作功能	梯形图与目的元件	程序步数
SET(置位)	线圈得电保持	┤├──[SET　YM S]	Y、M：1；S、特 M：2
RST(复位)	线圈失电保持	┤├──[RST　YM STCD]	Y、M：1；S、T、C、特 M：2　D、V、Z、特 D：3

(1) SET 和 RST 分别为置位和复位指令。这两个指令用于输出继电器 Y、状态继电器 S 和辅助继电器 M 等，进行置位和复位操作。使用 SET 和 RST 指令，可以方便地在用户程序的任何地方对某个状态或事件设置标志和清除标志。

(2) SET 和 RST 指令具有自保持功能。在图 3.15(a)梯形图中，常开接点 X000 一旦接通，即使再断开，Y000 仍保持接通。常开接点 X001 一旦接通，即使再断开，Y000 仍保持断开。

(3) SET 和 RST 指令的使用没有顺序限制，并且 SET 和 RST 之间可以插入别的程

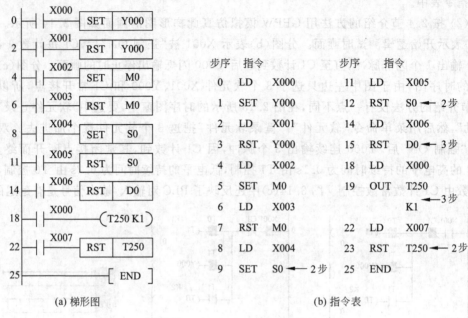

图 3.15 SET 和 RST 指令举例

序,但只有在最后执行的一条才有效。

（4）从表 3.12 可见,RST 指令的目的元件,除了与 SET 指令相同的 YMS 外,还有 TCD。即对数据寄存器 D 和变址寄存器 V、Z 的清零操作,以及对定时器 T（包括累计定时器）和计数器 C 的复位,使它们的计时和计数的当前值清零。

例 3.9 阅读图 3.15(a)梯形图,试解答:

(1) 写出图 3.15(a)梯形图所对应的指令表,指出各指令的步序及程序的总步数。

(2) X000 和 X001 的波形如图 3.16(a)所示,画出 Y000 的波形图。

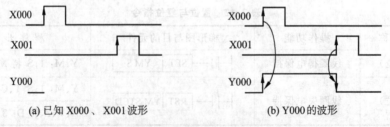

图 3.16 输入/输出波形

解 （1）用 FXGP 软件来转换,得到对应图 3.15(a)梯形图的指令表如图 3.15(b)所示,各指令的步序已经在此程序中标出,并可得到总的程序步为 26 步。若人工计算,要注意图 3.15(b)中步序 15 RST D0,此指令为 3 个程序步。

（2）根据 SET 和 RST 指令功能,容易分析得出:常开 X000 接通时,线圈 Y000 得电并保持,一直至常开 X001 接通时,线圈 Y000 才失电并保持,所以 Y000 的波形如图 3.16(b)所示。

3.2.8 脉冲输出指令 PLS、PLF

PLS 和 PLF 指令的助记符、功能、梯形图和程序步等指令要素如表 3.13 所示。

表 3.13 脉冲输出指令

助记符名称	操作功能	梯形图与目的元件	程序步数
PLS(升)	微分输出上升沿有效	─┤├─[PLS YM] 除特 M	2
PLF(降)	微分输出下降沿有效	─┤├─[PLF YM] 除特 M	2

(1) PLS(脉冲)为微分输出指令,上升沿有效;PLF(脉冲)也为微分输出指令,但下降沿有效。

(2) 这两个指令用于目的元件 Y、M 的脉冲输出,PLS 是在输入信号上升沿使目的元件产生一个扫描周期的脉冲输出,PLF 是在输入信号下降沿产生一个扫描周期的脉冲输出。

(3) 特殊辅助继电器 M 不能用作 PLS 或 PLF 的目的元件。

例 3.10 阅读图 3.17(a)梯形图,试解答:

(1) 写出图 3.17(a)梯形图所对应的指令表,指出各指令的步序及程序的总步数;

(2) 根据图 3.17(b)所示 X001 和 X002 的波形,画出 M0、M1 和 Y000 的波形图,并用 2.4 节的 GPPW 模拟仿真方法,获得其时序图来验证。

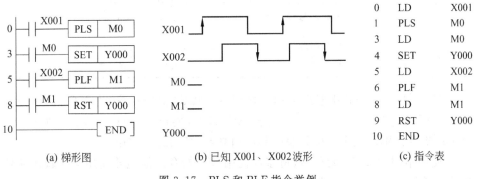

(a) 梯形图　　　(b) 已知 X001、X002 波形　　　(c) 指令表

图 3.17 PLS 和 PLF 指令举例

解 (1) 用 FXGP 软件来转换,得到对应图 3.17(a)梯形图的指令表如图 3.17(c)所示,各指令的步序已经在此程序中标出,并可得到总的程序步为 11 步。若人工计算,要注意图 3.17(c)中步序号为 1 和 6 的两条脉冲输出指令均为 2 个程序步。

(2) 根据 PLS 和 PLF 指令功能,分析可知,在 X001 接通的上升沿时,M0 线圈得电并保持一个扫描周期,M0 常开闭合使 Y000 得电置 1。直至 X002 接通的下降沿时,M1 线圈得电并保持一个扫描周期,M1 常开闭合使 Y000 复位。所以,M0、M1 和 Y000 的波

形如图 3.18(a)所示,此图与用 GPPW 进行模拟仿真时获得的时序图(见图 3.18(b))是一致的。图 3.18(b)中 X001 和 X002 的波形,是通过 8 次双击使 X001 和 X002 强制 ON/OFF 而获得的;同时,在时序图窗口中用菜单命令"监视"|"采样周期",在出现的"数据收集周期"文本框中输入 2,输入再大的值可能会得不到 M0 与 M1 在接通一个扫描周期时的波形。

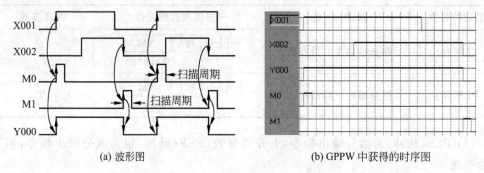

(a) 波形图　　　　　　　　　(b) GPPW 中获得的时序图

图 3.18　例 3.10 输入/输出波形

3.2.9　主控与主控复位指令 MC、MCR

MC 和 MCR 指令的助记符、功能、梯形图和程序步等指令要素如表 3.14 所示。

表 3.14　主控与主控复位指令

助记符名称	操作功能	梯形图与目的元件	程序步数
MC(主控)	公共串联接点 另起新母线	MC　N　YM N 嵌套数:N0~N7	3
MCR(主控复位)	公共串联接点 新母线解除	MCR　N N 嵌套数:N0~N7	2

(1) MC(主控)为公共串联接点的连接指令;MCR(主控复位)为 MC 指令的复位指令。执行 MC 指令后,母线(LD、LDI)移至 MC 接点,要返回原母线,用返回指令 MCR。MC/MCR 指令分别设置主控电路块的起点和终点,必须成对使用。

(2) 使用不同的 Y、M 元件号,可多次使用 MC 指令。但是若使用同一软元件号,将同 OUT 指令一样,会出现双线圈输出。

(3) 在图 3.19(a)中,当输入 X000 接通时,执行 MC 与 MCR 之间的指令。当输入断开时,MC 与 MCR 指令间各元件将为如下状态:计数器、累计定时器及用 SET/RST 指令驱动的元件,将保持当前的状态;非累计定时器及用 OUT 指令驱动的软元件,将处在断开的状态。

(4) MC 指令可嵌套使用,即在 MC 指令内再使用 MC 指令,此时嵌套级的编号就顺次由小增大。用 MCR 指令逐级返回时,嵌套级的编号则顺次由大减小。嵌套最多不要超过 8 级(N7)。

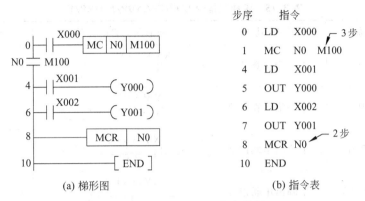

图 3.19 MC 和 MCR 指令举例

例 3.11 阅读图 3.19(a)梯形图,写出其所对应的指令表,指出各指令的步序及程序的总步数。

解 用 FXGP 软件来转换,得到对应图 3.19(a)梯形图的指令表如图 3.19(b)所示,各指令的步序已经在此程序中标出,并可得到总的程序步为 11 步。若人工计算,要注意图 3.19(b)中步序号为 1 和 8 的两条主控与主控复位指令分别为 3 个和 2 个程序步。

要指出的是,在用 FXGP 画此梯形图时,串联在母线上的主控接点 M100(嵌套级为 N0)与一般的接点是垂直的,可以不必画。待全部梯形图画好后,只要用菜单命令"工具"|"转换",梯形图就会变为如图 3.20 所示;主控接点这个总开关闭合时,主控电路才能被 PLC 扫描到。

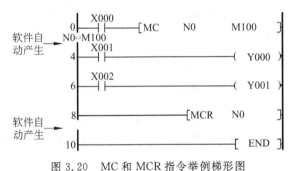

图 3.20 MC 和 MCR 指令举例梯形图

3.2.10 脉冲型指令 LDP/F、ANDP/F、ORP/F

LDP/F、ANDP/F 和 ORP/F 这 6 条指令的助记符、功能、梯形图和程序步等指令要素如表 3.15 所示。

(1) LDP/F、ANDP/F 和 ORP/F 为分别对应 LD、AND 和 OR 的脉冲型指令,具有对应的非脉冲型指令的相关属性。区别之处在于,这些指令中带后缀 P 的对应上升沿脉冲,仅在指定软元件由 OFF→ON 的上升沿时,使驱动的线圈接通一个扫描周期;带后缀 F 的对应下降沿脉冲,仅在指定软元件由 ON→OFF 的下降沿时,使驱动的线圈接通一个扫描周期。

表 3.15 脉冲型指令 LDP/F、ANDP/F、ORP/F

助记符名称	操 作 功 能	梯形图与目的元件	程序步数
LDP（上升沿取）	上升沿运算开始	X Y M S T C ─┤↑├─────( )	2
LDF（下降沿取）	下降沿运算开始	X Y M S T C ─┤↓├─────( )	2
ANDP（上升沿与）	上升沿串联连接	X Y M S T C ─┤├──┤↑├──( )	2
ANDF（下降沿与）	下降沿串联连接	X Y M S T C ─┤├──┤↓├──( )	2
ORP（上升沿或）	上升沿并联连接	─┤↑├── X Y M S T C	2
ORF（下降沿或）	下降沿并联连接	─┤↓├── X Y M S T C	2

(2) LDP、ANDP、ORP 与 LDF、ANDF、ORF 指令可以分别用 PLS 与 PLF 指令来等效表达。

例 3.12 画出等效图 3.21(a)用 PLS 表达的梯形图，并画出对应的工作波形图。

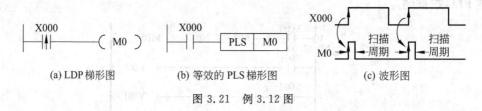

(a) LDP 梯形图　　(b) 等效的 PLS 梯形图　　(c) 波形图

图 3.21 例 3.12 图

解 等效图 3.21(a)用 PLS 表达的梯形图如图 3.21(b)所示。这两个梯形图的工作波形是一样的，如图 3.21(c)所示。两种情况下都是在 X000 由 OFF→ON 的上升沿，M0 接通一个扫描周期。

例 3.13 图 3.22(a)是单按钮控制启停的梯形图，如第 7 章图 7.9 信捷污水处理梯形图中的总停控制电路就是采用此结构，M107 为总停按钮。试解答：

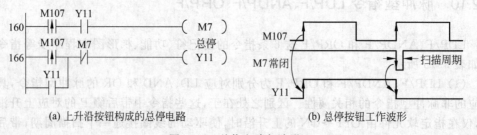

(a) 上升沿按钮构成的总停电路　　　　(b) 总停按钮工作波形

图 3.22 总停电路与波形

(1) 分析图 3.22(a)梯形图的工作原理,并画出对应的工作波形图;

(2) 用 GPPW 模拟仿真此梯形图来进行验证。

解 (1) 图 3.22(a)总停控制梯形图的工作波形如图 3.22(b)所示。当第一次按下总停按钮时,M107 的上升沿使 Y11 线圈接通,Y11 常开自锁,使总停按钮释放后 Y11 仍保持接通,指示总停 ON。当第二次按下总停按钮时,M107 的上升沿使 M7 线圈接通一个扫描周期,这时 M7 的常闭接点也断开一个扫描周期,而使 Y11 线圈断开,指示总停 OFF。可见,一个按钮起了开与关的两个作用。

(2) 按 2.4 节介绍的方法用 GPPW 模拟仿真此梯形图的画面如图 3.23 所示。分图(a)表示初始状态,分图(b)表示 M107 被"强制 ON"来模拟 M107 第 1 次按钮动作,从而产生的第 1 个上升沿使 Y11 保持接通时的画面。当连续两次按下"强制 ON/OFF 取反"按钮来模拟 M107 第 2 次按钮动作,从而产生第 2 个上升沿使 Y11 断开,即又回到了分图(a)Y11 处总停 OFF 时的画面。

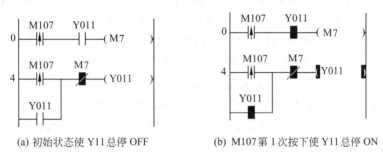

(a) 初始状态使 Y11 总停 OFF   (b) M107 第 1 次按下使 Y11 总停 ON

图 3.23 总停电路的 GPPW 模拟仿真

3.2.11 取反、空操作与程序结束指令 INV、NOP、END

INV、NOP 和 END 指令的助记符、功能、梯形图和程序步等指令要素如表 3.16 所示。

表 3.16 INV、NOP 和 END 指令

助记符名称	操作功能	梯形图与目的元件	程序步数
INV(反)	运算结果取反	⊢⊢/⊸ 无	1
NOP(空操作)	空操作	无	1
END(结束)	程序结束返回 0 步	无 END	1

(1) INV 为对原运算结果取反指令,它不能与母线连接,也不能单独使用。NOP 为空操作指令,CPU 不执行目的指令。NOP 指令在程序中占一个步序,它在梯形图中没有对应的软元件来表达,但是可以从梯形图中的步序得到反映。在 FXGP 中执行菜单命令"工具"|"全部清除"后,用户存储器的内容全部变为 NOP 指令。在编程时 NOP 常用于

空出一条指令,或以 NOP 替换来删除一条指令。END 为程序结束指令,指示 PLC 返回 0 步重新扫描程序。上述 3 条指令均无目的操作数。

例 3.14 图 3.24(a)是含有 INV 指令的梯形图,用 GPPW 模拟仿真其工作时序图来说明 INV 指令的作用。

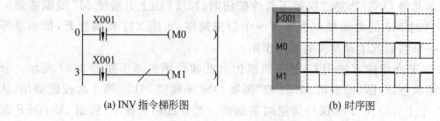

(a) INV 指令梯形图　　　　　　　　(b) 时序图

图 3.24　INV 指令梯形图与时序图

解 按 2.4 节介绍的方法用 GPPW 模拟仿真图 3.24(a)梯形图,获得的时序图如图 3.24(b)所示。从图中可见,当 X001 的下降沿产生时,M0 接通一个扫描周期,但 M1 因受到 INV 指令的取反作用,而断开一个扫描周期。本时序仿真时,在时序图窗口中用菜单命令"监视"|"采样周期",设定"数据收集周期"的值不能超过 3,否则可能会得不到 M0 与 M1 在接通或断开一个扫描周期时的波形。

(2) 在程序中事先插入 NOP 指令,以备在修改或增加指令时,可使步进编号的更改次数减到最少。用 NOP 指令来取代已写入的指令,从而修改电路。LD、LDI、AND、ANI、OR、ORI、ORB 和 ANB 等指令若换成 NOP 指令,电路结构将会改变。

① AND 和 ANI 指令改为 NOP,相当于串联接点被短路,如图 3.25(a)所示。

② OR 和 ORI 指令改为 NOP,相当于并联接点被开路,如图 3.25(b)所示。

③ 如用 NOP 指令修改后的电路不合理,梯形图将出错,如图 3.25(c)~(e)所示。

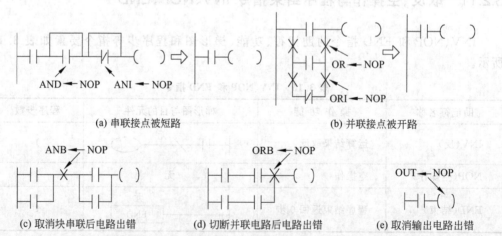

(a) 串联接点被短路　　　　　　　　(b) 并联接点被开路

(c) 取消块串联后电路出错　　(d) 切断并联电路后电路出错　　(e) 取消输出电路出错

图 3.25　用 NOP 指令取代已写入的指令引起电路改变

(3) 在程序调试过程中,恰当地使用 NOP 和 END 指令,会给用户带来许多方便。END 指令还可在程序调试中设置断点,先分段插入 END 指令,再逐段调试,调试好后,删去 END 指令。

3.3 梯形图程序设计方法

1. 梯形图程序编程规则

在 3.1.1 小节已经对梯形图作过一般介绍,本节对梯形图程序设计规则作进一步的阐述。

(1) 梯形图中的阶梯都是始于左母线,终于右母线。每行的左边是接点的组合,表示驱动逻辑线圈的条件,而表示结果的逻辑线圈只能接在右边的母线上,接点是不能出现在线圈的右边的。所以,图 3.26(a) 应改画为图 3.26(b)。

```
 X000  X002        X004           X000  X002  X004
──┤├──┤/├──(Y000)──┤├──    ⇒   ──┤├──┤/├──┤├──(Y000)──

        (a) 错误的接法              (b) 正确的接法
```

图 3.26 接点不能出现在线圈的右边的原则

(2) 接点应画在水平线上,不要画在垂直线上。如图 3.27(a) 中接点 X005 与其他接点之间的连接关系不能识别,对此类桥式电路,要将其化为连接关系明确的电路。按从左至右、从上到下的单向性原则,可以看出有 4 条从左母线到达线圈 Y000 的不同支路,于是就可以将图 3.27(a) 不可编程的电路化为在逻辑功能上等效的图 3.27(b) 所示的可编程电路。

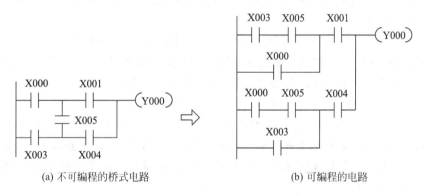

图 3.27 不可编程的电路化为等效的可编程电路

(3) 串联块并联时,应将接点多的并联支路放在梯形图的上方;并联块串联时,应将接点多的支路放在梯形图的左方。这样安排,程序简洁,指令更少。图 3.28(a) 和图 3.29(a)

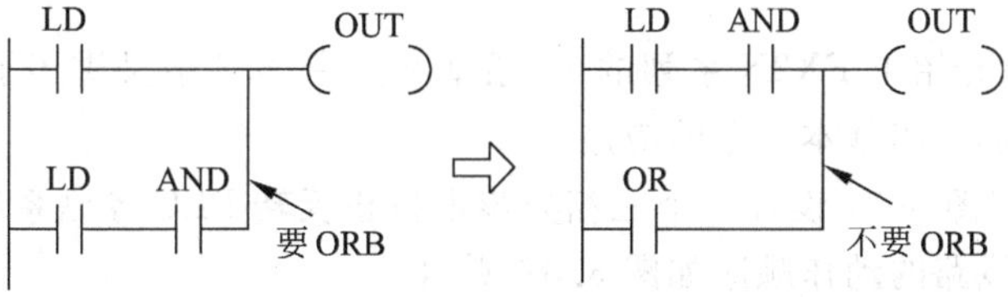

图 3.28 上重下轻原则

应分别改画为图 3.28(b) 和图 3.29(b) 为好。

（4）双线圈输出不宜原则。若在同一梯形图中，同一元件的线圈使用两次或两次以上，则称为双线圈输出。双线圈输出时，只有最后一次才有效，一般不宜使用双线圈输出。

在图 3.30 中，设输入采样时，输入映像区中 X001＝ON，X002＝OFF，第 1 次执行时，Y003＝ON，Y004＝ON 被存入输出映像区。当第 2 次执行时，若 X002＝OFF，使 Y003＝OFF，这个后入为主的结果又被存入输出映像区。所以在输出刷新阶段，实际的外部输出是，Y003＝OFF，Y004＝ON。所以，第 1 个梯级省略后的梯形图与原梯形图是等效的。

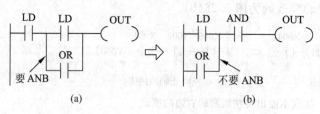

图 3.29 左重右轻原则

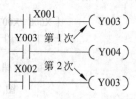

图 3.30 双线圈输出不宜原则

2. 梯形图等效变换

梯形图等效变换在程序设计规则中起了重要的作用，在不改变逻辑关系的前提下，好的等效变换往往能化难为简、事半功倍。通过本节这些实例，来归纳一下梯形图中等效变换的主要方法。

（1）在串联电路中，按梯形图设计规则改变元件的位置，使编程变为可能。如图 3.26 电路中，通过将线圈 Y000 移到右母线处，而使程序能被编程软件（如 FXGP）编译通过。

（2）在电路块串并联电路中，按"左重右轻、上重下轻"的原则变换梯形图，使程序更优化。如图 3.28 和图 3.29 两电路，即为典型的实例。

（3）在不易识别串并联关系的电路中，按从上到下、从左到右的单向性原则，找出所有能到达目的线圈的不同支路，变换梯形图为可编程电路。如图 3.27 电路即为典型的实例。

（4）在双线圈输出电路中，按"最后一次才有效"的原则变换梯形图，使双线圈输出电路变为单线圈输出电路。

3.4 基本指令应用程序举例

本书的 3.2 节介绍了 FX2N 系列的 27 条基本指令，3.3 节又讲述了梯形图程序的设计方法，本节将举例说明基本指令的应用。

例 3.15 参照图 3.31 设计一个三相异步电机正反转 PLC 控制系统。

图 3.31 控制线路的动作顺序如图 3.32 所示。

参照图 3.31 和图 3.32 的动作顺序，设计 PLC 控制三相异步电机正反转系统的步骤如下。

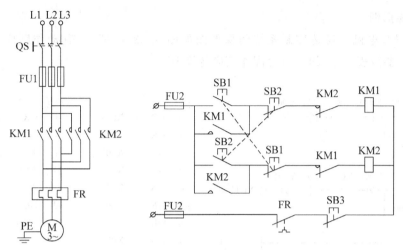

图 3.31 三相异步电机正反转控制线路

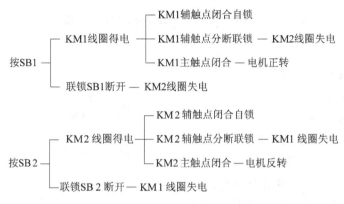

图 3.32 三相异步电机正反转控制线路的动作顺序

(1) 功能要求

① 当接上电源时,电机 M 不动作。
② 当按下 SB1 正转启动按钮后,电机 M 正转;再按 SB3 停止按钮后,电机 M 停转。
③ 当按下 SB2 反转启动按钮后,电机 M 反转;再按 SB3 停止按钮后,电机 M 停转。
④ 热继电器触点 FR 动作后,电机 M 因过载保护而停止。

(2) 输入/输出端口设置

输入/输出端口设置如表 3.17 所示。

表 3.17 三相异步电机正反转 PLC 控制 I/O 端口分配表

输入			输出		
名 称		输入点	名 称		输出点
正转启动按钮	SB1	X001	正转接触器	KM1	Y001
反转启动按钮	SB2	X002	反转接触器	KM2	Y002
停止按钮	SB3	X003			
热继电器触点	FR	X004			

(3) 梯形图

三相异步电机正反转控制系统的梯形图如图 3.33(a) 所示,其动作顺序完全符合图 3.32,只要按表 3.17 的 I/O 分配作相应替换即可。

```
     X001 X002 X003 X004 Y002
0 ───┤├───┤/├───┤/├───┤/├───┤/├───( Y001 )
     Y001
     ├─┤├─┘
     X002 X001 X003 X004 Y001
7 ───┤├───┤/├───┤/├───┤/├───┤/├───( Y002 )
     Y002
     ├─┤├─┘
14 ─────────────────────────────[ END ]
```

步序	指令		步序	指令	
0	LD	X001	8	OR	Y002
1	OR	Y001	9	ANI	X001
2	ANI	X002	10	ANI	X003
3	ANI	X003	11	ANI	X004
4	ANI	X004	12	ANI	Y001
5	ANI	Y002	13	OUT	Y002
6	OUT	Y001	14	END	
7	LD	X002			

(a) 梯形图   (b) 指令表

图 3.33 三相异步电机正反转控制的梯形图与指令表

(4) 指令表

指令表如图 3.33(b) 所示。

(5) 接线图

接线图如图 3.34 所示。

为了防止正反转启动按钮同时按下的危险情况,一方面,在梯形图中设定了互锁,将常闭接点 X001 和 Y001 串联在反转电路中,而将常闭接点 X002 和 Y002 串联在正转电路中;另一方面,在 PLC 的外部也设置了如图 3.34 所示的用实际常闭触点 KM1 与 KM2 组成的互锁。

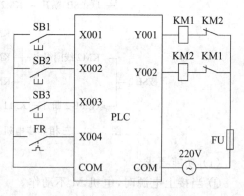

图 3.34 PLC 控制的接线图

例 3.16 设计一个用 FX1S-20MT 的输出端子直接驱动直流电动机正反转的控制系统。直流小电机的规格在 12V/0.5A 以下。

直流小电机的正反转驱动电路,是通过电源极性的切换来控制电机转向的,可以参照桥式整流电路来设计。只要将桥式整流电路中的 4 个整流二极管用 4 个继电器的触点来取代,负载则用直流电机来取代,如图 3.35(a) 所示。

控制电路的设计比较简单,可以参照图 3.33(a) 三相异步电机控制梯形图,所不同的仅仅是要控制的继电器线圈有 4 个。具体的动作过程可参见图 3.36 直流电机正反转控制动作顺序表。

(1) 输入/输出端口设置

输入/输出端口设置如表 3.18 所示。

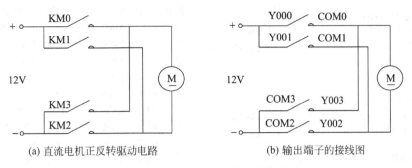

(a) 直流电机正反转驱动电路　　　　(b) 输出端子的接线图

图 3.35　直流电机正反转驱动与接线

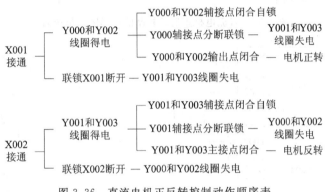

图 3.36　直流电机正反转控制动作顺序表

表 3.18　直流电机正反转 PLC 控制 I/O 端口分配表

输入			输出		
名　称		输入点	名　称		输出点
正转启动按钮	SB1	X001	正转输出端	KM0	Y000
反转启动按钮	SB2	X002	正转输出端	KM2	Y002
停止按钮	SB3	X003	反转输出端	KM1	Y001
热继电器触点	FR	X004	反转输出端	KM3	Y003

（2）梯形图

直流电机正反转控制系统的梯形图如图 3.37(a) 所示，其动作顺序如图 3.36 所示。

（3）指令表

直流电机正反转控制系统的指令表如图 3.37(b) 所示。

（4）接线图

直流电机正反转控制系统的接线图如图 3.38 所示。

FX1S-20MT 是晶体管输出，其输出结构如图 3.39 所示。当晶体管截止时，输出端子 Y0 与公共端 COM0 断开。当晶体管导通时，输出端子 Y0 与公共端 COM0 接通，但要注意的是导通是单向的，即导通时的电流流向只能是从 Y0 流向 COM0。所以图 3.35(a) 中 4 个开关的实际接法应如图 3.35(b) 所示。图 3.38 就是按此原则画出的接线图。

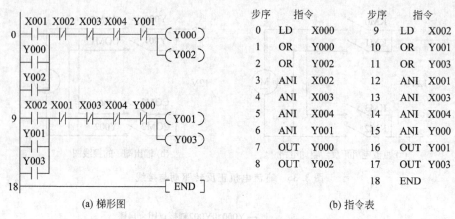

图 3.37 直流电机正反转控制的梯形图与指令表

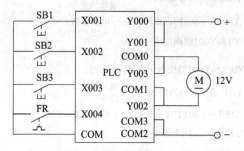

图 3.38 直流电机正反转控制系统的接线图   图 3.39 晶体管输出结构

例 3.17 流水行云——设计一个彩灯控制的 PLC 系统。

(1) 功能要求

① 使用一个开关 SB2，作为彩灯启动用。

② 当 SB2 闭合时，依次输出 Y000～Y007，彩灯 HL0～HL7 就按间隔 2s 依次点亮。

③ 至彩灯 HL0～HL7 全部点亮时，继续维持 5s，此后它们全部熄灭。

④ 彩灯 HL0～HL7 全部熄灭后 3s，自动重复下一轮循环。

(2) 输入/输出端口设置

彩灯 PLC 控制的 I/O 端口分配表如表 3.19 所示。

表 3.19 彩灯 PLC 控制的 I/O 端口分配表

输入			输出		
名称		输入点	名称		输出点
启动开关	SB2	X010	0 号彩灯	HL0	Y000
			1 号彩灯	HL1	Y001
			2 号彩灯	HL2	Y002
			3 号彩灯	HL3	Y003
			4 号彩灯	HL4	Y004
			5 号彩灯	HL5	Y005
			6 号彩灯	HL6	Y006
			7 号彩灯	HL7	Y007

(3) 梯形图

彩灯 PLC 控制系统的梯形图如图 3.40(a)所示。

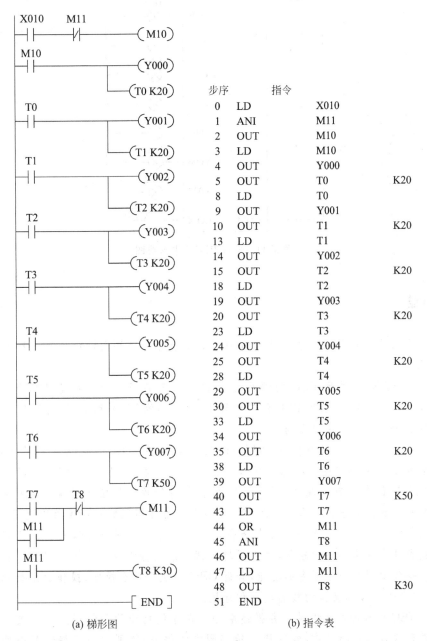

(a) 梯形图　　　　　　　　　(b) 指令表

图 3.40　彩灯 PLC 控制

(4) 指令表

指令表如图 3.40(b)所示。

(5) 接线图

接线图如图 3.41 所示,但输出 COM 端要按所用的 PLC 型号接线,以后不再说明。

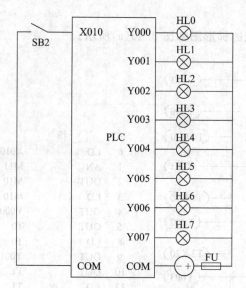

图 3.41 彩灯 PLC 控制接线图

本章小结

本章介绍的三菱 FX2N 系列 PLC 的基本逻辑指令和梯形图设计是学习 PLC 控制的基础。

(1) 三菱 FX2N 系列 PLC 的编程元件如附录表 A.1 所示,供编程时查阅。附录表 A.1 中列出了 FX2N 系列 PLC 的性能规格,对于其他 FX 系列 PLC 也基本相同,个别差异处可以查阅相应的用户手册。

(2) 常用的梯形图、指令表、流程图等编程语言,各有其特点。梯形图编程直观形象,易于被电气工程人员掌握。在梯形图编程时使用了"软元件",如"软继电器"、"软定时器"等,它们是 PLC 内部的编程元件,与 PLC 内部存储单元的位相对应。这些存储单元的位状态可无数次读出,是"取之不尽"的,所以软接点在编程时可以无数次使用。

助记符语言是以汇编指令的格式来表示控制程序的程序设计语言。助记符指令能在小型编程器中一条一条地输入,适合现场调试。助记符指令是由操作码和操作数两部分组成。操作码用来表示指令的功能,告诉 CPU 要执行什么操作;操作数用标识符和参数表示,用来表示参加操作的数的类别和地址。

符合 IEC 标准的流程图是一种描述顺序控制系统功能的图解表示法。流程图语言以流程图形式表示机械动作,即以状态转移图方式编程,特别适合于编制复杂的顺控程序,从而克服了用梯形图来编写时程序步长、可读性差的缺点。

(3) FX2N 系列 PLC 共有 27 条基本逻辑指令,这些指令已经能解决一般的继电接触控制问题,要求能熟练掌握。对于 27 条基本逻辑指令,应当注意掌握每条指令的助记符名称、操作功能、梯形图、目的元件和程序步数。

(4) 熟练掌握用梯形图进行程序设计的方法,通过本章实例掌握设计的步骤。

习题 3

1. 指出图 3.42 中所示梯形图的错误,并画出正确的梯形图。

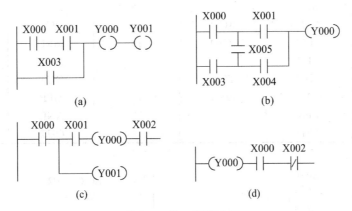

图 3.42 第 1 题梯形图

2. 不改变逻辑关系,试按梯形图绘制的原则将图 3.43 所示梯形图进行优化。

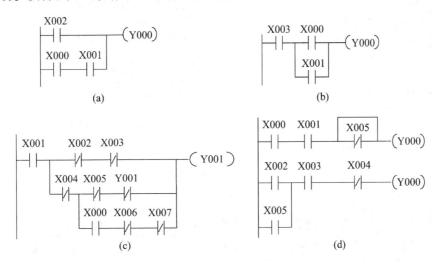

图 3.43 第 2 题梯形图

3. 根据表 3.20 给出的指令表画出对应的梯形图。
4. 阅读图 3.44 梯形图,写出其所对应的指令表,计算程序的总步数。
5. 阅读图 3.45 梯形图,试解答:

   (1) 写出图 3.45(a) 梯形图所对应的指令表,计算程序的总步数;

   (2) X000 和 X001 的波形如图 3.45(b) 所示,画出 M0、M1 和 Y000 的波形图;

   (3) 用 GPPW 模拟仿真其工作时序图来验证。

表 3.20 指令表

步序	操作码	操作数	步序	操作码	操作数
0	LD	X000	10	OUT	Y002
1	AND	X001	11	MRD	
2	MPS		12	AND	X005
3	AND	X002	13	OUT	Y003
4	OUT	Y000	14	MRD	
5	MPP		15	AND	X006
6	OUT	Y001	16	OUT	Y004
7	LD	X003	17	MPP	
8	MPS		18	AND	X007
9	AND	X004	19	OUT	Y005

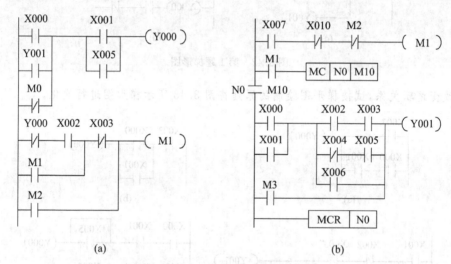

图 3.44 第 4 题梯形图

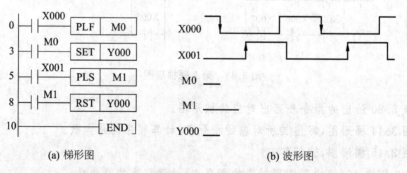

图 3.45 第 5 题图

6. 图 3.46 为电机点动和长动的继电接触控制电路,该控制电路既可实现点动运转,又可实现连续运转。功能要求为:接上电源后,按下长动按钮 SB2,电机作连续运转;按下点动按钮 SB1,电机作点动运转;按下 SB3 电机停转。试将其改用 PLC 控制系统,按如下步骤设计(下面相关各题均按此步骤)：
(1) 功能要求；
(2) 输入/输出端口分配；
(3) 梯形图和指令表；

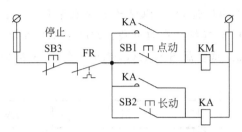

图 3.46　电机点动、长动继电器控制电路

(4) 接线图。

7. 设计一个双灯闪烁 PLC 控制系统。功能要求为：接上电源，并按下开关 X010 后，两灯即交替闪烁，每个灯被点亮和熄灭的时间间隔均为 0.1s。

8. 图 3.47 为两台电机顺序运行的继电接触控制电路。功能要求为：
(1) 接上电源，电机不动作；
(2) 按 SB2 后，泵电机动作，再按 SB4 后，主电机才会动作；
(3) 未按 SB2，而先按 SB4 时，主电机不会动作；
(4) 按 SB3 后，只有主电机停转，而按 SB1 后，两电机同时停转。

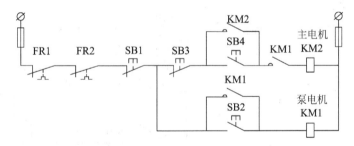

图 3.47　两台电机顺序控制电路

试将其改用 PLC 控制系统。

9. 用 PLC 的内部定时器设计一个延时电路，其波形图如图 3.48 所示，功能要求为：
(1) 当 X000 接通时，Y000 延时 10s 后才接通；
(2) 当 X000 断开时，Y000 延时 5s 后才断开。

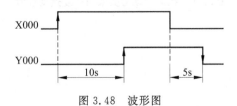

图 3.48　波形图

编程要求为:
(1) 设计梯形图;
(2) 用 GPPW 软件模拟仿真梯形图和工作时序图来验证。

10. 设计一个两动力头来回往返 PLC 控制系统。图 3.49(a)是某机床的运动简图,行程开关 SQ1 为动力头 1 的原位开关,SQ2 为其终点限位开关;行程开关 SQ3 为动力头 2 的原位开关,SQ4 为其终点限位开关。SB2 为工作循环开始的启动按钮,M 是动力头的驱动电动机。试参照图 3.49(b)机床工作循环图和图 3.49(c)继电接触控制电路图进行设计。

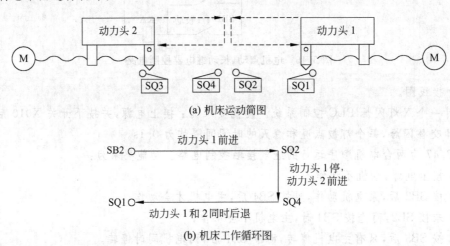

(a) 机床运动简图

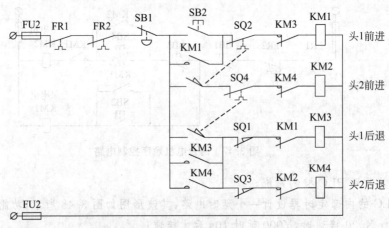

(b) 机床工作循环图

(c) 继电接触控制电路图

图 3.49 机床两动力头来回往复运动控制

第 4 章

三菱 FX2N 型 PLC 的步进指令

本章导读

本章主要介绍专门用于步进顺控过程的步进顺控指令及其编程方法——状态转移图法。要求掌握用 SFC 语言来描述复杂的步进顺控过程的设计思路,掌握单流程结构、选择与并行分支结构以及循环结构的状态编程;要求能用结构化程序设计的特点来分析与设计用 SFC 语言编制的分支与汇合的组合状态流程;要求能熟练使用 FXGP 编程软件,设计步进梯形图、指令表和 SFC,并能灵活地将 SFC 转换成步进梯形图。

4.1 状态转移图 SFC

4.1.1 SFC 的特点与示例

本书的 3.1.3 小节例 3.2 通过如图 3.3 所示的动力头 1 运动的具体例子,介绍了用 SFC 语言来编制复杂的顺控程序的编程思路。把动力头 1 的控制过程分解为几个工步,以流程图形式来表示动力头 1 的每个工步的动作,从而得到了图 3.4 动力头 1 的工作流程图。

也可以用梯形图来表示动力头 1 的动作,如图 4.1(a)所示。

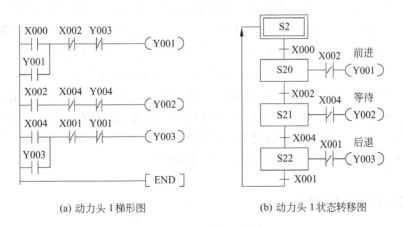

(a) 动力头 1 梯形图　　　　　　　(b) 动力头 1 状态转移图

图 4.1　动力头 1 的状态编程

比较图 4.1(a)和图 3.4,可以看出,用 SFC 语言编制的流程图,要比梯形图编制的程序形象、直观，可读性好，清晰地反映了控制的全过程。而且，它将一个复杂的控制过程分解成若干个工步，起到了化难为简的作用，也符合结构化程序设计的特点。三菱 FX2N 系列的 PLC 在基本逻辑指令之外增加了两条简单的步进顺控指令，同时辅以大量的状态元件，就可以用 SFC 语言的状态转移图编程。

在图 3.4 中将工步 1～工步 3 用状态 S20～S22 来代替，将原位状态用 S2 表示；启动按钮 SB2 用 X000 来表示，行程开关输入 SQ2、SQ4 和 SQ1 是工步间切换主令，正好相应地用 X002、X004 和 X001 来表示各状态间的转换条件。这样就可以得到动力头 1 的状态转移图，如图 4.1(b)所示。

4.1.2 FX2N 的状态软元件

FX2N 系列 PLC 共有 1000 个状态元件（或称状态寄存器），它们是构成步进顺控指令的重要元素，也是构成状态转移图的基本元件。FX2N 系列 PLC 的状态元件详见附录表 A.1。状态 S0～S9 用作 SFC 的初始状态；S10～S19 用作多运行模式中返回原点状态；S20～S499 用作 SFC 的中间状态；S500～S899 是电池后备，即使在掉电时也能保存其动作的状态；S900～S999 用作报警元件。

目的元件 Y、M、S、T、C 和 F(功能指令)均可由状态 S 的接点来驱动，也可由各种接点的组合来驱动。当前状态可由单独接点作为转移条件，也可由各种接点的组合作为转移条件。当 CPU 执行步进顺控程序时，扫描与某状态相连的梯形图，同扫描与主控接点相连的梯形图是一样的。若该状态为 1，相当于主控接点闭合；若该状态为 0，相当于主控接点断开。

例如在图 4.1(b)动力头 1 状态转移图中，S2 作为动力头运动的初始状态。当按下 SB2，即常开 X000 接通时，S2 转移条件满足，状态 S20 投入工作。对应动力头 1 进入第 1 工步，电动机 M 正转，动力头 1 向前移动。当动力头 1 压下终点限位开关 SQ2 时，常开 X002 接通，常闭 X002 断开，状态从 S20 转移到 S21，对应动力头 1 进入第 2 工步。在 S21 状态，因常闭 X002 断开，输出线圈 Y001 失电，电机停转，动力头 1 处在等待状态。同时，因常开 X002 闭合，将同时启动动力头 2 前进（图 3.3 中没有画出动力头 2，完整的图见第 3 章习题中的图 3.49）。当动力头 2 压下终点限位开关 SQ4 时，常开 X004 接通，状态从 S21 转移到 S22，动力头 1 进入第 3 工步。在 S22 状态，常开 X004 接通，输出线圈 Y003 得电，电机 M 反转，动力头 1 后退（常开 X004 接通，也将同时使动力头 2 后退，但在梯形图中未画）。当动力头 1 到达原位后压下原位行程开关 SQ1，使常闭 X001 断开，电动机 M 停转，动力头停在原位，完成一次工作循环。

4.1.3 SFC 的编制方法

仍以例 3.2 为例来说明状态转移图的编制方法。

例 4.1 画出例 3.2 动力头 1 的状态转移图。

解 (1) 状态分配

将动力头 1 的工作过程按工步进行分解,每一工步对应一个状态,其状态分配如表 4.1 中的第 1 列和第 2 列所示。

表 4.1 动力头 1 的状态分配

工步号	状态号	状态输出	状态转移
原位	S2	PLC 初始化	X000：S2→S20
第 1 工步	S20	Y001 输出,M 正转,前进	X002：S20→S21
第 2 工步	S21	Y001 失电,M 停转,等待	X004：S21→S22
第 3 工步	S22	Y003 输出,M 反转,后退	X001：S22→S2

(2) 状态输出

状态输出是要明确每个状态的负载驱动与功能。各状态的负载驱动与功能如表 4.1 中的第 3 列所示。

(3) 状态转移

状态转移是要明确状态转移的条件和状态转移的方向,如表 4.1 中的第 4 列所示。转移条件 X000 成立时,将从状态 S2 转移到状态 S20,即动力头 1 前进;转移条件 X002 成立时,将从状态 S20 转移到状态 S21,即动力头 1 等待;转移条件 X004 成立时,将从状态 S21 转移到状态 S22,即动力头 1 后退;转移条件 X001 成立时,将从状态 S22 回到初始状态 S2。

由此就可以给出动力头 1 的状态转移图,如图 4.1(b)所示。

4.2 步进指令与状态编程

4.2.1 步进指令 STL、RET

1. 指令用法说明

STL 和 RET 是一对步进指令,表示步进开始和步进结束。步进指令的助记符、功能、梯形图和程序步等指令要素如表 4.2 所示。

表 4.2 步进指令

助记符名称	操作功能	梯形图与目的元件	程序步数
STL(步进阶梯)	步进阶梯开始	─┤├S─○	1
RET(返回)	步进阶梯结束	无 ─┤├─[RET]	1

(1) STL(步进阶梯):与主母线连接常开接点指令。STL 接点是用两个小矩形组成的常开接点来表示的,即─┤├─。

(2) RET(返回)：返回主母线指令。

2. 由实例初识步进指令

以动力头1的动作为例说明步进顺控指令。图4.2(a)～(c)为动力头1的部分状态转移图、步进梯形图和指令表，由此来初识步进指令。

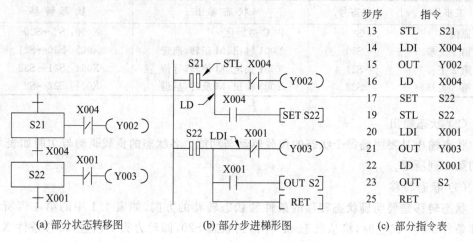

(a) 部分状态转移图　　(b) 部分步进梯形图　　(c) 部分指令表

图4.2 动力头1部分状态的编程

(1) STL接点(或称步进接点)的左端总是与梯形图左母线相连，而与其右端相连的接点要用LD或LDI指令，如图4.2(c)中的"16 LD X004"、"20 LDI X001"等。也就是说，步进阶梯指令STL有建立子母线的功能，当某个状态被激活时，步进梯形图上的母线就移到子母线上，所有操作均在子母线上进行。由此可见，步进指令具有主控功能。

(2) STL指令仅对状态元件S有效，不能用于非状态元件，只有步进接点才能驱动状态元件S，如图4.2(c)中的"13 STL S21"。使用STL指令后的状态元件，才具有步进控制功能。当不用于状态时，状态元件S与普通继电器完全一样，可以使用LD、LDI、AND、ANI、OR、ORI、OUT、SET和RST等指令。无论S元件是否用于状态，其接点都可当作普通继电器的接点一样使用。

(3) 当一个新的状态被STL指令置位时，其前一状态就自动复位。如图中的S22被驱动时，S21就自动复位。

(4) 步进接点接通时，与其相连的电路才可执行，此时也可直接或用普通的常开/常闭接点驱动线圈，如步序14～15用普通常闭接点驱动线圈Y002。步进接点断开时，与其相连的电路就会停止执行；若要保持普通线圈的输出，可使用具有自保功能的SET和RST指令，如图4.2(c)中的"21 OUT Y003"，改为"SET Y003"，就能保持Y003的输出。

(5) 当使LD或LDI点返回主母线时，需要使用步进返回指令RET。图4.2(c)中的"25 RET"指令指示状态流程的结束，返回主程序，即在主母线上继续执行非状态程序。

4.2.2 单流程 SFC 与步进梯形图编程

1. 单流程 SFC

在状态转移图中单流程的 SFC 是最基本的结构流程。单流程结构 SFC 由顺序排列、依次有效的状态序列组成,每个状态的后面只跟一个转移条件,每个转移条件后面也只连接一个状态。如图 4.3(a)所示 SFC 就是一个单流程的结构。

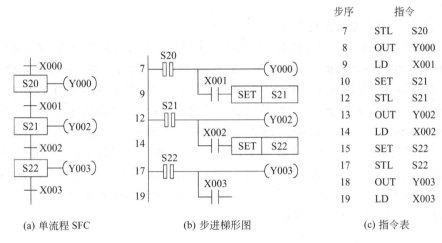

图 4.3 单流程的 SFC 编程

在图 4.3(a)中,当状态 S20 有效时,若转移条件 X001 接通,状态将从 S20 转移到 S21,一旦转移完成,S20 同时复位。同样,当状态 S21 有效时,若转移条件 X002 接通,状态将从 S21 转移到 S22,一旦转移完成,S21 同时复位。以此类推,直至流程中的最后一个状态。

2. 步进梯形图程序设计

在设计步进梯形图的程序时,在梯形图中引入步进接点和步进返回指令后,就可以从状态转移图转换成相应的步进梯形图和指令表。对应图 4.3(a)单流程的状态转移图的步进梯形图和指令表如图 4.3(b)和图 4.3(c)所示。

从图 4.3(a)~(c)中抽出一个有代表性的状态 S21,其相应的 SFC、步进梯形图和指令表如图 4.4(a)~(c)所示。从图 4.4(a)到图 4.4(b)和图 4.4(c)之间的转换规则,可以作为从 SFC 转换成步进梯形图和指令表的模板。

(1) 状态编程的规则

从状态转移图中抽出 S21 的状态来看,每个状态具有驱动负载、指定转移方向和指定转移条件三个功能。其中指定转移方向和指定转移条件是必不可少的,而负载驱动则视具体情况,没有负载的状态当然不必进行负载驱动。在图 4.4(b)中,当 STL 接点接通后,S21 状态有效时,先是用 OUT 指令驱动输出线圈 Y002,然后才用 SET S22 指令决定转移方向,转向下一相邻状态 S22。反映在图 4.4(c)指令表也是这样。单流程中的其他

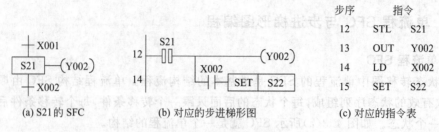

图 4.4 状态编程的模板

状态的编程完全可以参照此模板进行。

① 初始状态的编程。初始状态一般是指一个顺控工艺过程最开始的状态,对应于状态转移图起始位置的状态就是初始状态。S0~S9 共 10 个状态元件专用作初始状态,用了几个初始状态,就可以有几个相对独立的状态系列。初始状态编程必须在其他状态之前,如图 4.1(b)中将状态 S2 作为初始状态。开始运行后,初始状态可由其他状态来驱动,如图 4.1(b)中是用 S22 来驱动初始状态 S2 的。但是首次开始运行时,初始状态必须用其他方法预先驱动,使它处于工作状态,否则状态流程就不可能进行。一般利用系统的初始条件。如可由 PLC 从 STOP→RUN 切换瞬间的初始脉冲使特殊辅助继电器 M8002 接通来驱动初始状态,图 4.5 中就是用这一方法来使 S2 置 1 的。更好的初始状态编程可用后面介绍的 IST 指令来编制。

图 4.5 初始状态 S2 的驱动梯形图

每一个初始状态下面的分支数总和不能超过 16 个,这是对总分支数的限制,而对总状态数则没有限制。从每一个分支点上引出的分支不能超过 8 个,所以超过 8 个的分支不能集中在一个分支点上引出。

② 一般状态的编程。先负载驱动,后转移处理。除了初始状态外,一般状态元件必须在其他状态后加入 STL 指令,来进行驱动,也就是说不能用除状态元件之外的其他方式驱动。一般状态编程时,必须先负载驱动,后转移处理。所以,都要使用步进接点 STL 指令,以保证负载驱动和状态转移都是在子母线上进行。如在图 4.3(b)中,就状态 S20 来看,当 S20 的 STL 接点被接通后,先是用 OUT 指令驱动输出线圈 Y000,然后才用 SET S21 指令决定转移方向,转向下一相邻状态 S21。

状态元件不可重复使用。

③ 相邻的两个状态中不能使用同一个定时器,否则会导致定时器没有复位机会,而引起混乱;在非相邻的状态中可以使用同一个定时器,如图 4.6 所示。

④ 连续转移用 SET,非连续转移用 OUT。若状态向相邻的下一状态连续转移应使用 SET 指令,但若向非相邻的状态转移,则应改用 OUT 指令。如在

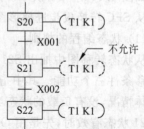

图 4.6 相邻状态不能用同一定时器

图 4.2(b)中,从状态 S22 向初始状态 S2 转移时,程序中用的是 OUT 指令,而不能用 SET 指令。

⑤ 在 STL 与 RET 指令之间不能使用 MC、MCR 指令;MPS 指令也不能紧接着 STL 指令后使用。在子程序或中断服务程序中,不能使用 STL 指令;在状态内部最好不要使用跳转指令 CJ,以免引起混乱。

(2) 状态编程的特点

状态转移图和步进梯形图表达的都是同一个程序,其优点是让用户每次只考虑一个状态,而不必考虑其他的状态,从而使编程更容易,而且还可以减少指令的程序步数。状态转移图中的一个状态表示顺序控制过程中的一个工步,因此步进梯形图也特别适用于时间和位移等顺序的控制过程,也能形象、直观地表示顺控过程。状态编程开始时,必须用 STL 指令使 STL 接点接通,从而使主母线与子母线接通,连在子母线上的状态电路才能执行,这时状态就被激活。状态的三个功能是在子母线上实现的,所以只有 STL 接点接通,该状态的负载驱动和状态转移才能被扫描执行。反之,STL 接点断开,对应状态就未被激活,则负载驱动和状态转移就不可能执行,该电路将不被扫描而跳过。因此,除初始状态外,其他所有状态只有在转移条件成立时才能被前一状态置位而激活,一旦下一状态激活,前一状态就自动关闭。状态编程的这一特点,使各状态之间的关系就像是一环扣一环的链表,变得十分清晰、单纯,不相邻状态间的繁杂联锁关系将不复存在,只需集中考虑实现本状态的三大功能即可。另外,这也使程序的可读性更好、更便于理解,也使程序的调试、故障排除变得相对简单。

在状态编程的最后,必须使用步进返回指令 RET,从子母线返回主母线。如在图 4.21(b)程序中,若没有 RET 指令,会将后面的所有程序还看成是当前状态 S22 中的指令,由于 PLC 程序是循环扫描的,也包括了最开始处的指令,这就会引起程序出错而不能运行。

4.2.3 用三菱 FXGP 软件设计 SFC

FXGP 软件还可以用来对 SFC 进行编程,下面将详细介绍如何用 FXGP 设计 SFC 程序。

1. "视图"菜单

FXGP 是用梯形图视窗编辑梯形图,用指令视窗编辑指令表,用 SFC 视窗和内置梯形图视窗编辑 SFC。可以用"视图"菜单来选择进入不同的视窗,图 4.7 所示即为"视图"菜单。

图 4.7 中的前面四项就是分别进入四个视窗的命令,其用法分别如下。

① 用"视图"菜单命令"梯形图",进入梯形图编辑窗口。
② 用"视图"菜单命令"指令表",进入指令表编辑窗口。
③ 用"视图"菜单命令"SFC",进入 SFC 编辑窗口。
④ 用"视图"菜单命令"内置梯形图",进入内置梯形图编辑窗口。

图 4.7 "视图"菜单

2. SFC 视窗

进入 FXGP 并新建或打开一个程序文件后,就可以用图 4.7 所示"视图"菜单命令 SFC 进入 SFC 窗口,如图 4.8 所示。

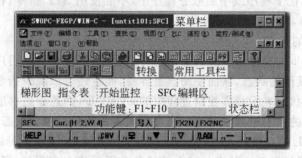

图 4.8 SFC 视窗

(1) 工具栏中的视图与转换按钮

使用图 4.8 所示 SFC 视窗上部的工具栏按钮将使操作更为快捷。几个比较常用的视图与转换按钮如表 4.3 所示。

表 4.3 几个常用的视图与转换按钮功能

序号	按钮	名 称	菜单命令	功能简述
1		梯形图	视图|梯形图	进入梯形图编辑窗口
2		指令表	视图|指令表	进入指令表编辑窗口
3		转换	工具|转换	将梯形图(内置梯形图)或 SFC 转换为指令表
4		监控	监控/测试|开始监控	进入监控

在 FXGP 中梯形图、指令表和 SFC 可以互相转换,它们之间的关系如图 4.9 所示。从这个转换关系中可以看出,如果在 SFC 视窗中画好了一个 SFC(包括其内置梯形图),只需单击"转换"按钮,再单击"指令表"按钮,就可得到对应的指令表;单击"梯形图"按钮,就可得到对应的梯形图。如果先画好的是梯形图,情况也一样。如果先编好的是指

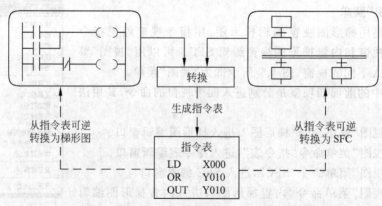

图 4.9 梯形图、指令表和 SFC 之间的转换关系

令表,不能转换为 SFC 时,可以先转换到梯形图视窗,单击"转换"按钮后,再转到 SFC 视窗就可以得到对应的 SFC 了。如果 SFC 视窗是打开的,需要刷新窗口,即将 SFC 视窗关闭一次后,再打开才能得到对应的 SFC。总之,FXGP 中梯形图、指令表和 SFC 可以互相转换的这种关系,使得用户只要编出一种程序,就可以得到另外两种,大大提高了编辑 PLC 用户程序的效率。

要注意的是,在 SFC 编辑窗口建立一个 SFC 程序和内置梯形图以后,一定要将其转换为指令列表。也就是说,不但在画好了每一个内置梯形图后,要单击"转换"按钮,在画好整个 SFC 后,也要单击"转换"按钮。这是因为,未经转换的 SFC 程序在 SFC 编辑窗口关闭时会被擦除。单击功能键按钮 [CNV](或按功能键 F4)、"转换"按钮或菜单命令"工具"|"转换",都能进行程序转换。

(2) 功能键

功能键是用来输入各种 SFC 符号的,每个功能键能在 SFC 程序中输入的符号如表 4.4 所示。说明如下:

表 4.4 功能键输入 SFC 程序中的符号表

事　项	屏幕显示的符号	功 能 键	备　注
梯形图块	阶梯 m	F8	m＝阶梯块编号,自动附加
初始状态	Sn	↑Shift ＋ F4	Sn＝S0～S9。S0～S9 作为初始状态被控制,并且初始状态取决于状态号
一般状态	Sn	↑Shift ＋ F4	Sn＝S10～S899
跳到(循环)	↓跳到 Sn	F6	Sn＝S0～S899
跳到(重置)	↓重置 Sn	F7	Sn＝S0～S899
过渡(过渡状态)	─┼─	↑Shift ＋ F5	写出过渡条件
垂直线	│	↑Shift ＋ F9	连接两个状态
水平线	── (选择分支,汇合) ── (平行分支,汇合)	F9	自动识别为选择或并行分支线,识别结果取决于所写符号位置
组合符号	状态＋过渡: Sn ┼	F5	Sn＝S10～S899
组合符号	分支汇合: ┌─┐	↑Shift ＋ F6	
组合符号	分支汇合: ├─┤	↑Shift ＋ F7	自动识别为选择或并行分支线,识别结果取决于所写符号位置
组合符号	分支汇合: └─┘	↑Shift ＋ F8	

① 表中的第一列为"事项",表示产生的 SFC 符号的名称;第二列为"屏幕显示的符号",表示产生的 SFC 符号;第三列为"功能键",表示产生第二列的 SFC 符号要按下的功能键;第四列为"备注",作了一些必要的说明。

② 表中的符号 ↑Shift + F4 表示按下 Shift 键不放,同时单击 F4 功能键按钮(或按 F4 功能键)。

③ 从表的第 3、4 行可以看到,初始状态是双线框,而一般状态是单线框,但是它们都是用 ↑Shift + F4 来产生的,怎样来区分呢?正如表中第 3 行的备注栏所述,软件会根据状态号自动区分。

④ 表中的最后三行是画分支汇合线,需要通过练习来体会并掌握画法。不过正如表中备注栏所述,软件会自动识别为选择或并行分支线,识别结果取决于所写符号位置。

图 4.8 所示 SFC 视窗左下部有 10 个功能键按钮,如图 4.10 所示。其功能与按功能键 F1~F10 相同。

图 4.10　10 个功能键按钮

如果按下 Shift 键不放,将会显示另外 10 个功能键按钮,如图 4.11 所示。

图 4.11　按下 Shift 键后的 10 个功能键按钮

(3) 光标位置与符号输入

从图 4.8 中可以看到,SFC 视窗编辑区被划分成许多格子,每一个格子从上到下又被划分成 5 个光标小区域。光标处于这些区域时能输入的符号如下面的图 4.12 所示。

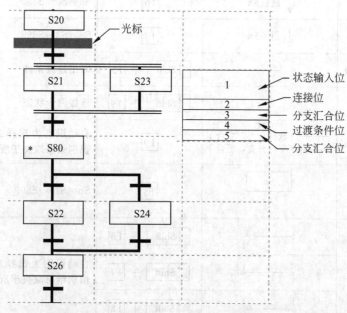

图 4.12　光标所处区域与能输入的符号关系

每个光标域能输入的符号说明如下。

① 光标域 1：状态输入位，在此位置可以输入各种状态符号，就是用 ↑Shift + F4 输入的状态框，并可调用菜单命令建立该状态对应的内置梯形图。还可用 F8 输入阶梯块符号，并可调用菜单命令建立该阶梯块对应的内置梯形图。此外，状态输入位可以用 F6 或 F7 输入跳转和重置（Reset）符号。

② 光标域 2：连接位，状态与下一步骤的连接位置。

③ 光标域 3：分支汇合位，可选择分支或并行分支的汇合处，在此位置可以用 ↑Shift + F6、↑Shift + F7 和 ↑Shift + F8 画各种分支汇合线。软件能自动识别为选择或并行分支线，识别结果取决于所写符号位置。

④ 光标域 4：过渡条件位，在此位置可以用 ↑Shift + F5 输入转移条件，并可调用菜单命令建立该转移条件对应的内置梯形图。

⑤ 光标域 5：分支汇合位，并行分支或可选择分支的汇合处，在此位置可以用 ↑Shift + F6、↑Shift + F7 和 ↑Shift + F8 画各种分支汇合线。软件能自动识别为选择或并行分支线，识别结果取决于所写符号位置。

3. SFC 编程实例

在使用 SFC 建立程序时，可以先确定 SFC 流程，而后再画内置梯形图。SFC 部分和内置梯形图部分应该单独编程。下面以图 4.1(b)中的 SFC 为例来说明。

（1）SFC 部分

SFC 部分由梯形图块和状态块组成，如图 4.13(a)所示。使用 SFC 编程时主要是输入 SFC 符号，以确定流程。

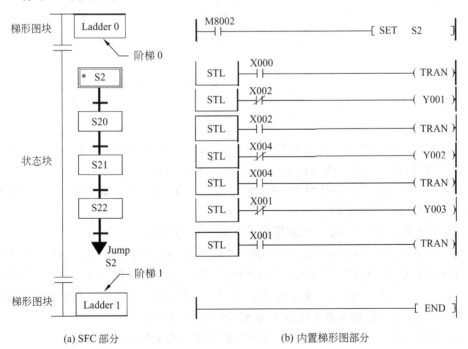

图 4.13 用 FXGP 对图 4.1(b)中的 SFC 编程

（2）内置梯形图部分

内置梯形图部分如图4.13(b)所示。它是通过先选中相应的梯形图块、状态块或转移条件后，调用菜单命令"视图"|"内置梯形图"来画的，在内置梯形图中主要是确定状态的负载输出和状态的转移条件。

注意，在状态块后创建梯形图块时，FXGP将自动插入RET指令，所以用户不必输入RET指令。

（3）SFC部分的行与列

SFC部分的行与列如图4.14所示。

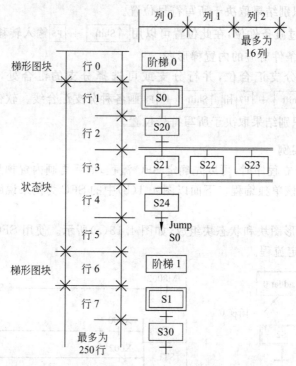

图4.14　SFC部分的行与列

包括梯形图块在内的每个状态都有自己的行数，行数最多不能超过250；每个状态都有自己的列数，列数最多不能超过16。这在下一节也会进一步说明。

例4.2　用三菱的FXGP编程软件，画出图4.1(b)动力头1的SFC，并将其转换成相应的步进梯形图和指令表。

解　(1) 单击FXGP执行图标▓进入FXGP软件的窗口。

(2) 单击"新文件"按钮▢，在出现的"PLC类型设置"对话框中，选择实际所用的PLC类型(默认选项为FX2N/FX2NC)，并单击"确认"按钮，如图4.15所示。用菜单命令"文件"|"另存为"，将建立的新文件命名为EX42.PMW。当然，也可以在步进梯形图画好后关闭时，按程序提示将程序取名为EX42.PMW保存。

(3) 用菜单命令"视图"|SFC进入SFC窗口，界面参见图4.16。

(4) 在SFC窗口中画出图4.1(b)所示的状态转移图，如图4.21(a)所示(也可见

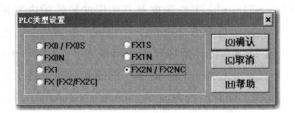

图 4.15 "PLC 类型设置"对话框

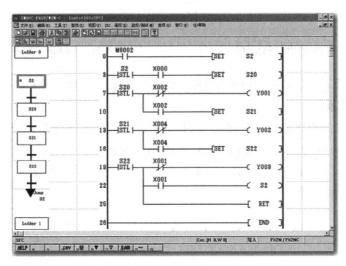

图 4.16 SFC 窗口

图 4.16 的 SFC 窗口左边)。具体画法如下：

① 光标定位后(光标域 1)，按功能键 F8，即出现标注为 Ladder 0 的框，该框如图 4.21(a)状态转移图中最上面所示。在 Ladder 0 框选中后，用图 4.7 所示"视图"菜单命令"内置梯形图"画出对应的梯形图，如图 4.17 所示。画好后单击"转换"按钮 。

② 回到 SFC 窗口，光标定位在 Ladder 0 框的下一格的光标域 1 处。按功能键 F5，即出现一个单线框。输入 S2 并按 Enter 键，单线框即变成了双线框，这就是初始步框 S2。选中 S2 框下的横线，用菜单命令"视图"|"内置梯形图"，画好其内置梯形图，如图 4.18 所示。

图 4.17 Ladder 0 的内置梯形图   图 4.18 S2 的内置梯形图

③ 回到 SFC 窗口，光标定位在 S2 框下一格的光标域 1 处。按功能键 F5，即出现一个单线框。输入 S20 并按 Enter 键，这就是工作步框 S20。选中 S20 框，用菜单命令"视图"|"内置梯形图"，画好相应的内置梯形图，如图 4.19 所示。选中 S20 框下的横线，用同样方法画好其内置梯形图，如图 4.19 所示。

④ 用同样方法画好 S21~S22 工作步框及其相应的转移的内置梯形图。

⑤ 回到 SFC 窗口,光标定位在 S22 框的下一格的光标域 1 处。按功能键 F6,即出现一个黑色的箭头,见图 4.21(a),在其旁标有 Jump,输入 S2 并按 Enter 键。

⑥ 回到 SFC 窗口,光标定位在 Jump 的下一格的光标域 1 处。按功能键 F8,即出现 Ladder 1 框。画好 Ladder 1 框对应的内置梯形图为 END,如图 4.20 所示。

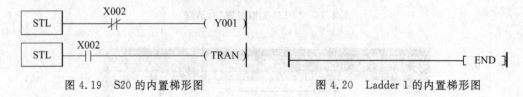

图 4.19　S20 的内置梯形图　　　　　图 4.20　Ladder 1 的内置梯形图

本例中的 SFC 及其对应的内置梯形图,也可参看图 4.13(a)和图 4.13(b),将会有一个整体的对应关系。

⑦ 全部画好后的状态转移图如图 4.21(a)所示。再单击■按钮,可得到相应的步进梯形图,如图 4.21(b)所示。单击■按钮,可得相应的指令表,如图 4.21(c)所示。为了便于比较,将图 4.21(a)状态转移图和图 4.21(b)梯形图也粘贴在图 4.16 所示 SFC 窗口中。

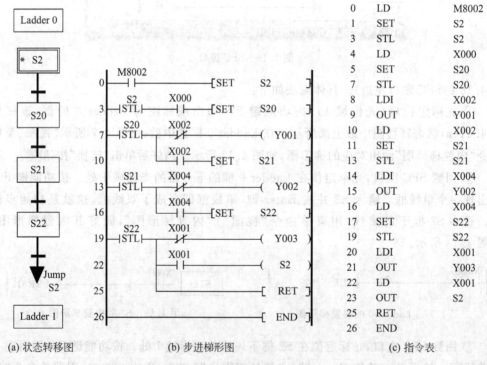

图 4.21　用 FXGP 的 SFC 编程

本例中并未按照"先确定 SFC 流程,再画内置梯形图"进行是为了讲述的方便,建议在实际设计 SFC 程序中按此规则进行为好。

4.2.4 多流程状态程序设计

在步进顺控过程中,最简单的是只有一个转移条件并转向一个分支的单流程 SFC,如图 4.22 所示。但是,也会碰到具有多个转移条件和多个分支的多流程状态编程。有时需要根据不同的转移条件选择转向不同的分支,执行不同的分支后再根据不同的转移条件汇合到同一分支,这是选择结构的 SFC,如图 4.23 所示。有时需要根据同一转移条件同时转向几个分支,执行不同的分支后再汇合到同一分支,这是并行结构的状态转移图,如图 4.24 所示。有时则需要跳过某些状态或重复某些状态,这是跳转与循环的编程,后面将会介绍。

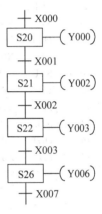

图 4.22 单流程 SFC

1. 选择结构状态的编程

(1) 选择结构状态流程的特点

在多个分支结构中,当状态的转移条件在一个以上时,需要根据转移条件来选择转向哪个分支,这就是选择结构状态流程。在图 4.23 所示选择结构的 SFC 中,S20 称分支状态,其下面有两个分支,根据不同的转移条件 X001 和 X004 来选择转向其中的一个分支。此两个分支不能同时被选中,当 X001 接通时,状态将转移到 S21,而当 X004 接通时,状态将转移到 S23,所以要求转移条件 X001 和 X004 不能同时闭合。当状态 S21 或 S23 接通时,S20 就自动复位。S26 称为汇合状态,状态 S22 或 S24 根据各自的转移条件 X003 或 X006 向汇合状态转移。一旦状态 S26 接通时,前一状态 S22 或 S24 就自动复位。

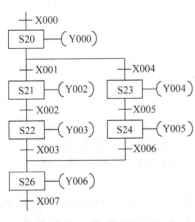

图 4.23 选择结构 SFC

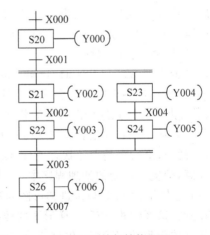

图 4.24 并行结构 SFC

(2) 选择结构状态的编程

选择结构状态的编程与一般状态编程一样,也必须遵循上节中已经指出的规则。无论是从分支状态向各个流程分支散转时,还是从各个分支状态向汇合状态汇合时,都要正确使用这些规则。

例 4.3 对图 4.23 所示选择结构 SFC 编程,写出相应的指令表。

解 对应图 4.23 所示选择结构 SFC 的指令表如图 4.25 所示。

步序	指令			步序	指令		
4	LD	X000		25	STL	S22	汇合前先从左至右负载驱动
5	SET	S20		26	OUT	Y003	
7	STL	S20	选择分支的编程	27	STL	S24	
8	OUT	Y000	先负载驱动	28	OUT	Y005	
9	LD	X001		29	STL	S26	
10	SET	S21	后转移至左边分支	30	OUT	Y006	
12	LD	X004		31	LD	X007	
13	SET	S23	后转移至右边分支	32	OUT	S2	
15	STL	S21	先对左分支 S21 编程	34	STL	S22	从左分支转移至汇合点
16	OUT	Y002		35	LD	X003	
17	LD	X002		36	SET	S26	
18	SET	S22		38	STL	S24	从右分支转移至汇合点
20	STL	S23	再对右分支 S23 编程	39	LD	X006	
21	OUT	Y004		40	SET	S26	
22	LD	X005		42	RET		
23	SET	S24		43	END		

图 4.25 选择结构 SFC 的指令表

① 选择性分支的编程

从分支状态 S20 散转的指令如图 4.25 中的步序 7~13 所示,转移条件 X001 和 X004 在同一时刻只能一个有效,一旦程序转移,另一转移条件再有效时程序也不会理会。从中可以看到,选择性分支的用户程序仍遵循先负载驱动,后转移处理。步序 15~18 的指令是先对左边分支的状态 S21 编程,步序 20~23 的指令是后对右边分支的状态 S23 编程。可见仍然是从左至右,逐个编程的。

② 选择性汇合的编程

两个分支至 S22 和 S24 时,将向 S26 汇合。汇合状态的编程,也是先进行汇合前的负载驱动,然后从左至右向汇合状态转移,这是为了自动生成 SFC 而追加的规则。步序 25~32 的指令就是先进行汇合前的状态 S22、S24 和 S26 的负载驱动,步序 34~40 的指令则是后对从左至右向汇合状态 S26 转移的编程。在汇合程序中,每个状态都使用了两次 STL 指令,第一次是引导状态进行负载驱动,第二次则为状态转移指示方向。

注意,分支与汇合的处理程序中,不能用 MPS、MRD、MPP、ANB、ORB 指令。

(3) 选择结构 SFC 与步进梯形图的转换

在进行选择结构 SFC 与梯形图的转换时,关键是对分支和汇合状态编程的处理。对分支状态的编程处理顺序:先进行分支状态的驱动连接,再依次根据转移条件置位各分支的首转移状态元件,然后按从左至右的顺序对首转移状态进行先负载驱动,后转移处理。对汇合状态的编程处理顺序:先进行汇合前各分支的最后一个状态和汇合状态的驱动连接,然后按从左至右的顺序对汇合状态进行转移连接。可见,每个状态也都两次使用了 STL 指令。

例 4.4 将图 4.23 所示选择结构状态转移图转换成相应的步进梯形图。

解 对应图4.23所示选择结构状态转移图的步进梯形图如图4.26所示。

① 选择性分支的梯形图

从分支状态S20散转的梯形图如图4.26中7～12步序间所画,从中可以看到,选择性分支的梯形图仍遵循先负载驱动,后转移处理。左边分支的状态S21和右边分支的状态S23的梯形图如15～22步序间所画,也是从左至右,逐个编程的。

② 选择性汇合的梯形图

两个分支至S22和S24时,将向S26汇合。先进行汇合前的状态S22、S24和汇合状态S26的负载驱动,其梯形图如步序25～31间所画。后从左至右向汇合状态S26转移,其梯形图如步序34～38间所画。在汇合梯形图中状态S22和S24都两次使用了STL接点。第一次是引导状态进行负载驱动,第二次则是为状态转移指示方向。

2. 并行结构状态的编程

(1) 并行结构状态流程的特点

如果某个状态的转移条件满足,将同时执行两个和两个以上分支,这称为并行结构分支。图4.24

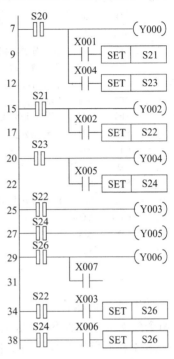

图4.26 选择结构SFC的步进梯形图

所示即为并行结构的状态流程图,S20称分支状态,其下面有两个分支,当转移条件X001接通时,两个分支将同时被选中,并同时并行运行。当状态S21和S23接通时,S20就自动复位。S26为汇合状态,当两条分支都执行到各自的最后状态,S22和S24会同时接通。此时,若转移条件X003接通,将一起转入汇合状态S26。一旦状态S26接通,前一状态S22和S24就自动复位。用水平双线来表示并行分支,上面一条表示并行分支的开始,下面一条表示并行分支的结束。

(2) 并行结构状态的编程

并行结构状态的编程与一般状态编程一样,先进行负载驱动,后进行转移处理,转移处理从左到右依次进行。无论是从分支状态向各个流程分支并行转移时,还是从各个分支状态向汇合状态同时汇合时,都要正确使用这些规则。

例4.5 对图4.24所示并行结构状态转移图编程,写出相应的指令表。

解 对应图4.24所示并行结构状态转移图的指令表如图4.27所示。

① 并行分支的编程

从分支状态S20并行转移的指令如图4.27中的步序7～12所示,S20有效时只要转移条件X001接通,程序将同时向左右两个分支转移。注意到这里用了两个连续的SET指令,这是并行分支程序的特点。接着,先对左分支S21编程,再对右分支S23编程,如步序14～22所示,从中可以看到,并行分支的用户程序仍遵循先负载驱动,后转移处理。

步序	指令			步序	指令		
4	LD	X000		24	STL	S22	汇合前先从左至右负载驱动
5	SET	S20		25	OUT	Y003	
7	STL	S20	并行分支的编程	26	STL	S24	
8	OUT	Y000	先负载驱动	27	OUT	Y005	
9	LD	X001	后并行转移	28	STL	S26	汇合状态负载驱动
10	SET	S21	转向左边分支	29	OUT	Y006	
12	SET	S23	转向右边分支	30	LD	X007	
14	STL	S21	先对左分支 S21 编程	31	OUT	S2	
15	OUT	Y002		33	STL	S22	从左右分支同时向 S26 汇合
16	LD	X002		34	STL	S24	
17	SET	S22		35	LD	X003	
19	STL	S23	再对右分支 S23 编程	36	SET	S26	
20	OUT	Y004		38	RET		
21	LD	X004		39	END		
22	SET	S24					

图 4.27 并行结构 SFC 的指令表

② 并行汇合的编程

两个分支至 S22 和 S24 时,将向 S26 汇合。按从左至右的次序,先进行汇合前的状态 S22、S24 和汇合状态 S26 的负载驱动,其指令如步序 24～31 所示。此后将从左至右向汇合状态 S26 转移,其指令如步序 33～36 所示。注意到这里用了两个连续的 STL 指令,这也是并行分支程序的特点。在汇合程序中,这种连续的 STL 指令最多能使用 8 次。

(3) 并行结构 SFC 与步进梯形图的转换

在进行并行结构 SFC 与梯形图的转换时,关键是对并行分支和并行汇合的编程处理。对并行分支的编程处理顺序:先进行分支状态的驱动连接,再根据转移条件同时置位各分支的首转移状态元件,这是通过连续使用 SET 指令来实现的;然后按从左至右的次序对首转移状态进行先负载驱动,后转移处理。对并行汇合的编程处理顺序:先进行汇合前各分支的最后一个状态和汇合状态的驱动连接,然后按从左至右的次序对汇合状态进行同时转移连接,这是通过串联的 STL 接点来实现的。各分支的最后一个状态都两次使用了 STL 指令。

例 4.6 将图 4.24 所示并行结构状态转移图转换成相应的步进梯形图。

解 对应图 4.24 所示并行结构状态转移图的步进梯形图如图 4.28 所示。

① 并行分支的梯形图

从分支状态 S20 并行转移的梯形图如图 4.28

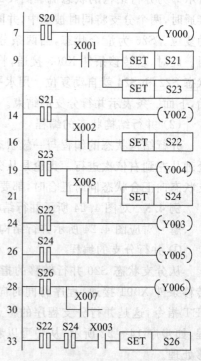

图 4.28 并行结构 SFC 的步进梯形图

中 7～12 步序间所画，S20 有效时只要转移条件 X001 接通，程序将同时向左右两个分支转移。注意这里用了两个连续的 SET 指令，这是并行分支梯形图的特点。左边分支的状态 S21 和右边分支的状态 S23 的梯形图如 14～21 步序间所画。从中可以看到，并行分支的梯形图程序仍遵循先负载驱动，后转移处理，并且从左至右逐个编程。

② 并行汇合的梯形图

两个分支至 S22 和 S24 时，将向 S26 汇合。先进行汇合前的状态 S22、S24 和汇合状态 S26 的负载驱动，其梯形图如步序 24～30 间所画。后从左至右向汇合状态 S26 转移。图中状态 S22 和 S24 都两次使用了 STL 接点，这是并行汇合梯形图的特点。第一次是引导状态进行负载驱动，第二次 STL 接点串联则是表示状态转移的特点。只有左右两个分支均运行到最后一个状态 S22 和 S24，且状态转移的条件 X003 接通，才能转移至汇合状态 S26。

3. 分支与汇合组合编程

在状态转移图中已经介绍了三种基本结构流程：单流程结构、选择性分支与并行分支结构。实际的 PLC 的状态转移图中常常用到上述基本结构的组合，只要将其拆分成基本结构，就能对其编程了。但是也有不能拆分成基本结构的组合。在分支与汇合流程中，各种汇合的汇合线或汇合线前的状态都不能直接进行状态的跳转。但是，按实际需要而设计的 SFC 中可能会碰到这种不能严格拆分成基本结构的情况，如图 4.30(a) 和图 4.31(a) 的 SFC 所示。这样的分支与汇合的组合流程是不能直接编程，在 FXGP 软件中对它们转换时将会提示 SFC 出错，出错提示框如图 4.29 所示。

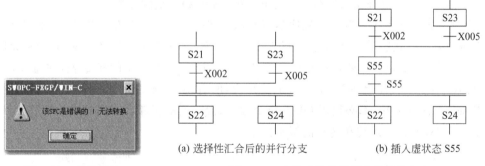

图 4.29 出错提示　　　图 4.30 选择后的并行分支的虚状态法

为了使状态可以跳转，这时可以对它们进行相应的等效变换，使其变为基本结构。常用的是虚状态法，即在汇合线到分支线之间插入一个假想的中间状态，以改变直接从汇合线到下一个分支线的状态转移。这种假想的中间状态又称为虚状态，加入虚状态之后的状态转移图就可以进行编程了。如图 4.30(b) 和图 4.31(b) 中的 S55 即为引入的虚状态。

例 4.7 将图 4.30(a) 所示不可编程的 SFC 变换成可编程的流程结构。

解 图 4.30(a) 所示 SFC 是一个选择性汇合后的并行分支，汇合线后没有中间状

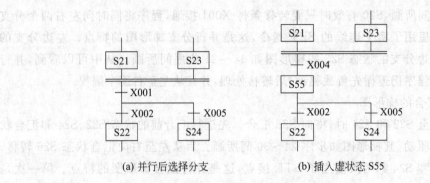

图 4.31 并行后选择分支的虚状态法

态,是不可编程的。可在汇合线到平行分支线之间插入一个假想的中间状态 S55,如图 4.30(b)所示,以改变直接从汇合线到下一个分支线的状态转移,使之变换成可编程的基本结构流程。

例 4.8 将图 4.31(a)所示不可编程的 SFC 变换成可编程的流程结构。

解 图 4.31(a)所示 SFC 是一个并行汇合后的选择性分支,并行线后没有中间状态,是不可编程的。可在并行线后插入一个假想的中间状态 S55,如图 4.31(b)所示,以改变直接从并行线到下一个分支线的状态转移,使之变换成可编程的基本结构流程。

4. 循环结构状态编程

用 SFC 语言编制用户程序时,按照实际工艺的需要,有时状态之间的转移并非连续的,而是要向非相邻的状态转移,称为状态的跳转。利用跳转返回某个状态重复执行一段程序称为循环。循环又可以分为单循环、条件循环和多重循环等。

图 4.32(a)所示为单循环。程序运行至状态 S26 时,若转移条件 X004 接通,则程序将跳转到上面的状态 S21,并重复执行其下的一段程序,依次进行循环。从 S26 到 S21 的跳转一旦完成,状态 S26 就自动复位。图 4.32(b)所示即为对应的指令表,注意步序 25 是用 OUT 指令,而不是 SET 指令。也就是说,所有跳转,无论是同一分支内的跳转,还是不同分支间的跳转,都必须用 OUT 指令驱动;而一般的相邻状态间的连续转移则是用 SET 指令驱动,这是跳转和转移的根本区别。

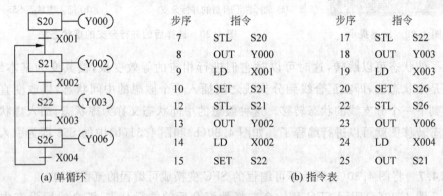

图 4.32 单循环 SFC 编程

图 4.33(a)所示为条件循环。程序运行至状态 S22 时,若转移条件 X004 接通,则程序将跳转到前面的状态 S21,如同单循环一样。从 S22 到 S21 的跳转一旦完成,状态 S22 就自动复位。若转移条件 X003 接通,则将跳出循环,程序继续向下执行。可见,X003 是循环的结束条件,此条件可以使用计数器的接点来控制循环的次数。从 S22 到 S26 的转移一旦完成,状态 S22 就自动复位。

图 4.33(b)所示即为对应的指令表,因为是跳转,步序 23 也是用 OUT 指令,而不是用 SET 指令。

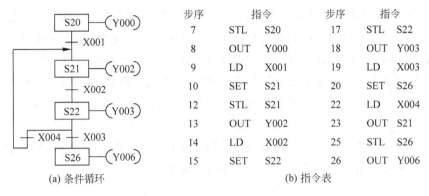

步序	指令		步序	指令	
7	STL	S20	17	STL	S22
8	OUT	Y000	18	OUT	Y003
9	LD	X001	19	LD	X003
10	SET	S21	20	SET	S26
12	STL	S21	22	LD	X004
13	OUT	Y002	23	OUT	S21
14	LD	X002	25	STL	S26
15	SET	S22	26	OUT	Y006

(a) 条件循环   (b) 指令表

图 4.33 条件循环 SFC 编程

5. 状态复位的编程

在用 SFC 语言编制用户程序时,可以对其他任何一个状态进行复位,包括某个正在运行 RST 指令本身所在的状态。其编程方法如图 4.34(a)所示。当状态 S22 有效时,此时若输入 X003 接通,则状态将从 S22 转移到 S26,一旦转移完成,S22 复位,S26 置位;若输入 X004 接通,则将正在运行的状态 S22 复位,该支路就会停止运行。如果要使该支路重新进入运行,则必须使输入 X000 接通。

步序	指令		步序	指令	
7	STL	S20	17	STL	S22
8	OUT	Y000	18	OUT	Y003
9	LD	X001	19	LD	X003
10	SET	S21	20	SET	S26
12	STL	S21	22	LD	X004
13	OUT	Y002	23	RST	S22
14	LD	X002	25	STL	S26
15	SET	S22	26	OUT	Y006

(a) 复位处理的 SFC   (b) 复位处理的指令表

图 4.34 复位处理的 SFC 编程

6. 操作方式与初始状态设定

(1) 操作方式

上面讲述了单循环控制程序的编程,在实际生产控制过程中,为了满足生产需要,要求设备设置不同的工作方式,主要有手动和自动两大类。手动方式是用各自的按钮使各个负载单独接通或断开的方式,该方式下按动回原点按钮时,被控制的机械自动向原点回归。自动方式又分为全自动、半自动和单步三种方式。单步运行为按动一次启动按钮,完成一个工步操作。半自动又称单周期运行,在原点位置按动启动按钮后,设备就自动运行一个循环,并在原点停止;若在中途按动停止按钮设备就中断运行,再按启动按钮,则将从断点处继续运行,回到原点自动停止。全自动就是连续运行,只要在原点位置按启动按钮,设备就连续循环运行;若中途按停止按钮,动作将继续到原点为止。

在实际设备中往往是设置操作面板来实现工作方式的选择,如图 4.35(a)所示。若将图 4.35(a)的操作面板用于例 3.2 动力头工作方式的选择,应将选择开关 SA 与 PLC 的输入端相连,如图 4.35(b)所示,并按此进行各种方式下的编程。图 4.35(b)中为了保证 X010～X014 总是只有一个被选中,SA 使用了旋转开关;另外,输出驱动的负载大时,也可通过中间继电器(KA1～KA3)去接通驱动接触器。

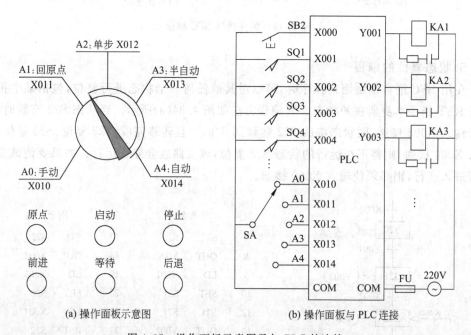

(a) 操作面板示意图   (b) 操作面板与 PLC 连接

图 4.35 操作面板示意图及与 PLC 的连接

(2) 初始状态设定

对于有多种运行方式的控制系统,应能自动进入所设置的运行方式,所以要求系统能自动设定与各个运行方式相应的初始状态。功能指令 FNC60 IST 就能担当此任,但为了使用此指令,必须指定具有连续编号的输入点,这在图 4.35(b)中也可以看到。各指定的输入点含义如表 4.5 所示。

表 4.5　具有连续编号的输入点

输入	功　能	输入	功　能
X010	手动	X014	全自动运行
X011	回原点	X015	回原点启动
X012	单步运行	X016	自动开始
X013	半自动运行	X017	停止

FNC60 IST 功能指令格式如图 4.36 所示。

此指令的含义是，X010 是操作方式输入的首元件号，S20 是自动方式的最小状态号，S29 是自动方式的最大状态号。

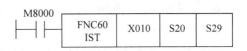

图 4.36　功能指令 IST 格式

从首元件号 X010 开始的连续 8 个输入点的功能是固定的，它们正如表 4.5 所示。当功能指令 FNC60 满足条件时，下面的初始状态自动被指定如下功能：

S0　手动操作初始状态

S1　回原点初始状态

S2　自动操作初始状态

M8048　禁止转移

M8041　开始转移

M8042　启动脉冲

M8047　STL 监控有效

一般情况下，配合初始状态指令的编程，必须指定具有连续编号的输入点。如果无法指定连续编号，则要使用辅助继电器 M 作为 IST 指令的输入首元件号，这时仅要求 8 个 M 是连续的，然后用不连续的输入 X 去控制 M 的接通与否就可以了。

各正在动作的状态按编号从小到大的次序保存在 D8040～D8047 中，最多 8 个。

IST 指令必须写在第一个 STL 指令出现之前，且该指令在一个程序中只能使用一次。

4.3　步进指令应用程序示例

本节将用步进指令和 SFC 语言来设计几个 PLC 的应用示例程序，为方便学习，大多以经典的实例为主。例 4.9 介绍了 PLC 在霓虹灯、舞台灯和广告牌方面控制的应用，在例 3.17 中是用基本指令做的，本例要求用 SFC 编程。例 4.10 进一步介绍用 FXGP 设计多流程的 SFC 程序，详细介绍并行分支的 SFC 画法。例 4.11 介绍了一个用于煮咖啡的 SFC 程序。例 4.12 介绍了经典的交通灯控制 SFC 程序。

例 4.9　流水行云——设计一个广告牌控制 PLC 系统，广告牌由三个广告字彩灯组成。

(1) 功能要求

① 使用一个普通开关 SB2,作为彩灯启停用。

② 当合上 SB2 时,依次输出 Y000~Y002,则彩灯 HL0~HL2 依次点亮,每个灯被点亮间隔为 0.5s。

③ 至彩灯 HL0~HL2 全部点亮时,继续维持全亮 0.5s;此后它们全部熄灭,也维持全熄 0.5s。要求全亮全熄闪烁三次。

④ 自动重复下一轮循环。

(2) 输入/输出端口设置

彩灯 PLC 控制的 I/O 端口分配表如表 4.6 所示。

表 4.6 彩灯 PLC 控制的 I/O 端口分配表

输入			输出		
名称		输入点	名称		输出点
启动开关	SB2	X010	0 号彩灯	HL0	Y000
			1 号彩灯	HL1	Y001
			2 号彩灯	HL2	Y002

(3) 状态表

彩灯控制的状态表如表 4.7 所示,将彩灯控制分为两个工步。

表 4.7 彩灯控制的状态表

工步号	状态号	状态输出	状态转移
原位	S2	PLC 初始化	X010:S2→S20
第 1 工步	S20	Y000 得电,HL0 亮	T0:S20→S23 S21→S23 S22→S23
	S21	0.5s 后 Y001 得电,HL1 亮	
	S22	1s 后 Y002 得电,HL2 亮	
第 2 工步	S23	持续 0.5s Y001~Y002 得电,HL0~HL2 亮 持续 0.5s Y001~Y002 失电,HL0~HL2 熄 重复闪烁 3 次	T3:S23→S2

第 1 工步实现每隔 0.5s 依次点亮彩灯 HL0~HL2。第 2 工步实现 3 灯全亮全熄,间隔为 0.5s。各个状态的输出如第 3 列中所示,分别用 Y000~Y002 的输出来控制彩灯 HL0~HL2。各个状态的转移条件如表中的第 4 列所示,转移条件 X010 接通,从原位进入第 1 工步,即从状态 S2 并行转移到状态 S20~S22;T0 定时时间 1.5s 到,从第 1 工步进入第 2 工步,即从状态 S20~S22 汇合转移到状态 S23;T3 定时时间 3s 到,一次扫描结束,从第 2 工步跳转到原位,即从状态 S23 回到初始状态 S2。

(4) 状态转移图

按表 4.7 可以画出等效的并行结构的 SFC,如图 4.37 所示。

(5) 步进梯形图和指令表

彩灯控制的步进梯形图和指令表如图 4.38(a) 和图 4.38(b) 所示。

状态 S23 中控制三灯全亮全熄的振荡电路如图 4.38(a) 中的步序 32~39 这两行的阶梯所画,振荡器由定时器 T4 和 T5 组成,Y000~Y002 输出波形如图 4.39 所示。当步进接点 S23 接通时,T4 和 T5 即每隔 0.5s 交替接通,Y000~Y002 同时交替输出。接通时间由 T4 设定,断开时间由 T5 设定。

(6) 接线图

接线图如图 4.40 所示,其中 SB2 为彩灯启停用普通开关。

例 4.10 用 FXGP 画出图 4.37 所示的 SFC,并将其转换成相应的步进梯形图和指令表。

解 图 4.37 是一个并行分支的 SFC,除了并行分支之外,其余部分的画法例 4.2 中已经介绍过了,使用这些命令时出现的窗口不再示出。

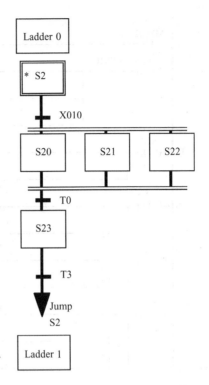

图 4.37 状态转移图

(1) 按例 4.2 中的步骤进入 FXGP 的 SFC 窗口,画出图 4.37 所示的 SFC,具体画法如下:

① 光标定位后(光标域 1),按功能键 F8,画出 Ladder 0 的框,该框如图 4.37 的最上面所示。

② 光标定位在 Ladder 0 框的下一格的光标域 1 处。按功能键 F5,即出现一个单线框。输入 S2 并按 Enter 键,单线框即变成了双线框,这就是初始步框 S2。光标定位在 S2 同一格光标域 5 处,连续按两次 ↑Shift + F7 组合键,这样并行分支的上面转移双线就画好了。

③ 光标定位在 S2 框的下一行的光标域 1 处。按功能键 F5,即出现一个单线框,输入 S20 并按 Enter 键,画好 S20 框。光标定位在这一行的右边一列的光标域 1 处,按 ↑Shift + F4 组合键,画出一个不带转移条件的单线框,输入 S21 并按 Enter 键,画好 S21 框。用同样方法在这一行的 S21 框的右边一列相同位置处画好 S22 框。光标定位在 S20 框的光标域 3 处,按 ↑Shift + F8 组合键,画好连接 S20 和 S21 的并行双线。光标右移到 S21 框的光标域 3 处,按 ↑Shift + F8 组合键,画好连接 S21 和 S22 的并行双线(若同时出现 S21 框下的表示转移条件的十字线,可以将其擦除)。这样并行分支的下面汇合双线也画好了。

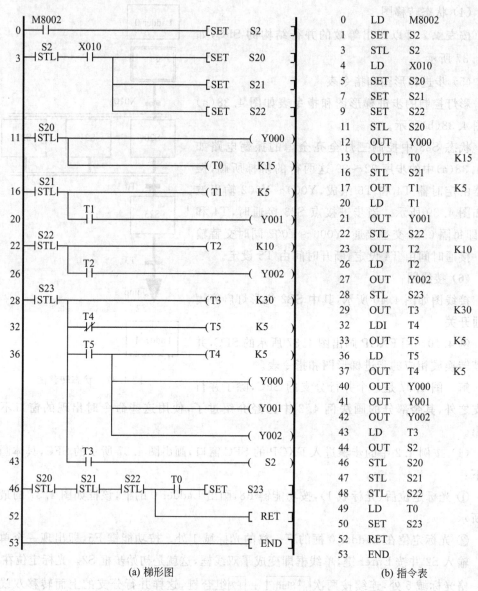

(a) 梯形图　　　　　　　　　　　　　　　(b) 指令表

图 4.38　彩灯控制梯形图及指令表

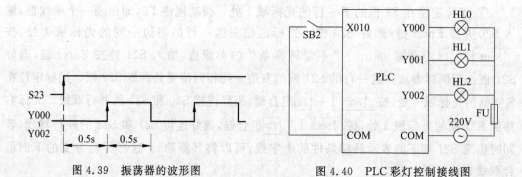

图 4.39　振荡器的波形图　　　　　　图 4.40　PLC 彩灯控制接线图

④ 光标定位在 S20 框的下一格的光标域 1 处。画好 S23 框。

⑤ 光标定位在 S23 框的下一格的光标域 1 处。按功能键 F6，即出现一个黑色的箭头，在其旁标有 Jump，输入 S2 并按 Enter 键。

⑥ 光标定位在 Jump 的下一格的光标域 1 处。按功能键 F8，画好 Ladder 1 框。至此图 4.37 的 SFC 部分已经全部画好。为了与内置梯形图对应，将图 4.37 重画在图 4.41 左边。

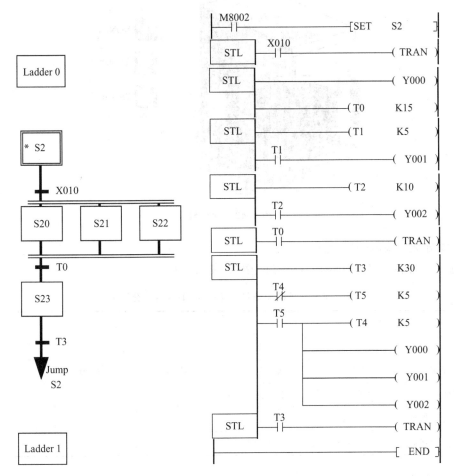

图 4.41　图 4.37 的 SFC 及内置梯形图

（2）画图 4.37 所示 SFC 的内置梯形图。具体画法与例 4.2 介绍的相同，逐次选中图 4.37 中各框和转移条件线，用菜单命令"视图"｜"内置梯形图"画出对应的梯形图，画好后都要按"转换"按钮，所画内置梯形图如图 4.41 右边所示。

图 4.37 的 SFC 全部画好后，还需再按一次"转换"按钮。此后按 按钮，可得到如图 4.38(a)所示的步进梯形图；按 按钮，可得到如图 4.38(b)所示的指令表。

例 4.11　设计一个给咖啡发放三种不同糖量的 SFC 程序。

解　这是咖啡机控制程序中的加糖部分，是一个物料混合逻辑顺序控制问题，本题强调具有选择性分支的 SFC 程序的编程。

(1) 功能要求

① 使用一个运行按钮 SB2,每按一次,咖啡机运行一个加糖周期。

② 咖啡机能发放三种不同量的糖:不加、1 份、2 份。在其操作面板上设置三个按钮 NONE、1Sugar、2Sugar 分别来选择上述三种放糖量,如图 4.42 所示。

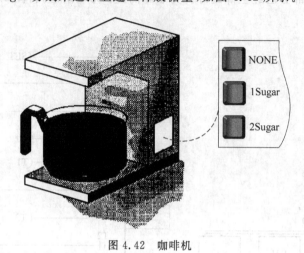

图 4.42 咖啡机

(2) 输入/输出端口设置

咖啡机加糖 PLC 控制的 I/O 端口分配如表 4.8 所示。

表 4.8 咖啡机加糖 PLC 控制的 I/O 端口分配表

输入			输出		
名称		输入点	名称		输出点
启动按钮	SB2	X004	加糖器	进料阀	Y005
不加糖按钮	NONE	X005			
加 1 份糖按钮	1Sugar	X006			
加 2 份糖按钮	2Sugar	X007			

(3) 状态表

咖啡机加糖 PLC 控制的状态表如表 4.9 所示。第 1 工步实现程序散转,启动不同的放糖过程。第 2 工步选择不同糖量的发放。各个状态的转移条件如表中的第 4 列所示。转移条件 X004 接通,从原位进入第 1 工步,即从状态 S2 转移到状态 S20。S20 之下将进入选择性分支。若 X005 接通,从状态 S20 转移到状态 S21,Y005 没有接通,不放糖;若 X006 接通,从状态 S20 转移到状态 S22,T5 控制 Y005 接通时间为 1s,对应输出放糖 1 份;若 X007 接通,从状态 S20 转移到状态 S23,T6 控制 Y005 接通时间为 2s,对应输出放糖 2 份。

表 4.9　咖啡机加糖 PLC 控制的状态表

工步号	状态号	状态输出/状态功能	状 态 转 移
原位	S2	PLC 初始化	X004：S2→S20
第 1 工步	S20	程序散转,启动不同的放糖过程	X005：S20→S21
			X006：S20→S22
			X007：S20→S23
第 2 工步	S21	要求不加糖	S21：S21→S26
	S22	Y005 得电,T5 控制进糖时间,能放 1 份糖	T5：S22→S26
	S23	Y005 得电,T6 控制进糖时间,能放 2 份糖	T6：S23→S26
返回	S26	回原位	S26→S2

(4) 状态转移图

按表 4.9 画出等效的选择结构 SFC,如图 4.43(a)所示。

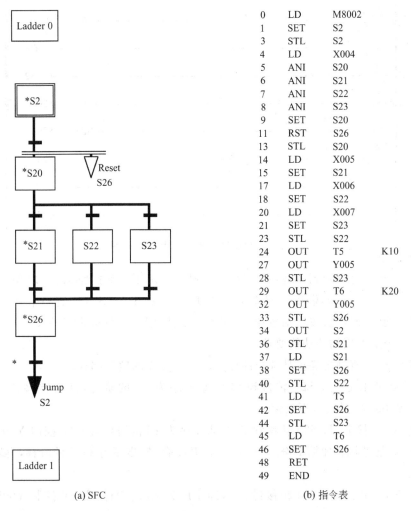

0	LD	M8002
1	SET	S2
3	STL	S2
4	LD	X004
5	ANI	S20
6	ANI	S21
7	ANI	S22
8	ANI	S23
9	SET	S20
11	RST	S26
13	STL	S20
14	LD	X005
15	SET	S21
17	LD	X006
18	SET	S22
20	LD	X007
21	SET	S23
23	STL	S22
24	OUT	T5　K10
27	OUT	Y005
28	STL	S23
29	OUT	T6　K20
32	OUT	Y005
33	STL	S26
34	OUT	S2
36	STL	S21
37	LD	S21
38	SET	S26
40	STL	S22
41	LD	T5
42	SET	S26
44	STL	S23
45	LD	T6
46	SET	S26
48	RET	
49	END	

(a) SFC　　　　　　　　　　(b) 指令表

图 4.43　咖啡机加糖 PLC 控制

(5) 步进梯形图和指令表

指令表和步进梯形图分别如图 4.43(b) 和图 4.44 所示。

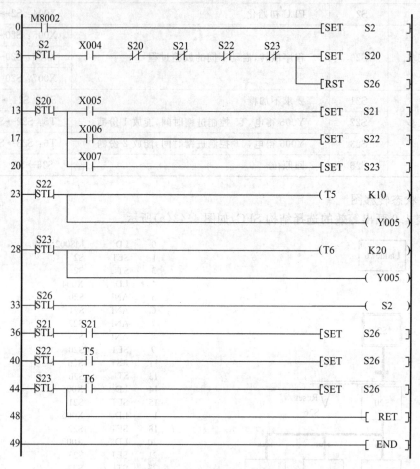

图 4.44 咖啡机加糖 PLC 控制梯形图

从图 4.44 中可以看到,在步序 3 这一行的阶梯,除了启动按钮 X004 之外,还串联了 S20~S23 的常闭。这就说明,一旦系统启动以后,只要 S20~S23 中有一个有效,其对应的常闭就不能闭合,再次按启动按钮 X004 将不起作用。这就保证了每按一次 X004,咖啡机运行一个加糖周期的功能要求。

步序 13~20 所画阶梯正是选择性分支向三个分支的散转部分。

① 若 X005 接通,从 S20 转移到 S21,即步序为 36 的阶梯,并再转移至汇合状态 S26,所以 Y005 没有接通,不放糖。

② 若 X006 接通,从 S20 转移到 S22,即步序为 22 的阶梯,用 T5 控制 Y005 接通时间为 1s,即控制进料阀加糖 1 份。1s 后 T5 常开闭合,转步序为 36 行的阶梯,再转移至汇合状态 S26。

③ 若 X007 接通,从 S20 转移到 S23,即步序为 28 的阶梯,用 T6 控制 Y005 接通时间为 2s,即控制进料阀加糖 2 份。2s 后 T6 常开闭合,转步序为 44 的阶梯,再转移至汇合

状态 S26。

（6）接线图

接线图如图 4.45 所示。

例 4.12 用三菱的 FXGP 编程软件，画出图 4.43(a)的 SFC，并将其转换成相应的步进梯形图和指令表。

解 （1）图 4.43(a)是一个选择性分支的 SFC，除了选择性分支之外，其余部分的画法例 4.2 中已经介绍过了，使用这些命令时出现的窗口不再示出。按例 4.2 中的步骤进入 FXGP 的 SFC 窗口，画出图 4.43(a)所示的 SFC，具体画法如下：

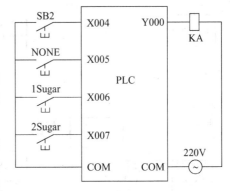

图 4.45　例 4.11 接线图

① 光标定位在第 1 行的光标域 1 处，按功能键 F8，画好 Ladder 0 的框。

② 光标定位在 Ladder 0 框的下一格的光标域 1 处。按功能键 F5，即出现一个单线框。输入 S2 并按 Enter 键，单线框即变成了双线框，这就是初始步框 S2。光标定位在 S2 框的光标域 5 处，按 ↑Shift + F6 组合键画出水平双线。

③ 光标定位在 S2 框的下一格的光标域 1 处，按功能键 F5，即出现一个单线框，输入 S20 并按 Enter 键，画好 S20 框。光标定位在这一行的右边一列的光标域 1 处，按 F7 键，画出一个带有 Reset 白色下三角，输入 S26 并按 Enter 键。光标定位在 S20 框的光标域 3 处，按 ↑Shift + F6 组合键，画出连接 S21 和 S22 的选择分支线；光标移至同一行的右边一列的光标域 3 处，再按 ↑Shift + F6 组合键，画出连接 S22 和 S23 的选择分支线。

④ 光标定位在 S20 框的下一格的光标域 1 处。按功能键 F5，输入 S21 并按 Enter 键，画好 S21 框。在这一行的 S21 框的右边一列相同位置处，按 ↑Shift + F4 组合键，画出一个不带转移条件的单线框，输入 S22 并按 Enter 键，画好 S22 框。用同样方法在这一行的 S22 框的右边一列相同位置处画好 S23 框。光标定位在 S21 框的光标域 5 处，按 ↑Shift + F8 组合键，画好连接 S21 和 S22 的汇合线；光标右移到 S22 框的光标域 5 处，按 ↑Shift + F8 组合键，画好连接 S22 和 S23 的汇合线。

⑤ 光标定位在 S21 框的下一格的光标域 1 处，画好 S26 框。光标定位在 S26 框的下一格的光标域 1 处。按功能键 F6，即出现一个黑色的箭头，在其旁标有 Jump，输入 S2 并按 Enter 键。

⑥ 光标定位在 Jump 的下一格的光标域 1 处。按功能键 F8，画好 Ladder 1 框。至此图 4.43(a)所示 SFC 部分已经全部画好，如图 4.46 左边所示，以与此图右边的内置梯形图对应。

（2）画图 4.43(a)所示 SFC 的内置梯形图。具体画法与例 4.2 中已经介绍的相同，逐次选中图 4.43(a)中各框和转移条件线，用菜单命令"视图"|"内置梯形图"画出对应的梯形图，画好后按"转换"按钮，则所画内置梯形图如图 4.46 右边所示。

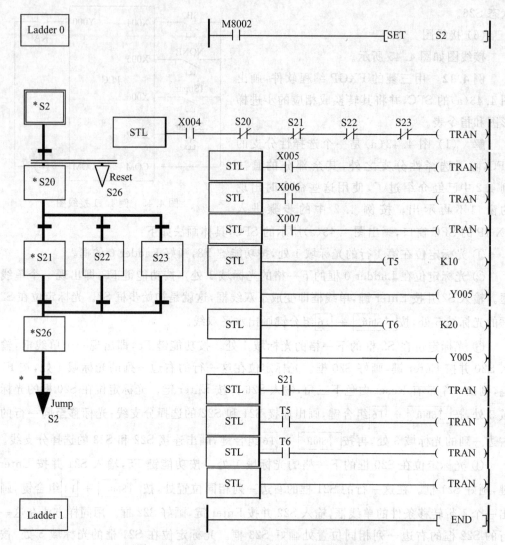

图 4.46　图 4.43(a)SFC 与对应的内置梯形图

图 4.43(a)的 SFC 全部画好后,还需再按一次"转换"按钮 ，此后按 按钮,可得到如图 4.44 所示的步进梯形图;按 按钮,可得到如图 4.43(b)所示的指令表。

例 4.13　设计一个用于过高速公路人行横道的按钮式 PLC 控制 SFC 程序,示意图如图 4.47 所示。

解　这是一个经典的时间顺序控制问题。

(1) 控制要求

通常为车道常开绿灯,人行道常开红灯。若行人过马路时,按下人行横道按钮 SB0 或 SB1 后,红绿灯的变化时序如图 4.48 所示。

开始 30s 内红绿灯状态保持不变,此后车道灯由绿变黄,黄灯亮 10s 后,再由黄变红。车道红灯亮后 5s,人行道绿灯才亮,15s 后人行道绿灯开始闪烁,亮暗间隔为 0.5s,共闪烁 5 次后才变为人行道红灯亮。此后 5s,车道绿灯才亮。至此又恢复为通常状态。

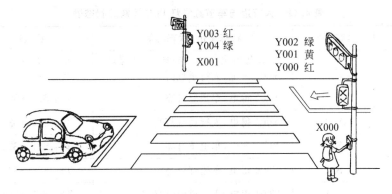

图 4.47 人行横道与高速公路车道红绿灯控制

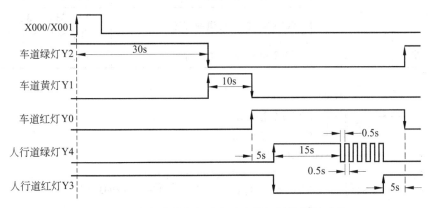

图 4.48 人行横道与高速公路车道红绿灯控制时序

(2) 输入/输出端口设置

人行道与车道红绿灯 PLC 控制的 I/O 端口分配如表 4.10 所示。

表 4.10 人行道与车道红绿灯 PLC 控制的 I/O 端口分配表

输入			输出		
名称		输入点	名称		输出点
启动按钮	SB0	X000	车道红灯	HL0	Y000
启动按钮	SB1	X001	车道黄灯	HL1	Y001
			车道绿灯	HL2	Y002
			人行道红灯	HL3	Y003
			人行道绿灯	HL4	Y004

(3) 状态表

人行道与车道红绿灯 PLC 控制的状态表如表 4.11 所示。

(4) 状态转移图

按表 4.11 可以画出等效的并行结构 SFC,如图 4.49 所示。

表 4.11 人行道与车道红绿灯 PLC 控制的状态表

工步号	状态号	状态输出/状态功能	状态转移
原位	S2	PLC 初始化：Y002 得电,车道绿灯 Y003 得电,人行道红灯	X000/X001：S2→S20 S2→S30
第 1 工步	S20	Y002 得电,车道绿灯亮	T0：S20→S21
	S30	Y003 得电,人行道红灯亮	T2：S30→S31
第 2 工步	S21	Y001 得电,车道黄灯亮	T1：S21→S22
第 3 工步	S22	Y000 得电,车道红灯亮	T6：S22→S2
第 4 工步	S31	Y004 得电,人行道绿灯亮	T3：S31→S32
第 5 工步	S32	Y004 失电,人行道绿灯暗	T4：S32→S33
	S33	Y004 得电,人行道绿灯亮	T5：S33→S32 C0：S33→S34
第 6 工步	S34	Y003 得电,人行道红灯亮	T6：S34→S2

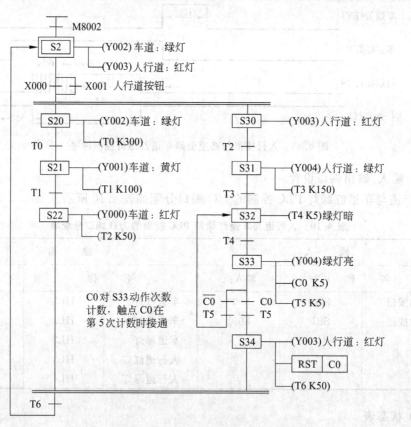

图 4.49 人行道与车道红绿灯 PLC 控制 SFC

① 由停机转入运行时,通过 M8002 使初始状态 S2 动作,车道灯为绿,人行道灯为红。

② 按下人行横道按钮 X000 或 X001,从状态 S2 并行转移到状态 S20 和 S30,继续保持车道灯为绿,人行道灯为红。

③ S20 用 T0 定时,使车道绿灯保持 30s 后,状态转移到 S21,Y001 得电,车道黄灯亮。

④ S21 用 T1 定时,使车道黄灯保持 10s 后,状态转移到 S22,Y000 得电,车道红灯亮。

⑤ S22 用 T2 定时 5s,使车道红灯亮 5s 后,才控制右边并行分支的 S30 转移到 S31,Y004 得电,人行道绿灯亮。而 S22 本身返回原位 S2,则是受右边并行分支中的 T6 控制。

⑥ S31 用 T3 定时,使人行道绿灯保持 15s 后,控制状态转移到 S32,人行道绿灯遂暗;S32 用 T4 定时,使人行道绿灯暗 0.5s 后,控制从状态 S32 转移到状态 S33,Y004 得电,人行道绿灯又亮。S33 用 T5 定时,使人行道绿灯亮 0.5s 后,控制从状态 S33 跳转到 S32,人行道绿灯又暗。用计数器 C0 控制绿灯闪烁次数,C0 对 S33 动作次数计数,在第 5 次计数时 C0 常开接通,状态转移到 S34。使计数器 C0 复位,绿灯闪烁 5 次结束,同时 Y003 得电,人行道恢复红灯。

⑦ S34 用 T6 定时,5s 后与 S22 同时返回初始状态 S2。

在状态转移过程中,即使按动人行横道按钮 X000、X001 也无效。

(5) 接线图

人行道与车道红绿灯 PLC 控制接线图如图 4.50 所示。

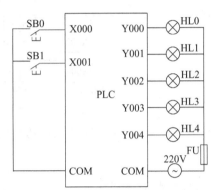

图 4.50 人行道与车道红绿灯 PLC 控制接线图

本章小结

本章介绍的步进顺控指令及其编程方法——状态转移图法,是解决顺序控制问题的有效方法,编程时注意各元件先后之间的联锁、互锁关系。对于一些典型的顺控问题,如时间顺序控制、逻辑顺序控制等问题,都给出经典的实例,介绍了描述步进顺控过程的设计思路,给出了编程的详细步骤。本章对三菱公司的 FXGP 编程软件作了详细介绍,通过实例来介绍各种流程的 SFC 的画法,以及与对应的步进梯形图、指令表之间的转换方法。通过实例,使用 FXGP 软件来实际编程,能更好地掌握本章的内容。

习题 4

1. 状态编程的特点是什么?如何正确使用 FX2N 系列 PLC 的状态元件 S?
2. 简述 STL 指令与 LD 指令的区别。
3. 简述状态转移与状态跳转的区别。各用什么指令?
4. 简述状态转移图的组成与各部分的作用。

5. 指出图 4.51 中的 SFC 是否正确。对错误的流程进行改正。

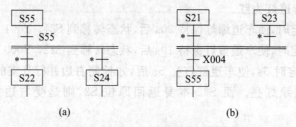

图 4.51 第 5 题图

6. 引入虚状态,将图 4.52 所示不可编程的 SFC 变换成可编程的流程结构。

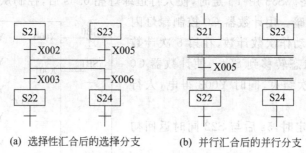

(a) 选择性汇合后的选择分支　　(b) 并行汇合后的并行分支

图 4.52 第 6 题图

7. 化简图 4.53 的 SFC。

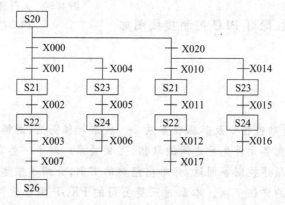

图 4.53 第 7 题图

8. 用 FXGP 软件画出图 4.43(a) 所示的 SFC,并将其转换成步进梯形图和指令表。
9. 用 FXGP 软件画出图 4.49 所示人行道与车道红绿灯 PLC 控制 SFC,并将其转换成步进梯形图和指令表。
10. 用状态转移图法重做第 3 章第 10 题两动力头来回往返 PLC 控制系统。要求步骤:
    (1) 功能要求;
    (2) 输入/输出端口设置;
    (3) 状态表;
    (4) 状态转移图;

(5) 步进梯形图和指令表；
(6) 接线图。

11. 用状态转移图法设计一个运料小车往返运动 PLC 控制系统，图 4.54 是其运动简图。小车往返运动循环工作过程说明如下：

小车处于最左端时，压下行程开关 SQ4，SQ4 为小车的原位开关。按下启动按钮 SB2，装料电磁阀 YC1 得电，延时 20s，小车装料结束。接着，接触器 KM3、KM5 得电，向右快行；碰到限位开关 SQ1 后，KM5 失电，小车慢行；碰到 SQ3 时，KM3 失电，小车停止。此后，电磁阀 YC2 得电，卸料开始，延时 15s 后，卸料结束；接触器 KM4、KM5 得电，小车向左快行；碰到限位开关 SQ2，KM5 失电，小车慢行；碰到 SQ4，KM4 失电，小车停止，回到原位，完成一个循环工作过程。整个过程分为装料、右快行、右慢行、卸料、左快行、左慢行 6 个状态，如此周而复始地循环。

试按第 10 题的要求步骤进行设计。

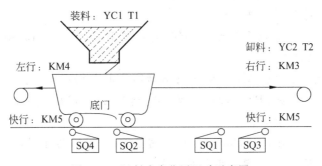

图 4.54　运料小车往返运动示意图

12. 用状态转移图法设计一个十字路口交通灯管理 PLC 控制系统，图 4.55 为十字路口交通灯示意图，图 4.56 为其控制时序图。按第 10 题的要求步骤进行设计。具体要求如下：

(1) 设置一个启动开关 X010。
(2) 当合上 X010 时，南北红灯亮并维持 25s，同时东西绿灯也亮，并维持 20s。此后，

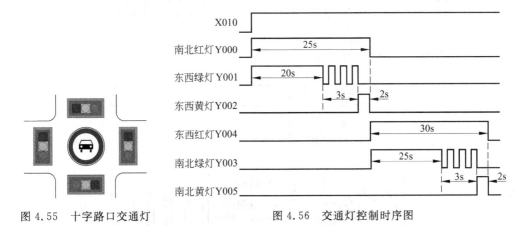

图 4.55　十字路口交通灯示意图

图 4.56　交通灯控制时序图

东西绿灯闪烁(亮暗间隔各为0.5s)3次后熄灭。

(3) 接着,东西黄灯亮,维持2s后熄灭,变为东西红灯亮;同时南北红灯熄灭,变为南北绿灯亮。

(4) 东西红灯亮将维持30s,而南北绿灯亮维持25s后,再闪烁(亮暗间隔各为0.5s)3次后熄灭;变为南北黄灯亮,并维持2s后熄灭。此后,恢复为南北红灯亮,同时东西绿灯也亮。如此周而复始地循环。

(5) 如出现误动作时,警告灯亮作为提示。

13. 设计一个煮咖啡时物料混合的SFC程序。当按下启动按钮SB2后,制作一杯咖啡所需要的4种成分开始同时混合。

(1) 热水阀打开,加热水1s;

(2) 加糖阀打开,加糖2s;

(3) 牛奶阀打开,加牛奶2s;

(4) 加咖啡阀打开,加咖啡2s。

2s后物料混合结束。在程序运行期间,再次按下启动按钮SB2将不起作用。试按第10题的要求步骤进行设计。

14. 设计一个控制3台电机M1~M3顺序启动和停止的SFC程序。

(1) 当按下启动按钮SB2后,M1启动;M1运行2s后,M2也一起启动;M2运行3s后,M3也一起启动。

(2) 按下停止按钮SB1后,M3停止;M3停止2s后,M2停止;M2停止3s后,M1停止。试按第10题的要求步骤进行设计。

15. 设计一个控制洗衣机清洗的SFC程序。当按下启动按钮SB2后,电机先正转2s,停2s;此后电机变为反转2s,停2s;如此重复3次,自动停止清洗。试按第10题的要求步骤进行设计。

16. 设计一个如图4.57所示分拣小球和大球装置中的控制机械臂运动的SFC程序。

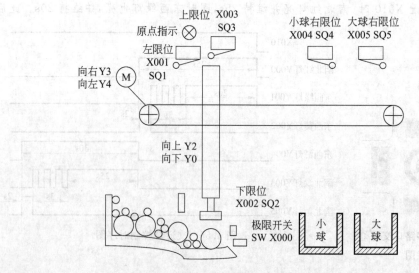

图4.57 分拣小球和大球装置示意图

机械臂工作顺序是向下、抓球、向上、向右运行、向下、释放、向上和向左运行至左上点（原点）。抓球和释放球时间均为 1s。当机械臂电磁铁向下吸住大球时，限位开关 SQ2 没有被碰到而处于断开状态；而当机械臂电磁铁向下吸住小球时，限位开关 SQ2 被碰到而处于接通状态。这样就能分拣小球和大球了。机械臂运动各工步中状态的输出如表 4.12 所示。试按第 10 题的要求步骤进行设计。

表 4.12 各状态中的继电器动作

工步名称	状态输出				
	Y000	Y001	Y002	Y003	Y004
向下	+				
向上			+		
抓球		+			
向右				+	
向左					+

CHAPTER 5

第 5 章

三菱 FX2N 系列 PLC 的功能指令

本章导读

本章主要介绍了 FX2N 系列 PLC 功能指令(Functional Instruction)及其编程方法。FX2N 系列 PLC 功能指令编号为 FNC00～FNC246,将其中常用指令归类来讲述。限于篇幅,从 5.6 节起的功能指令只作简述,未介绍的指令可查阅附录表 B.2。对于 FX2N 系列 PLC 的功能指令,将以表格形式归纳其基本的格式、类型及每条功能指令的使用要素。对于具体的控制对象,选择合适的功能指令,将使编程更加方便和快捷。要求掌握各类功能指令及运用功能指令编程的方法,掌握 GPPW 内装的 Simulator 的模拟仿真、时序图等功能,来帮助学习功能指令。

5.1 功能指令的基本规则

FX2N 系列 PLC 的功能指令一览表见附录表 B.2。一条基本逻辑指令只完成一个特定的操作,而一条功能指令却能完成一系列的操作,相当于执行了一个子程序,所以功能指令功能更强大,编程更精练,能用于运动控制、模拟量控制等场合。基本指令和其梯形图符号之间是互相对应的。而功能指令采用梯形图和助记符相结合的形式,意在表达本指令要做什么。有些功能指令在整个程序中只能使用一次,介绍到此类指令时会特别强调。

5.1.1 功能指令的表示

1. 功能指令的梯形图表示

与基本指令不同,FX2N 系列 PLC 用功能框表示功能指令,即在功能框中用通用的助记符形式来表示,如图 5.1(a)所示,该指令的含义如图 5.1(b)所示。

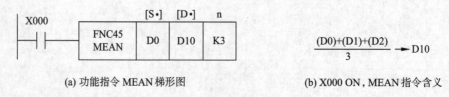

(a) 功能指令 MEAN 梯形图   (b) X000 ON,MEAN 指令含义

图 5.1 功能指令 MEAN 举例

图 5.1(a)中 X000 常开接点是功能指令的执行条件,其后的方框即为功能指令。由图可见,功能指令同一般的汇编指令相似,也是由操作码和操作数两大部分组成。

(1) 操作码部分

功能框的第一段即为操作码部分,表达了该指令做什么。一般功能指令都是以指定的功能号来表示,如 FNC45。但是,为了便于记忆,每个功能指令都有一个助记符,如对应 FNC45 的助记符是 MEAN,表示"求平均值"。这样就能见名知义,比较直观。在编程器或 FXGP 软件中输入功能指令时,输入的是功能号 FNC45,显示的却是助记符 MEAN。使用编程器输入时,要先按 FNC 键,再输入功能号;而在 FXGP 软件中也可直接输入助记符 MEAN。

注意,本书在介绍各功能指令时,将以图 5.1(a)的形式同时给出功能号和对应的助记符,但并不意味着在 FXGP 软件中输入功能指令时两者一起输送,而是按上述介绍,只要输入其中一个就行了。

(2) 操作数部分

功能框的第一段之后都为操作数部分,表达了参加指令操作的操作数在哪里。操作数部分依次由"源操作数"(源)、"目的操作数"(目)和"数据个数"3 部分组成。图 5.1(a)中的源操作数应是 D0、D1 和 D2,这是因为数据个数为 K3,指示源有 3 个;而目的操作数只有一个 D10。当 X000 接通时,MEAN 指令的含义如图 5.1(b)所示,即要取出 D0~D2 的连续 3 个数据寄存器中的内容作算术平均后送入 D10 寄存器中。当 X000 断开时,此指令不执行。

有些功能指令需要操作数,也有的功能指令不需要操作数,有些功能指令还要求多个操作数。但是,无论操作数有多少,其排列次序总是:源在前,目在后,数据个数在最后。

2. 功能指令的要素描述

为描述方便,所有功能指令除给出功能指令的梯形图外,对功能指令的要素描述将按表图的格式给出。如对图 5.1(a)这条 MEAN 指令的要素描述如表 5.1 所示。

表 5.1 MEAN 指令概要

求平均值指令		操 作 数								程 序 步
P 16	FNC45 MEAN MEAN(P)	[S·]								MEAN, MEAN(P) 7 步
		K,H	KnX	KnY	KnM	KnS	T	C	D	V, Z
		n			[D·]					

表中使用符号的说明如下。

① 求平均值指令   指令的名称。

② FNC45   指令的功能号。

③ MEAN   指令的助记符。

④ (P)   指令的执行形式,(P)表示可使用脉冲执行方式,在执行条件满足时仅执行一个扫描周期;默认为连续执行型。

⑤（D） 指令的数据长度可为32位，默认为16位。

⑥[S·] 源操作数，简称源，指令执行后不改变其内容的操作数。当源操作数不止一个时，用[S1·]、[S2·]等来表示。有"·"表示能使用变址方式；默认为无"·"，表示不能使用变址方式。

⑦[D·] 目的操作数，简称目，指令执行后将改变其内容的操作数。当目的操作数不止一个时，用[D1·]、[D2·]等来表示。有"·"表示能使用变址方式；默认为无"·"，表示不能使用变址方式。

⑧m、n 其他操作数，常用来表示常数或对源和目作出补充说明。表示常数时，K后跟的是十进制数，H后跟的是十六进制数。

⑨程序步 指令执行所需的步数。一般来说，功能指令的功能号和助记符占一步，每个操作数占2~4步(16位操作数是2步，32位操作数是4步)。因此，一般16位指令为7步，32位指令为13步。

5.1.2 功能指令的数据长度

1. 字元件与双字元件

（1）字元件

字元件是 FX2N 系列 PLC 数据类元件的基本结构，1个字元件是由16位的存储单元构成的，其最高位(第15位)为符号位，第0~14位为数值位。图5.2所示为16位数据寄存器 D0 图示。

图 5.2 字元件

（2）双字元件

可以使用两个字元件组成双字元件，以组成32位数据操作数。双字元件是由相邻的寄存器组成，在图5.3中由 D11 和 D10 组成。

图 5.3 双字元件

由图可见，低位元件 D10 中存储了32位数据的低16位，高位元件 D11 中存储了32位数据的高16位，也就是说存放原则是："低对低，高对高。"双字元件中第31位为符号位，第0~30位为数值位。要注意，在指令中使用双字元件时，一般只用其低位地址表示这个元件，但高位元件也将同时被指令使用。虽然取奇数或偶数地址作为双字元件的低位是任意的，但为了减少元件安排上的错误，建议用偶数作为双字元件的地址。此点会在下面用图5.6来举例说明。

功能指令中的操作数是指操作数本身或操作数的地址，功能指令能够处理16位或

32 位的数据,在 PLC 中可以按二进制补码、十六进制数和 BCD 码方式存取字数据。

2. 功能指令中的 16 位数据

因为几乎所有寄存器的二进制位数都是 16 位,所以功能指令中 16 位的数据都是以默认形式给出的。如图 5.4 所示即为一条 16 位 MOV 指令,当 X000 接通时,将十进制数 100 传送到 16 位的数据寄存器 D10 中去,即 X000 ON,100 → D10;当 X000 为断开时该指令被跳过不执行,源和目的内容都不变。

图 5.4 16 位 MOV 指令

3. 功能指令中的 32 位数据

功能指令也能处理 32 位数据,这时需要在指令前加符号(D)。如图 5.5 所示即为一条 32 位 MOV 指令。前已提及 32 位数据是由两个相邻寄存器构成的,但在指令中写出的是低位地址,源和目都是这样表达的。所以对图 5.5 所示 32 位 MOV 指令含义应该这样来理解:当 X000 接通时,将由 D11 和 D10 组成的 32 位源数据传送到由 D13 和 D12 组成的目的地址中去,即 X000 ON,(D11)→D13,(D10)→(D12);当 X000 为断开时,该指令被跳过不执行,源和目的内容都不变。

由于指令中对 32 位数据只给出低位地址,高位地址被隐藏了,所以要避免出现类似图 5.6 所示指令的错误。

图 5.5 32 位 MOV 指令　　　　　　图 5.6 错误的 32 位 MOV 指令

指令中的源地址是由 D11 和 D10 组成,而目的地址由 D12 和 D11 组成,这里 D11 是源、目重复使用,就会引起出错。所以在上面已经建议 32 位数据的首地址都用偶地址,这样就能防止上述错误出现。

注意,FX2N 系列 PLC 中的 32 位计数器 C200~C255 不能作为 16 位指令的操作数。

4. 功能指令中的位元件

只具有 ON 或 OFF 两种状态,用一个二进制位就能表达的元件,称为位元件,如 X、Y、M、S 等均为位元件。功能指令中除了能用 D、T、C 等含有 16 个比特的字元件外,也能使用只含一个比特的位元件,以及位元件组合。为此,PLC 专门设置了将位元件组合成位组合元件的方法,将多个位元件按四位一组的原则来组合,也就是说用 4 位 BCD 码来表示 1 位十进制数,这样就能在程序中使用十进制数据了。组合方法的助记符是:

Kn+最低位位元件号

如 KnX、KnY、KnM 即是位元件组合,其中 K 表示后面跟的是十进制数,n 表示四位一组的组数,16 位数据用 K1~K4,32 位数据用 K1~K8。数据中的最高位是符号位。如 K2M0 表示由 M0~M3 和 M4~M7 两组位元件组成一个 8 位数据,其中 M7 是最高位,M0 是最低位。同样,K4M10 表示由 M10~M25 四组位元件组成一个 16 位数据,其中 M25 是最高位,M10 是最低位。使用时要注意以下几点。

① 当一个 16 位数据传送到目的元件 K1M0~K3M0 时,由于目的元件不到 16 位,所以将只传送 16 位数据中的相应低位数据,相应高位数据将不传送。32 位数据传送也一样。

② 由于数据只能是 16 位或 32 位这两种格式,因此当用 K1~K3 组成字时,其高位不足 16 位部分均作 0 处理。如执行图 5.7 所示指令时,源数据只有 12 位,而目的寄存器 D20 是 16 位的,传送结果 D20 的高 4 位自动添 0,如图 5.8 所示。这时最高位的符号位必然是 0,也就是说,只能是正数(符号位的判别是:正 0 负 1)。

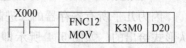

图 5.7 源数据不足 16 位

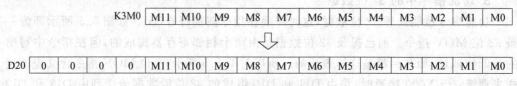

图 5.8 目高 4 位自动添 0

③ 由位元件组成组合位元件时,最低位元件号可以任意给定。如 X000、X001 和 Y005 均可。但习惯上采用以 0 结尾的位元件,如 X000、X010 和 Y020 等。

5.1.3 功能指令的执行方式

FX2N 系列 PLC 的功能指令有两种执行方式,即连续执行方式和脉冲执行方式。

1. 功能指令的连续执行方式

5.1.1 小节中已经提及,在默认情况下功能指令的执行方式为连续执行方式,如图 5.9 所示。

PLC 是以循环扫描方式工作的,如果执行条件 X000 接通,图 5.9 中指令在每个扫描周期都要被重复执行一次,这种情况对大多数指令都是允许的。

2. 功能指令的脉冲执行方式

对于某些功能指令,如 XCH、INC 和 DEC 等,连续执行方式在使用中可能会带来问题。如图 5.10 所示是一条 INC 指令,是对目的元件(D10,D11)进行加 1 操作的。假设该指令以连续方式工作,那么只要 X000 是接通的,则每个扫描周期都会对目的元件加 1,而这在许多实际的控制中是不允许的。为了解决这类问题,设置了指令的脉冲执行方式,并在指令助记符的后面加后缀符号 P 来表示此方式,如图 5.10 所示。

图 5.9 连续执行的 MOV 指令　　　　图 5.10 脉冲执行方式的 INC 指令

注意,在图 5.10 中 INC 后面加(P),仅仅表示这条指令还有脉冲执行方式,在 INC 前面加(D),也仅仅表示这条指令还有 32 位操作方式。但是在 FXGP 软件中输入这条指令时,加在前后缀的括号是不必输入的,即应该这样输入:DINCP D10。在本书中,对于以这种方式表达的所有其他功能指令都要这样来理解。

在脉冲执行方式下,指令 INC 只在条件 X000 从断开变为接通时才执行一次对目的元件的加 1 操作。也就是说,每当 X000 来了一个上升沿,才会执行加 1;而在其他情况下,即使 X000 始终是接通的,都不会执行加 1 指令。所以图 5.10 所示 INC(P)指令的含义应该这样来理解:每当 X000 由断开到接通时,目的元件就被加 1 一次;而在其他情况下,无论 X000 保持接通还是断开,或者由接通变为断开,都不再执行加 1。

由此可见,在不需要每个扫描周期都执行指令时,可以采用脉冲执行方式的指令,这样还能缩短程序的执行时间。

5.1.4 变址操作

FX2N 具有的 16 个变址寄存器 V 和 Z 都是 16 位的(FX0N 和 FX0S 只有两个变址寄存器 V 和 Z),即 V0~V7、Z0~Z7。它们除了和通用数据寄存器一样用作数据读写之外,主要还用于运算操作数地址的修改,在传送、比较等指令中用来改变操作对象的元件地址。循环程序中也常使用变址寄存器。变址方法是将 V、Z 放在各种寄存器的后面,充当操作数地址的偏移量。操作数的实际地址就是寄存器的当前值和 V 或 Z 内容相加后的和。哪些寄存器能用作变址操作呢?前面曾提及过,当源或目的寄存器用[S·]或[D·]表示时,就能进行变址操作。当进行 32 位数据操作时,V、Z 自动组对成 32 位(V,Z)来使用,这时 Z 为低 16 位,而 V 充当高 16 位。可以用变址寄存器进行变址的软元件是 X、Y、M、S、P、T、C、D、K、H、KnX、KnY、KnM、KnS 等。

例 5.1 如图 5.11 所示的梯形图中,求执行加法操作后源和目操作数的实际地址。

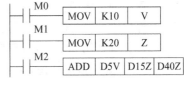

图 5.11 变址操作举例

解 第一行指令执行 10→V,第二行指令执行 20→Z,所以变址寄存器的值为 V=10,Z=20。第三行指令执行(D5V)+(D15Z)→(D40Z),其中

   [S1·]为 D5V:D(5+10)=D15,源操作数 1 的实际地址
   [S2·]为 D15Z:D(15+20)=D35,源操作数 2 的实际地址
   [D·]为 D40Z:D(40+20)=D60,目操作数的实际地址

所以,第三行指令实际执行(D15)+(D35)→(D60),即 D15 的内容和 D35 的内容相加,结果送入 D60 中去。

5.2 程序流向控制指令

FX2N 系列 PLC 的功能指令中程序流向控制指令共有 10 条,功能号是 FNC00~FNC09,程序流向控制指令汇总如附录表 B.2 所示。通常情况下,PLC 的控制程序是顺序逐条执行的,但是在许多场合下却要求按照控制要求改变程序的流向。这些场合有:

条件跳转、转子与返回、中断调用与返回、循环、警戒时钟与主程序结束。

5.2.1 条件跳转指令

1. 指令用法说明

条件跳转指令 CJ(Conditional Jump)的助记符、功能号、操作数和程序步等指令概要如表 5.2 所示。由表 5.2 可见,能够充当目的操作数的只有标号 P0~P127。

表 5.2 CJ 指令概要

条件跳转指令		操 作 数	程 序 步
P	FNC00 CJ	[D・]:P0、P1、…、P127 P63 即 END	CJ、CJ(P) 3 步
16	CJ(P)		标号 P 1 步

条件跳转指令为 CJ 或 CJ(P)后跟标号,其用法是当跳转条件成立时跳过一段指令,跳转至指令中所标明的标号处继续执行,若条件不成立则继续顺序执行。这样可以减少扫描时间并使"双线圈操作"成为可能。不过双线圈一个在跳转程序之内、一个在跳转程序之外是不允许的。被跳过的程序段中的指令,无论驱动条件有效还是无效,其输出都不作变动。

例 5.2 已知梯形图如图 5.12 所示,阅读此程序,试分析:

(1) 程序的可能流向;

(2) 程序中的"双线圈操作"是否可能。

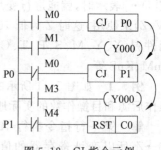

图 5.12 CJ 指令示例

解 (1) 分析图 5.12 所示程序的流向如下:

① 若 M0 处于接通状态,则 CJ P0 的跳转条件成立,程序将跳转到标号为 P0 处。因为 M0 常闭是断开的,所以 CJ P1 的跳转条件不成立,程序顺序执行。按照 M3 的状态对 Y000 进行处理。

② 若 M0 处于断开状态,则 CJ P0 的跳转条件不成立,程序会按照指令的顺序执行下去。执行到 P0 标号处时,由于 M0 常闭是接通的,则 CJ P1 的跳转条件成立,因此程序就会跳转到 P1 标号处。

(2) Y000 为双线圈输出。在通常情况下,双线圈输出是不允许的,即使允许也是一种错误状态。在有跳转指令的程序段中,有时是允许双线圈操作的。在上面的程序的流向分析中可以看出,程序在执行过程中,M0 常开和 M0 常闭是一对约束。当 M0 常开接通时,程序将跳转到 P0 处,而 M0 常闭却是断开的,CJ P1 将不会发生,程序将顺序执行下一条,并按照 M3 的状态对线圈 Y000 进行驱动。当 M0 常开断开时,程序将顺序执行,并按照 M1 的状态对线圈 Y000 进行驱动,至 P0 处后因 M0 常闭却是接通的,程序将跳转至 P1,即将 M3 驱动线圈 Y000 输出的梯级跳过了。由此可见,线圈 Y000 驱动逻辑任何时候只有一个会发生,所以在图 5.12 所示梯形图中 Y000 为双线圈输出是可以的。

2. 跳转程序中软元件的状态与标号

(1) 被跳过程序段中软元件的状态

在发生跳转时,被跳过的那段程序中的驱动条件已经没有意义了,所以此程序段中的各种继电器和状态器、定时器等将保持跳转发生前的状态不变。例如图 5.12 中,M0 接通时,被跳过程序段中的 M1 即使接通,Y000 也不会随之反应。同样,M0 断开时,被跳过程序段中的 M3 即使接通,Y000 也不会随之反应。

被跳过程序段中的计数器、定时器,如果具有掉电保持功能,由于相关程序停止执行,其当前值也被锁定。程序继续执行时,计数器、定时器将继续工作。要指出的是正在工作的定时器 T192~T199、高速计数器 C235~C255 不管有无跳转仍将连续工作,输出接点也能动作。注意,计数器、定时器的复位指令具有优先权,即使复位指令在被跳过的程序段中,执行条件满足时,复位工作也将执行。

(2) 标号不能重复使用,但能多次引用

标号作为跳转程序的入口地址,在程序中只能出现一次,同一标号不能重复使用。但是,同一标号可以多次被引用,也就是说可以从不同的地方跳转到同一标号处,如图 5.13(a)所示。当常开 M0 接通时,程序跳转到标号 P0 处。同样,若常开 M0 断开,而常闭 M1 接通,程序也是跳转到 P0 标号处。

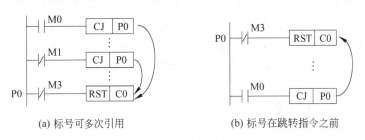

(a) 标号可多次引用　　　　(b) 标号在跳转指令之前

图 5.13　跳转指令标号使用

标号也可以出现在跳转指令之前,如图 5.13(b)所示。当 M0 接通时,程序也允许向回跳转。但是如果 M0 接通时间超过 100ms,会引起警戒时钟出错,但不会影响程序的执行。

标号共有 128 个,其中标号 P63 相当于 END,不能作为真正的标号使用。这样,当要跳过最后一段程序结束时,就可以在此段程序前设置一条 CJ P63 指令。也可以理解为 CJ P63 就是跳转到程序的最开始处。而且标号 P63 不必出现在程序中。

3. 无条件跳转与条件跳转的脉冲执行方式

(1) 构造无条件跳转指令

PLC 只有条件跳转指令,没有无条件跳转指令。在实际使用中也经常遇到需要无条件跳转的情况,可以用条件跳转指令来构造无条件跳转指令,使用某个始终成立的条件使条件跳转变成无条件跳转。最常使用的是 M8000,因为只要 PLC 处于 RUN 状态,则 M8000 总是接通的。用 M8000 构造的无条件跳转梯形图如图 5.14(a)所示,条件跳转指令 CJ P0 的驱动条件始终成立,因此就可以将这条指令看成是无条件跳转。

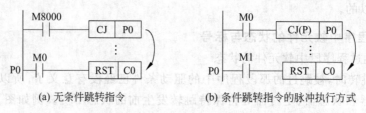

图 5.14 跳转指令的用法

(2) 条件跳转指令的脉冲执行方式

条件跳转指令也有脉冲执行方式,如图 5.14(b)所示。只有在 M0 产生一个上升沿时,程序才会跳转,以后 M0 即使接通也不再跳转。

4. 跳转与主控区之间的相关问题

① 如果跳转的区域包括整个主控区(MC—MCR),则将不受任何限制,可以随意跳转而不必考虑主控区问题。

② 如果跳转从主控区外跳到主控区内时,主控指令的目的接点应被当作接通来处理。比如被跳过的主控指令为 MC N0 M10,则 M10 仍被看做是接通的。

③ 如果跳转发生在主控区内,当主控接点为断开时,跳转指令因没有执行到而不能跳转。

④ 如果跳转从主控区内跳到主控区外,当主控接点断开时,由于没有执行到跳转指令,因此不能跳转。当主控接点接通时,可以跳转,这时 MCR 指令被忽略。

⑤ 如果跳转从一个主控区内跳到另一个主控区内,而且源主控接点是接通的,则跳转可以进行。不管目的主控接点原状态如何,均被看做接通,MCR N0 被忽略。

5.2.2 转子与返回指令

PLC 中的子程序也是为一些特定的控制目的编制的相对独立的模块,供主程序调用。为了区别于主程序,将主程序排在前边,子程序排在后边,并以主程序结束指令 FEND(FNC06)给以分隔。

1. 指令用法说明

转子 CALL(Sub Routine Call)与返回(Sub Routine Return)指令的助记符、功能号、操作数和程序步等指令概要如表 5.3 所示。由表 5.3 可见,能够充当目的操作数的为标号 P0～P127(不包括 P63)。

表 5.3 转子与返回指令概要

指令名称	助记符	操 作 数	程 序 步	
转子	FNC01 CALL CALL (P)	[D·]:P0、P1、…、P127 不包括 P63,嵌套 5 级	CALL,CALL (P) 标号 P	3 步 1 步
返回	FNC02 SRET	无	SRET	1 步

子程序调用指令为 CALL 或 CALL(P)后跟标号,标号是被调用子程序的入口地址,也以 P0～P127 来表示。子程序返回用 SRET 指令。

子程序调用和返回的梯形图如图 5.15(a)所示。当 M0 接通时,调用子程序 P0,程序将跳转到 P0 标号所指向的那条程序,同时将调用指令下一条指令的地址作为断点保存。此后从 P0 开始逐条顺序执行子程序,直至遇到 SRET 指令时,程序将返回到主程序的断点处,继续顺序执行主程序,即执行指令 LD M1,OUT Y000,…。

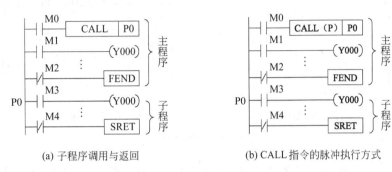

(a) 子程序调用与返回　　　　　(b) CALL 指令的脉冲执行方式

图 5.15　CALL 指令的用法

(1) 子程序的位置与标号使用

子程序 P0 安排在主程序结束指令 FEND 之后,标号 P0 和子程序返回指令 SRET 间的程序构成了 P0 子程序的内容。当主程序带有多个子程序时,子程序要依次放在主程序结束指令 FEND 之后,并以不同的标号相区别。FX1N、FX2N 和 FX2NC 子程序标号范围为 P0～P127(FX1S 为 P0～P63),这些标号与条件转移中所用的标号相同,而且在条件转移中已经使用了的标号,子程序也不能再用。同一标号只能使用一次,而不同的 CALL 指令可以多次调用同一标号的子程序。

(2) CALL 指令的脉冲执行方式

CALL(P)指令的脉冲执行方式如图 5.15(b)所示。只有在 M0 产生一个上升沿时,程序才会转子,即程序将跳转至 P0 标号处继续执行,以后 M0 即使为接通状态也不会再次调用子程序了。实际上,CJ 是跳转,CALL 也是一种跳转,不过 CJ 跳转是"有去无回",而 CALL 的跳转则是"有去有回",待子程序结束后将会回到主程序的断点处继续执行原来的程序。为了区别二者,把后者称为"调用"更为适当。

2. 子程序的嵌套

子程序的嵌套示意图如图 5.16(a)所示,子程序嵌套梯形图如图 5.16(b)所示。

主程序调用子程序 1,在执行子程序 1 时,如果子程序 1 又调用另一个子程序 2,称为子程序的嵌套。在图 5.16(b)中,开始在执行主程序,若 X001 接通,调用子程序 1,程序转其入口 P11。在执行子程序 1 中,若 X026 接通,又调用子程序 2,程序转其入口 P12。当子程序 2 执行完后,遇 SRET,程序将返回到子程序 1 中的 CALL 指令的下一步(断点处)。当子程序 1 执行完后,遇 SRET,程序才返回到主程序执行。

子程序嵌套总数可有 5 级。

注意,在子程序和中断子程序中使用的定时器范围为:T192～T199 和 T246～

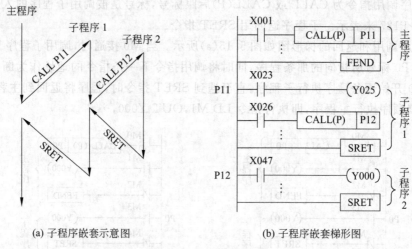

(a) 子程序嵌套示意图　　　　　(b) 子程序嵌套梯形图

图 5.16　子程序嵌套

T249。在此范围之外的定时器,虽然在子程序中或许可以使用,但不能保证其运行的正确性,所以不要使用此范围外的定时器。

5.2.3　中断与返回指令

中断是 CPU 与外设"打交道"的一种方式,这里的"打交道"指的是两者之间的数据传送。数据传送时慢速的外设远远跟不上高速的 CPU 的节拍,往往要"拖累"CPU。为此可以采用数据传送的中断方式,来匹配两者之间的传送速度,提高 CPU 的工作效率。采用中断方式后,CPU 与外设是并行工作的,平时 CPU 在执行主程序,当外设需要数据传送服务时,才向 CPU 发出中断请求。在允许中断的情况下,CPU 可以响应外设的中断请求,从主程序中被拉出来,去执行一段中断服务子程序,比如给了外设一批数据后,就不再管外设,返回主程序。以后都是这样,每当外设需要数据传送服务时,才会向 CPU 发中断请求。可见 CPU 只有在执行中断服务子程序的短暂时间内才同外设打交道,所以 CPU 的工作效率就大大提高了。

1. 指令用法说明

中断返回 IRET(Interruption Return)、中断允许 EI(Interruption Enable)和中断禁止 DI(Interruption Disable)相关中断指令的助记符、功能号、操作数和程序步等指令概要如表 5.4 所示。

表 5.4　有关中断指令概要

指令名称	功能号	助记符	操作数	程序步
中断返回	FNC03	IRET	[D·]:无	IRET　1 步
开中断	FNC04	EI	[D·]:无	EI　1 步
关中断	FNC05	DI	[D·]:无	DI　1 步

2.3.4 小节已经介绍了 FX2N 系列 PLC 有 3 类中断,即外部中断、内中断(即内部定时器中断)和高速计数器外部计数中断。FX2N 系列 PLC 可以多达 15 个中断源,15 个中断源可以同时向 CPU 发中断请求信号,这时 CPU 要通过中断判优,来决定响应哪一个中断。15 个中断源的优先级由中断号决定,中断号小者其优先级为高。另外,外中断的优先级整体上高于内中断的优先级。

这样,在主程序的执行过程中,就可根据不同中断服务子程序中 PLC 所要完成工作的优先级高低决定能否响应中断。对可以响应中断的程序段用中断允许指令 EI 来开中断,对不允许中断的程序段用中断指令 DI 来关中断。程序中允许中断响应的区间应该由 EI 指令开始,DI 指令结束,如图 5.17 所示。在此区间之外时,即使有中断请求,CPU 也不会立即响应。通常情况下,在执行某个中断服务程序时,将禁止其他中断。

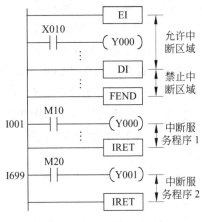

图 5.17 内外中断示意梯形图

从中断服务子程序中返回必须用专门的中断返回指令 IRET,不能用子程序返回指令 SRET。IRET 指令除了能从中断服务程序返回以外,还要通知 CPU 本次中断已经结束,可以响应其他中断请求了。中断的调用与返回过程与子程序的调用与返回过程十分相似,但两者还是有较大区别的。子程序调用是事先在程序中用 CALL 给定的,但是中断调用要求响应时间小于机器的扫描周期,所以就不能像子程序那样事先在程序中给定,这样中断没有相应的调用指令,而是由外设随机地通过硬件向 CPU 发出中断请求(这种能引起中断的外设被称为中断源),才把 CPU 拉到中断服务子程序中去。整个中断是一个软硬件结合的过程。

2. 中断指针

为了区别各类中断以及在程序中标明中断子程序的入口,规定了中断标号。中断标号是以 I 开头的,又称为 I 指针。前面已经讲过的子程序的标号是以 P 开头的,又称为 P 指针。I 指针又分为 3 种类型,如图 5.18 所示。

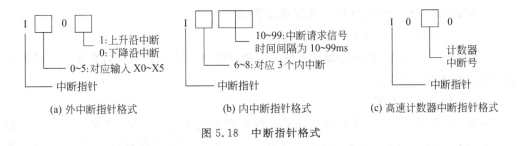

图 5.18 中断指针格式

(1) 外中断指针

外中断指针的格式如图 5.18(a)所示,I00～I50,共 6 点。外中断是外部信号引起的中断,对应的外部信号的输入口为 X000～X005。指针格式中的最后一位可以选择是上升沿请求中断,还是下降沿请求中断。

(2) 内中断指针

内中断指针的格式如图 5.18(b)所示,I6□□～I8□□,共 3 点。内中断为内部定时时间到信号中断,由指定编号为 6～8 的专用定时器控制。设定时间在 10～99ms 间选取,每隔设定时间就会中断一次。

(3) 高速外部计数中断指针

高速计数器中断指针的格式如图 5.18(c)所示,I010～I060,共 6 点。这 6 个中断指针分别表示由高速计数器(C235～C255)的当前值实现的中断。

例 5.3 中断指令的梯形图如图 5.17 和图 5.19 所示,阅读程序,试解答:

(1) 指出 I001 中断的含义,并分析此中断的过程;

(2) 指出 I699 中断的含义,并分析此中断的过程;

(3) 指出 I020 中断的含义,并分析此中断的过程。

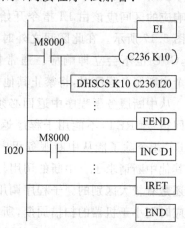

解 (1) I001 表示 X000 为中断请求信号,且上升沿有效。因此在允许中断区间,如果输入 X000 从 OFF→ON 变化时(上升沿),则程序从主程序转移到标号为 I001 处,开始执行中断服务程序 1,直至遇到 IRET 指令时返回主程序。

图 5.19 高速计数器中断示意梯形图

(2) I699 表示内部定时时间到中断请求信号,每隔 99ms 就执行标号为 I699 开始的中断服务程序一次,直至遇到 IRET 指令时返回主程序。

(3) I020 表示高速计数器 C236 计数到中断请求信号,从 X1 输入计数脉冲,每当 C236 的当前值等于 10 时,产生高速计数中断,执行标号 I020 开始的中断服务程序一次,D1 就被加 1,直至遇到 IRET 指令时返回主程序。

3. 中断请求信号的宽度与中断屏蔽寄存器

(1) 中断请求信号的宽度

中断请求信号的宽度,即中断请求信号的持续时间必须大于 $200\mu s$,宽度不足的请求信号可能得不到正确响应。

(2) 中断屏蔽寄存器

M8050～M8059 这 10 个特殊功能辅助继电器是与中断有关的,其功能如表 5.5 和表 5.6 所示。可用程序设置其为 ON 或 OFF,当其为 ON 时,即使已经用 EI 指令开中断了,也会屏蔽相关的中断。不妨将 M8050～M8059 称为中断屏蔽寄存器。DI 则是中断屏蔽总开关。

表 5.5 内外中断屏蔽寄存器

特殊寄存器名	状态	功能	特殊寄存器名	状态	功能
M8050	ON	禁止 I00X 中断	M8055	ON	禁止 I50X 中断
M8051	ON	禁止 I10X 中断	M8056	ON	禁止 I6XX 中断
M8052	ON	禁止 I20X 中断	M8057	ON	禁止 I7XX 中断
M8053	ON	禁止 I30X 中断	M8058	ON	禁止 I8XX 中断
M8054	ON	禁止 I40X 中断			

表 5.6 高速计数器中断屏蔽寄存器

特殊寄存器名	状态	功能	特殊寄存器名	状态	功能
M8059	ON	禁止 I010 中断	M8059	ON	禁止 I040 中断
	ON	禁止 I020 中断		ON	禁止 I050 中断
	ON	禁止 I030 中断		ON	禁止 I060 中断

5.2.4 主程序结束指令

主程序结束 FEND 指令(First End)的助记符、功能号、操作数和程序步等指令概要如表 5.7 所示。

表 5.7 主程序结束指令概要

指令名称	功能号 助记符	操 作 数	程 序 步
主程序结束	FNC06 FEND	[D·]:无	FEND 1步

主程序结束指令为 FNC06 FEND,它表示主程序结束,此后 CPU 将进行输入/输出处理、警戒时钟刷新,完成以后返回到第 0 步。子程序和中断服务程序都必须写在主程序结束指令 FEND 之后,子程序以 SRET 指令结束,中断服务程序以 IRET 指令结束,两者不能混淆。当程序中没有子程序或中断服务程序时,也可以没有 FEND 指令。但是程序的最后必须用 END 指令结尾。所以,子程序及中断服务程序必须写在 FEND 指令与 END 指令之间。

若 FEND 指令在 CALL 或 CALL(P)指令执行之后,SRET 指令执行之前出现,或将 FEND 指令置于 FOR-NEXT 循环之中,则被认为出错。一个完整的 PLC 程序可以没有子程序,也可以没有中断服务程序,但一定要有主程序。

5.2.5 警戒时钟指令

警戒时钟刷新 WDT 指令(Watch Dog Timer)的助记符、功能号、操作数和程序步等指令概要如表 5.8 所示。

表 5.8 警戒时钟刷新指令概要

指令名称	功能号 助记符	操作数	程序步
警戒时钟刷新	FNC07 WDT (P)	[D·]:无	WDT,WDT (P) 1步

WDT 指令用于 1.3.2 小节介绍过的警戒定时器刷新,即 CPU 从程序的第 0 步扫描到 END 或 FEND 指令时,将使警戒定时器复位。如果这一扫描时间因外部干扰超过了 D8000 中设定的警戒定时器定时时间,警戒定时器不再被复位,用户程序将会停止执行,PLC 面板上的 CPU-E 出错指示灯将会点亮。为防止此类情况发生,可以将 WDT 指令插到合适的程序步中来刷新警戒定时器,以使顺序程序得以继续执行到 END。这样处理后,就可以将一个运行时间大于警戒定时器定时值的程序用 WDT 指令分成几部分,使每部分的执行时间都小于警戒定时器定时值。

存储在特殊数据寄存器 D8000 中的警戒定时器定时时间由 PLC 的监控程序写入,同时也允许用户改写 D8000 的内容。这样,若希望扫描周期时间改写为 160ms,就可以用功能指令 FNC12 MOV 来改写 D8000 的内容,如图 5.20 所示。

此外,WDT 指令还可用于以下情况。

(1) 当程序用 CJ 指令向后跳转时,即对应的 P 标号步序小于 CJ 指令的步序,为避免因连续反复跳转导致总的执行时间超过警戒定时器的定时时间,可在 CJ 指令和对应的标号之间插入 WDT 指令,如图 5.21 所示。

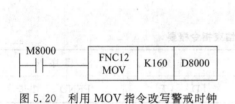

图 5.20 利用 MOV 指令改写警戒时钟

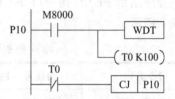

图 5.21 P 标号后插入 WDT 指令

(2) 可以将 WDT 指令置于 FOR-NEXT 循环之中,以防止死循环或循环时间超时而停止运行。

5.2.6 循环指令

循环指令的助记符、功能号、操作数和程序步等指令概要如表 5.9 所示。由表 5.9 可见,能够充当源操作数的为表中[S·]所指定的范围内的所有软元件。

表 5.9 循环指令概要

指令名称	功能号 助记符	操作数 [S·]								程序步
循环开始	FNC08 FOR	K,H	KnX	KnY	KnM	KnS	T	C	D V,Z	FOR 3步
循环结束	FNC09 NEXT	无								NEXT 1步

循环指令是指可以被反复执行的一段程序,只要将这一段程序放在 FOR-NEXT 之间,待执行完指定的循环次数后,才执行 NEXT 下一条指令。循环开始 FOR 指令及循环结束 NEXT 指令构成了一对循环指令。在梯形图中判断配对的原则是,与 NEXT 指令之前相距最近的 FOR 指令是一对循环指令,FOR-NEXT 对是唯一的,也就是说,配对后的 FOR-NEXT 不能再与其他的 FOR-NEXT 配对。图 5.22 中循环 A~循环 C 就是按此原则得出的。FOR 指令和 NEXT 指令间包含的程序,称为循环体,循环体内的程序就是要反复循环执行的操作。如果在循环体内又包含了另外一个完整的循环,则称为循环的嵌套。

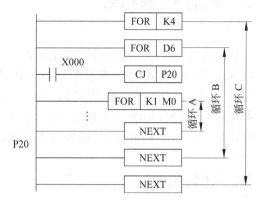

图 5.22　FOR-NEXT 指令举例

图 5.22 中循环 C 的循环体中包含了循环 B 的全部,循环 B 的循环体中包含了循环 A 的全部,这是三重循环的嵌套。循环指令最多允许 5 层嵌套。嵌套循环程序的执行总是由内向外,逐层循环的。

循环次数由 FOR 后的数值指定,表 5.9 中[S·]区间内的元件都可以。循环次数范围为 1~32767,如循环次数<1 时,被当作 1 处理,FOR-NEXT 循环一次。循环程序使程序显得简明精炼。

例 5.4　已知 M3=1,M2=0,M1=0,M0=1,在 D6=10 时,试计算图 5.22 中各循环的执行次数。

解　图 5.22 中是三重循环的嵌套,按照循环程序的执行次序由内向外计算各循环次数。

(1) 单独一个循环 A 执行的次数

最里层的循环次数是 K1M0,也就是由 M3、M2、M1、M0 这 4 个辅助继电器组成的数据 9 作为循环次数。所以 A 循环将执行 9 次。

(2) 循环 B 执行次数(不考虑 C 循环)

第二层的 B 循环次数由 D6 指定,应为 10 次。B 循环包含了整个 A 循环,所以整个 A 循环都要被启动 10 次。因为每启动一次 A 循环,其循环体都要被执行 10 次,之后才能出来,现在 A 循环要启动 10 次,所以 A 循环体将被执行 10×9=90 次。

(3) 循环 C 执行次数

最外层的 C 循环次数由 K4 指定为 4 次。同样道理,C 循环每执行一次,B 循环将执行 10 次,所以 B 循环的循环次数为 4×10=40 次。而 A 循环则将执行 4×10×9=360 次。

注意,在应用 FOR-NEXT 循环指令时应避免下述出错情况。

① NEXT 指令出现在 FOR 指令之前。

② FOR 和 NEXT 指令不是成对使用。

③ NEXT 指令出现在 FEND 或 END 指令之后。

5.3 数据传送指令

数据比较与传送操作出现得十分频繁,为此,FX2N 系列 PLC 中设置了两条数据比较指令,8 条数据传送指令,其功能号是 FNC10~FNC19。比较指令包括 CMP(比较)和 ZCP(区间比较)两条指令。传送指令包括 MOV(传送)、SMOV(BCD 码移位传送)、CML(取反传送)、BMOV(数据块传送)、FMOV(多点传送)、XCH(数据交换)、BCD(二进制数转换成 BCD 码并传送)和 BIN(BCD 码转换为二进制数并传送)8 条指令。

5.3.1 比较指令

比较 CMP(Compare)指令格式为:

```
FNC10 CMP [S1·] [S2·] [D·]
```

其中,[S1·]、[S2·]为两个比较的源操作数;[D·]为比较结果的标志软元件,指令中给出的是标志软元件的首地址(标号最小的那个)。

比较指令的助记符、功能号、操作数和程序步等指令概要如表 5.10 所示。由表 5.10 可见,能够充当标志位的软元件只有输出继电器 Y、辅助继电器 M 和状态元件 S;能够充当源操作数的为表中[S1·]、[S2·]所指定的范围内的所有软元件。

表 5.10 比较指令概要

比较指令		操 作 数								程 序 步	
		[S1·][S2·]									
P	FNC 10 CMP CMP(P)	K, H	KnX	KnY	KnM	KnS	T	C	D	V, Z	CMP CMP(P) 7 步
D			X	Y	M	S					(D)CMP (D)CMP(P) 13 步
					[D·]						

比较指令 CMP 可对两个数进行代数减法操作,将源操作数[S1·]和[S2·]进行比较,结果送到目的操作数[D·]中,再将比较结果写入指定的相邻三个标志软元件中。指令中所有源数据均作为二进制数处理。

图 5.23 所示为比较指令 CMP 的示例梯形图,对应的指令为:

```
CMP K100 D10 M0
```

在图 5.23 中,如果 X010 接通,将执行比较操作,将 100 减去 D10 中的内容,再将比较结果写入相邻三个标志软元件 M0~

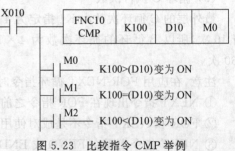

图 5.23 比较指令 CMP 举例

M2 中。标志位的操作规则是：

若 K100>(D10)，则 M0 被置 1；

若 K100=(D10)，则 M1 被置 1；

若 K100<(D10)，则 M2 被置 1。

可见 CMP 指令执行后，标志位中必有一个被置 1，而其余两个均为 0。

CMP 指令可以比较两个 16 位二进制数，也可以比较两个 32 位二进制数。32 位时指令格式为：

(D)CMP [S1·] [S2·] [D·]

CMP 指令也可以有脉冲操作方式，格式为：(D)CMP(P) [S1·] [S2·] [D·]，只有在驱动条件由 OFF→ON 时进行一次比较。

注意，指令中的三个操作数必须按表 5.10 所示编写，如果缺操作数，或操作元件超出此表中指定范围等都要引起出错。可用 RST 或 ZRST 复位指令清除比较结果。

5.3.2 区间比较指令

区间比较 ZCP(Zone Compare)指令格式为：

FNC11 ZCP [S1·] [S2·] [S3·] [D·]

其中，[S1·]和[S2·]为区间起点和终点；[S3·]为另一比较软元件；[D·]为标志软元件，指令中给出的是标志软元件的首地址。

区间比较指令的助记符、功能号、操作数和程序步等指令概要如表 5.11 所示。由表 5.11 可见，能够充当标志位的软元件只有 Y、M 和 S；能够充当源操作数的为表中[S1·]、[S2·]和[S3·]所指定的范围内的所有软元件。区间比较指令 ZCP 可将某个指定的源数据[S3·]与一个区间的数据进行代数比较，源数据[S1·]和[S2·]分别为区间的下限和上限，比较结果送到目的操作数[D·]中，[D·]由三个连续的标志位软元件组成。标志位操作规则是：若源数据[S3·]处在上下限之间，则第二个标志位置 1；若源数据[S3·]小于下限，则第一个标志位置 1；若源数据[S3·]大于上限，则第三个标志位置 1。ZCP 指令执行后标志位必定有一个是 1，其余两个是 0。如果[S1·]不比[S2·]小，则将[S1·]和[S2·]看做一样大。

表 5.11 区间比较指令概要

区间比较指令		操 作 数								程 序 步	
		[S1·][S2·][S3·]									
P	FNC 11	K, H	KnX	KnY	KnM	KnS	T	C	D	V, Z	ZCP
	ZCP		X	Y	M	S					ZCP(P) 9 步
D	ZCP(P)					[D·]					(D)ZCP
											(D)ZCP(P) 17 步

图 5.24 所示为区间比较指令示例梯形图，对应指令为：

ZCP K100 K200 C0 M0

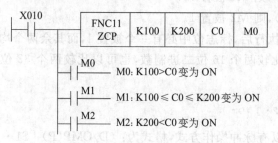

图 5.24 区间比较指令 ZCP 举例

如果 X010 接通，将执行区间比较操作，将 C0 的内容与区间的上下限进行比较，比较结果写入相邻三个标志位软元件 M0~M2 中。标志位操作规则是：

若 K100＞C0，则 M0 被置 1；

若 K100≤C0≤K200，则 M1 被置 1；

若 K200＜C0，则 M2 被置 1。

ZCP 指令有 32 位操作和脉冲操作方式：

(D)ZCP(P)[S1·][S2·][S3·][D·]

有关 ZCP 指令操作数等注意事项同 CMP 指令。

5.3.3 传送指令

数据传送 MOV(Move) 指令格式为：

FNC12 MOV [S·][D·]

其中，[S·]为源数据；[D·]为目软元件。数据传送指令的功能是将源数据传送到目软元件中去。数据传送指令的助记符、功能号、操作数和程序步等指令概要如表 5.12 所示。

表 5.12 数据传送指令概要

传送指令		操作数								程序步	
P	FNC12	[S·]								MOV	
	MOV	K, H	KnX	KnY	KnM	KnS	T	C	D	V, Z	MOV(P)	5 步
D	MOV(P)	[D·]								(D) MOV	
										(D) MOV (P)	9 步

由表 5.12 可见，能够充当源操作数的为表中[S·]所指定的范围内的所有软元件；能够充当目操作数的软元件要除去常数 K、H 和输入继电器位组合，如表中[D·]所指

定的范围内的软元件。

图 5.25 所示为数据传送指令 MOV 的示例梯形图,其对应的指令为 MOV D10 D20。如果 X010 接通,将执行数据传送指令,将 D10 的内容传送到 D20 中去,传送结束 D10 内容保持不变,D20 中内

图 5.25 数据传送指令 MOV 举例

容被 D10 内容转化为二进制后取代。可以将 D10 中的内容通过多条传送指令传送到多个目的单元中去,传送结束 D10 的内容保持不变,也就是说源存储器是"取之不尽"的,而目存储器则是"后入为主"。

MOV 指令有 32 位操作和脉冲操作方式:

(D)MOV(P) [S·] [D·]

5.3.4 移位传送指令

移位传送 SMOV(Shift Move)指令格式为:

FNC13 SMOV [S·] m1 m2 [D·] n

其中,[S·]为源数据;m1 为被传送的起始位;m2 为传送位数;[D·]为目的软元件;n 为传送的目的起始位。移位传送指令的功能是将[S·]第 m1 位开始的 m2 个数移位到[D·]的第 n 位开始的 m2 个位置去,m1、m2 和 n 的取值均为 1~4。分开的 BCD 码重新分配组合,一般用于多位 BCD 拨盘开关的数据输入。

移位传送指令的助记符、功能号、操作数和程序步等指令概要如表 5.13 所示。由表 5.13 可见,能够充当源操作数的为表中[S·]所指定的范围内的所有软元件;能够充当目操作数的软元件要除去常数 K、H 和输入继电器位组合,如表中[D·]所指定的范围内的软元件。

表 5.13 移位传送指令概要

移位传送指令	操作数								程序步
P 16	FNC 13 SMOV SMOV(P)	[S·]							SMOV SMOV(P) 11 步
		K, H	KnX	KnY	KnM	KnS	T	C	D	V,Z
		n m1, m2		[D·]					

图 5.26 所示为 SMOV 的示例梯形图,对应指令为:SMOV D10 K4 K2 D20 K3。移

图 5.26 移位传送指令 SMOV 举例

位传送示意图如图 5.27 所示。假设 D10 中的数据为对应 BCD 码 4321，D20 中的数据为对应 BCD 码 9008。如果 X010 接通，将执行移位传送指令。首先将 D10 中的二进制数转换成对应的 BCD 码，即如上面假设的为 4321；然后将第 4 位（m1＝K4）开始的共 2 位（m2＝K2）BCD 码，即 BCD 码 4 和 3，分别移到 D20 的第 3 位（n＝K3）和第 2 位的 BCD 码位置上去，D20 原来第 3 和第 2 位上的 BCD 码 00 将被 43 取代，没有进行传送的第 4 位和第 1 位上的 BCD 码仍为原来的数据 9 和 8，所以移位传送后 D20 的内容将为 9438。移位传送指令只能对 16 位数据进行操作，所以 BCD 码值超过 9999 时将会出错。

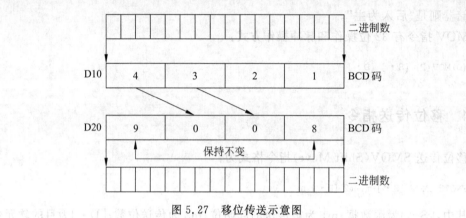

图 5.27 移位传送示意图

SMOV 指令有脉冲操作方式：SMOV(P)[S·] m1 m2 [D·] n，只有在驱动条件由 OFF→ON 时进行一次移位传送操作。

5.3.5 取反传送指令

取反传送 CML（Complement Move）指令格式为：

FNC14 CML [S·] [D·]

其中，[S·] 为源数据；[D·] 为目的软元件。取反传送指令的功能是将 [S·] 按二进制的位取反后送到目的软元件中。取反传送指令的助记符、功能号、操作数和程序步等指令概要如表 5.14 所示。由表 5.14 可见，能够充当源操作数的为表中 [S·] 所指定的范围内的所有软元件；能够充当目操作数的软元件要除去常数 K、H 和输入继电器位组合，如表中 [D·] 所指定的范围内的软元件。

表 5.14 取反传送指令概要

取反传送指令		操 作 数								程 序 步	
P D	FNC 14 CML CML (P)	[S·]								CML CML(P)	5 步
		K, H	KnX	KnY	KnM	KnS	T	C	V, Z		
		[D·]								(D)CML (D) CML(P)	9 步

图 5.28 所示为取反传送指令 CML 的示例梯形图,对应指令为:CML D10 K1Y001。

图 5.28 取反传送指令 CML 举例

在图 5.28 中,如果 X010 接通,将执行取反传送指令。首先将 D10 中的各个位取反,所谓取反是指原来的"1"变为"0",原来的"0"变为"1"。然后根据 K1Y001 指定,将 D10 的低 4 位送到 Y004、Y003、Y002、Y001 四位目的元件中去,因此 Y005 以上的输出继电器不会有任何变化。如果被取反的软元件是常数,则无论是 K 型或 H 型都将被变换成二进制数后,再取反传送。

CML 指令有 32 位操作和脉冲操作方式:

(D)CML(P)[S•][D•]

5.3.6 块传送指令

块传送 BMOV(Block Move)指令格式为:

FNC15 BMOV [S•][D•] n

其中,[S•]为源软元件;[D•]为目的软元件;n 为数据块个数。块传送指令的功能是将源软元件中的 n 个数据组成的数据块传送到指定的目的软元件中去。如果元件号超出允许元件号的范围,数据仅传送到允许范围内。

块传送指令的助记符、功能号、操作数和程序步等指令概要如表 5.15 所示。由表 5.15 可见,能够充当源操作数的为表中[S•]所指定的范围内的所有软元件,包括文件寄存器(D1000~D2999);能够充当目操作数的软元件要除去常数 K、H 和输入继电器位组合,如表中[D•]所指定的范围内的软元件;能够充当数据块个数的只有常数 K、H,如表中 n 所指定的范围。

表 5.15 块传送指令概要

块传送指令	操 作 数								程 序 步
P 16	FNC15 BMOV BMOV(P)	[S•]							BMOV BMOV(P) 7 步
		K, H	KnX	KnY	KnM	KnS	T	C	D	V, Z
		n	[D•]						

图 5.29(a)所示为块传送指令示例梯形图,对应指令为:

BMOV D0 D10 K3

在图 5.29(a)中,如果 X010 接通,将执行块传送指令。根据 K3 指定数据块个数为 3,则将 D0~D2 中的内容传送到 D10~D12 中去,如图 5.29(b)所示。传送后 D0~D2 中

图 5.29 块传送指令 BMOV

的内容不变,而 D10~D12 的内容相应被 D0~D2 中内容取代。当源、目软元件的类型相同时,传送顺序自动决定。如果源、目软元件的类型不同,只要位数相同就可以正确传送。如果源、目的软元件号超出允许范围,则只对符合规定的数据进行传送。

BMOV 指令没有 32 位操作方式,但有脉冲操作方式,BMOV 指令的脉冲操作格式为:

BMOV(P)[S·][D·]n

5.3.7 多点传送指令

多点传送 FMOV(Fill Move)指令格式为:

FNC16 FMOV [S·][D·]n

其中,[S·]为源软元件;[D·]为目的软元件;n 为目软元件个数。多点传送指令的功能是将一个源软元件中的数据传送到指定的 n 个目软元件中去。指令中给出的是目软元件的首地址。它常用于对某一段数据寄存器清零或置相同的初始值。

多点传送指令的助记符、功能号、操作数和程序步等指令概要如表 5.16 所示。由表 5.16 可见,能够充当源操作数的为表中[S·]所指定的范围内的所有软元件;能够充当目操作数的软元件要除去常数 K、H 和输入继电器位组合,如表中[D·]所指定的范围内的软元件;能够充当目软元件个数 n 的只有常数 K、H,如表中 n 所指定的范围。

表 5.16 多点传送指令概要

多点传送指令		操 作 数							程 序 步	
P 16	FNC16 FMOV FMOV(P)	[S·]							FMOV FMOV(P)	7 步
		K, H	KnX	KnY	KnM	KnS	T C D	V, Z		
		n			[D·]					

图 5.30(a)所示为多点传送指令的示例梯形图,对应指令为:

FMOV D0 D10 K3

在图 5.30(a)中,如果 X010 接通,将执行多点传送指令。根据 K3 指定目元件个数为 3,则将 D0 中的内容传送到 D10~D12 中去,如图 5.30(b)所示。传送后 D0 中的内容

图 5.30 多点传送指令 FMOV

不变,而 D10～D12 中的内容被 D0 中的内容取代。如果目软元件号超出允许范围,则只对符合规定的数据进行传送。

FMOV 指令没有 32 位操作方式,但有脉冲操作方式,FMOV 指令的脉冲操作格式为:

FMOV(P)[S·][D·]n

5.3.8 数据交换指令

数据交换 XCH(Exchange)指令格式为:

FNC17 XCH [D1·] [D2·]

其中,[D1·]、[D2·]为两个目的软元件。数据交换指令的功能是将两个指定的目的软元件的内容进行交换操作,指令执行后两个目的软元件的内容互相交换。

数据交换指令的助记符、功能号、操作数和程序步等指令概要如表 5.17 所示。由表 5.17 可见,能够充当目操作数的如表中[D1·]、[D2·]所指定范围内的所有软元件。

表 5.17 数据交换指令概要

数据交换指令		操 作 数								程 序 步	
		[D1·]								XCH	
P	FNC17									XCH(P)	5 步
	XCH	K, H	KnX	KnY	KnM	KnS	T	C	D	V, Z	
D	XCH(P)									DXCH	
		[D2·]								DXCH(P)	9 步

图 5.31 所示为数据交换指令 XCH 的示例梯形图,对应指令为:

XCH D10 D20

图 5.31 数据交换指令 XCH 举例

在图 5.31 中,如果 X010 接通,将执行数据交换指令。即将 D10 的内容传送到 D20 中去,而 D20 中的内容则传送到 D10 中去,两个软元件的内容互换。

要注意的是,按照图 5.31 中的梯形图,数据在每个扫描周期都要交换 1 次,而经过两次交换后 D10 和 D20 的内容将复原,等于没有交换。解决的办法是使用 XCH 指令的脉冲方式,只有在驱动条件由 OFF→ON 时进行一次交换操作。XCH 指令也可以有 32 位操作方式,其 32 位脉冲操作指令格式为:

(D)XCH(P)[D1·] [D2·]

5.3.9 BCD 变换指令

二-十进制码变换 BCD(Binary Code to Decimal)指令格式为:

FNC18 BCD [S·] [D·]

其中,[S·]为被转换的软元件;[D·]为目的软元件。BCD 码变换指令的功能是将指定软元件的内容转换成 BCD 码并送到指定的目的软元件中去。BCD 码变换指令将 PLC 内的二进制数变换成 BCD 码后,再译成 7 段码,就能输出驱动 LED 显示器。

BCD 码变换指令的助记符、功能号、操作数和程序步等指令概要如表 5.18 所示。由表 5.18 可见,能够充当源操作数的要除去常数 K、H,如表中[S·]所指定的范围内的所有软元件;能够充当目操作数的软元件要除去常数 K、H 和输入继电器位组合,如表中[D·]所指定的范围内的软元件。

表 5.18 BCD 码变换指令概要

BCD 码变换指令		操 作 数								程 序 步	
		[S·]									
P	FNC18	K, H	KnX	KnY	KnM	KnS	T	C	D	V, Z	BCD
	BCD										BCD(P) 5 步
D	BCD(P)				[D·]						(D)BCD
											(D)BCD(P) 9 步

图 5.32 所示为 BCD 码变换指令的示例梯形图,对应指令为:

BCD D10 K2Y000

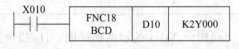

图 5.32 BCD 码变换指令 BCD 举例

在图 5.32 中,如果 X010 接通,将执行 BCD 码变换指令,将 D10 寄存器中的二进制数转换成 BCD 码,然后将其低八位内容送到 Y007～Y000 中去。指令执行过程的示意图如图 5.33 所示。

注意,如果超出了 BCD 码变换指令能够转换的最大数据范围就会出错。16 位操作时范围为 0～9999;32 位操作时范围为 0～99999999。

BCD 码变换指令有 32 位操作和脉冲操作方式:

(D)BCD(P)[S·] [D·]

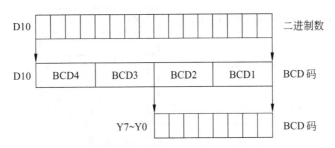

图 5.33　BCD 码变换指令执行示意图

5.3.10　BIN 变换指令

二进制变换 BIN(Binary)指令格式为：

FNC19 BIN [S·] [D·]

其中，[S·]为被转换的软元件；[D·]为目的软元件。BIN 变换指令的功能是将指定软元件中的 BCD 码转换成二进制数并送到指定的目的软元件中去。此指令的作用正好与 BCD 变换指令相反，用于将软元件中的 BCD 码转换成二进制数。

BIN 变换指令的助记符、功能号、操作数和程序步等指令概要如表 5.19 所示。由表 5.19 可见，能够充当源操作数的要除去常数 K、H，如表中[S·]所指定的范围内的所有软元件；能够充当目操作数的软元件要除去常数 K、H 和输入继电器位组合，如表中[D·]所指定的范围内的软元件。

表 5.19　BIN 变换指令概要

BIN 变换指令		操　作　数								程　序　步	
		[S·]								BIN	
P	FNC19	K, H	KnX	KnY	KnM	KnS	T	C	D	V, Z	BIN(P)　5 步
	BIN									(D)BIN	
D	BIN(P)				[D·]					(D)BIN(P)　9 步	

图 5.34 所示为 BIN 变换指令的示例梯形图，对应指令为：BIN K2X000 D10。这条指令可以将 BCD 拨盘的设定值通过 X007～X000 输入到 PLC 中去。

在图 5.34 中，如果 X010 接通，将执行 BIN 变换指令，把从 X007～X000 上输入的两位 BCD 码变换成二进制数，传送到 D10 的低八位中。上述指令执行过程的示意图如图 5.35 所示，假设输入的 BCD 码值是 63，如果不用 BIN 变换指令直接输入，将是二进制的 01100011，即十进制的 99，从而就会引起数据错误。如果用 BIN 变换指令输入，将会先把 BCD 码 63 转化成二进制的 00111111，就不会出错了。

图 5.34　BIN 变换指令举例

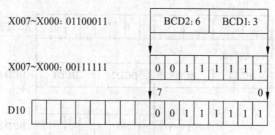

图 5.35 BIN 变换指令执行示意图

BIN 变换指令有 32 位操作和脉冲操作方式：

(D)BIN(P)[S·][D·]

5.4 算术和逻辑运算指令

算术和逻辑运算指令是基本运算指令，通过算术和逻辑运算可以实现数据的传送、变换及其他控制功能。FX2N 系列 PLC 中设置了 10 条算术和逻辑运算指令，其功能号是 FNC20～FNC29。FX2 系列 PLC 仅有整数运算指令，而 FX2N 系列 PLC 具有实数运算指令。

5.4.1 BIN 加法指令

二进制加法 ADD(Addition)指令格式为：

FNC20 ADD [S1·] [S2·] [D·]

其中，[S1·]、[S2·]为两个作为加数的源软元件；[D·]为存放相加和的目的元件。ADD 指令的功能是将指定的两个源软元件中的有符数进行二进制加法运算，然后将和数送入指定的目的软元件中。

二进制加法指令的助记符、功能号、操作数和程序步等指令概要如表 5.20 所示。由表 5.20 可见，能够充当源操作数的如表中[S1·]、[S2·]所指定的范围内的所有软元件；能够充当目操作数的软元件要除去常数 K、H 和输入继电器位组合，如表中[D·]所指定的范围内的软元件。

表 5.20 二进制加法指令概要

加法指令		操 作 数								程 序 步	
		[S1·][S2·]									
P	FNC20 ADD ADD(P)	K, H	KnX	KnY	KnM	KnS	T	C	D	V, Z	ADD ADD(P) 7 步
D		[D·]									(D)ADD (D)ADD(P) 13 步

有符数是指每个数的最高位作为符号位,符号位按"正 0 负 1"判别,而且加法运算是代数运算。加法指令影响三个标志位,若相加结果为 0 时,零标志位 M8020=1;若发生进位,即运算结果在 16 位操作时大于 32767,在 32 位操作时大于 2147483647,则进位标志寄存器 M8022=1;若相加结果在 16 位操作时小于 −32767,在 32 位操作时小于 −2147483647,则借位标志 M8021=1。若将浮点数标志位 M8023 置 1,则可以进行浮点数加法运算。

图 5.36 所示为加法指令 ADD 的示例梯形图,对应的指令为:

ADD K10 D10 D20

图 5.36 加法指令 ADD 举例

在图 5.36 中,如果 X010 接通,将执行加法运算,将 10 与 D10 中的内容相加,结果送入 D20 中,并根据运算的结果使相应的标志位置 1。

ADD 指令有 32 位操作方式,如(D)ADD D10 D20 D30。注意,这时指令中给出的源、目软元件是它们的首地址,如对加数 1 来说,低 16 位在 D10 中,高 16 位在相邻下一数据寄存器 D11 中,两者组成一个 32 位的加数 1。同理,D21 和 D20 组成了另一个 32 位的加数 2;D31 和 D30 组成了 32 位的和数单元。为了避免重复使用某些软元件,也建议用偶数元件号。

ADD 指令中操作数源和目可以用相同的元件号,例如:ADD D10 D20 D10,指令执行时将 D10 和 D20 的内容相加后送入 D10 中。在使用这种连续指令时,每个扫描周期都会进行一次加法,这将导致累加和的溢出而出错。解决的办法是改用脉冲方式:

ADD(P) D10 D20 D10

只有在驱动条件由 OFF→ON 时进行一次加法运算。

5.4.2 BIN 减法指令

二进制减法 SUB(Subtraction)指令格式为:

FNC21 SUB [S1·] [S2·] [D·]

其中,[S1·]、[S2·]分别为作为被减数和减数的源软元件;[D·]为存放相减差的目的元件。SUB 指令的功能是将指定的两个源软元件中的有符数进行二进制代数减法运算,然后将相减结果送入指定的目的软元件中。

二进制减法指令的助记符、功能号、操作数和程序步等指令概要如表 5.21 所示。由表 5.21 可见,能够充当源操作数的如表中[S1·]、[S2·]所指定的范围内的所有软元件;能够充当目操作数的软元件要除去常数 K、H 和输入继电器位组合,如表中[D·]所指定的范围内的软元件。

表 5.21 二进制减法指令概要

减法指令		操作数								程序步	
P D	FNC21 SUB SUB(P)	[S1·][S2·]								SUB SUB(P)	7 步
		K, H	KnX	KnY	KnM	KnS	T	C	D	V, Z	(D)SUB
		[D·]								(D)SUB(P)	13 步

SUB 指令进行的运算也是二进制有符数减法,被减数和减数的最高位是符号位,而且减法运算是代数运算。减法指令也影响标志位,若相减结果为 0 时,零标志位 M8020=1;若相减时发生借位,则借位标志 M8021=1;若相减结果在 16 位操作时大于 32767,在 32 位操作时大于 2147483647,则进位标志 M8022=1。若将浮点数标志位 M8023 置 1,则可以进行浮点数减法运算。

图 5.37 所示为减法指令 SUB 的示例梯形图,对应的指令为:

SUB K10 D10 D20

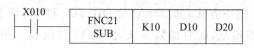

图 5.37 减法指令 SUB 举例

在图 5.37 中,如果 X010 接通,将执行减法运算,将 10 与 D10 中的内容相减,结果送入 D20 中,并根据运算的结果使相应的标志位置 1。

SUB 指令的 32 位脉冲操作格式为:(D)SUB(P)[S·][D·],同加法指令一样,指令中给出的是源、目软元件的首地址。

5.4.3 BIN 乘法指令

二进制乘法 MUL(Multiplication)指令格式为:

FNC22 MUL [S1·] [S2·] [D·]

其中,[S1·]、[S2·]分别为作为被乘数和乘数的源软元件;[D·]为存放相乘积的目元件的首地址。MUL 指令的功能是将指定的两个源软元件中的数进行二进制有符数乘法运算,然后将相乘的积送入指定的目软元件中。

二进制乘法指令的助记符、功能号、操作数和程序步等指令概要如表 5.22 所示。由表 5.22 可见,能够充当源操作数的如表中[S1·]、[S2·]所指定的范围内的所有软元件;能够充当目操作数的软元件要除去常数 K、H 和输入继电器位组合,如表中[D·]所指定的范围内的软元件。V 和 Z 中只有 Z 可以用于 16 位乘法的目的软元件,其他情况不能用 V、Z 来指明存放乘积的软元件。

图 5.38 所示为乘法指令 MUL 的示例梯形图,对应的指令为:

MUL D10 D20 D30

表 5.22 二进制乘法指令概要

乘法指令		操作数									程序步	
P	FNC22	[S1·][S2·]									MUL MUL(P)	7 步
D	MUL MUL(P)	K, H	KnX	KnY	KnM	KnS	T	C	D	*Z V	(D)MUL (D)MUL(P)	13 步
		*：16位时可用			[D·]							

图 5.38 乘法指令 MUL 举例

在图 5.38 中,如果 X010 接通,将执行有符数乘法运算,将 D10 与 D20 中的内容相乘,积送入 D31 和 D30 中两个目的单元中去。

MUL 指令进行的是有符数乘法,被乘数和乘数的最高位是符号位。MUL 指令分为 16 位和 32 位操作两种情况。

(1) 16 位乘法运算

16 位二进制数乘法运算的源都是 16 位的,但是积却是 32 位的。积将按照"高对高,低对低"的原则存放到目软元件中,即积的低 16 位存放到指令中给出的低地址目软元件中,高 16 位存放到高一号地址的目软元件中。如果积用位元件(Y、M、S)组合进行存放,则目软元件要用 K8 来给定,小于 K8 将得不到 32 位的积,如用 K4 则只能得到低 16 位。

16 位乘法允许使用脉冲执行方式:

MUL(P)[S1·] [S2·] [D·]

(2) 32 位乘法运算

MUL 指令有 32 位操作和脉冲操作方式,如下面就是一条 32 位的脉冲方式的 MUL 指令:

(D)MUL(P) D10 D20 D30

这条指令中的源都是 32 位的,被乘数的 32 位在 D11 和 D10 中,乘数的 32 位在 D21 和 D20 中;但是积却是 64 位的,并将存放到 D33、D32、D31 和 D30 中。如果积用位元件(Y、M、S)组合来存放,即使用 K8 来指定,也只能得到积的低 32 位,积的高 32 位将丢失。解决的办法是先用字元件存放积,然后再传送到位元件组合。若将浮点数标志位 M8023 置 1,则可以进行浮点数乘法运算。

5.4.4 BIN 除法指令

二进制除法 DIV(Division)指令格式为:

FNC23 DIV [S1·] [S2·] [D·]

其中，[S1·]和[S2·]分别是存放被除数和除数的源软元件；[D·]为商和余数的目软元件的首地址。DIV指令的功能是将指定的两个源软元件中的数进行二进制有符数除法运算，然后将相除的商和余数送入从首地址开始的相应的目的软元件中。

二进制除法指令的助记符、功能号、操作数和程序步等指令概要如表5.23所示。由表5.23可见，能够充当源操作数的如表中[S1·]和[S2·]所指定的范围内的所有软元件；能够充当目操作数的软元件要除去常数K、H和输入继电器位组合，如表中[D·]所指定的范围内的软元件。要说明的是，V和Z中只有Z可以用于16位除法的目的软元件，其他情况都不能用V、Z来指定。

表5.23 二进制除法指令概要

除法指令	操作数									程序步
P FNC23 DIV D DIV(P)	[S1·][S2·]									DIV DIV(P)　　7步 (D)DIV (D)DIV(P)　13步
	K, H	KnX	KnY	KnM	KnS	T	C	D	*Z V	
	*: 16位时可用			[D·]						

图5.39所示为除法指令DIV的示例梯形图，对应的指令为：

DIV D10 D20 D30

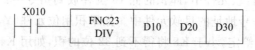

图5.39 除法指令DIV举例

在图5.39中，如果X010接通，将执行除法运算，将D10与D20中的内容相除，商送入D30中，而余数放入D31中。DIV指令进行的是有符数除法，被除数和除数的最高位是符号位。当然，二进制商和余数的最高位也是符号位，符号位按"正0负1"判别。

DIV指令分为16位和32位两种操作。

(1) 16位除法运算

16位除法运算的源、目都是16位的二进制数，虽然商是不会超过16位的。如果商用位元件组合来存放，能得到相应指定位数的商，如用K2M0指定能得到8位，用K4M0指定能得到16位，但这时余数将丢失。解决的办法是先用字元件存放商和余数，然后再传送到位元件组合去。16位除法运算允许使用脉冲执行方式：

DIV(P) [S1·] [S2·] [D·]

(2) 32位除法运算

DIV指令有32位脉冲操作方式，如：

(D)DIV(P) D10 D20 D30

这条指令中的源、目都是32位的，指令中给出的都只是它们的首地址。被除数的32位在D11和D10中；除数的32位在D21和D20中；商的32位在D31和D30中；余数的 32 位在 D33 和 D32 中。同 16 位操作时一样，它们都是按照"高对高，低对低"的原则存放的。如果商用位元件组合来存放，能得到相应指定位数的商，如用 K4M0 指定能得到 16 位，用 K8M0 指定能得到 32 位，但这时余数将丢失。解决的办法是先用字元件存放商和余数，然后再传送到位元件组合中去。

除法运算中除数不能为 0，否则要出错。若将浮点数标志位 M8023 置 1，则可以进行浮点数除法运算。

5.4.5　BIN 加 1 指令

二进制加一 INC(Increment) 指令格式为：

FNC24 INC [D·]

其中，[D·] 是要加 1 的目软元件。INC 指令的功能是将指定的目软元件的内容增加 1。

二进制加 1 指令的助记符、功能号、操作数和程序步等指令概要如表 5.24 所示。由表 5.24 可见，能够充当目操作数的软元件要除去常数 K、H 和输入继电器位组合，如表中 [D·] 所指定的范围内的软元件。

表 5.24　二进制加 1 指令概要

加 1 指令		操 作 数								程 序 步	
P	FNC24 INC INC(P)	K, H	KnX	KnY	KnM	KnS	T	C	D	V, Z	INC INC(P)　3 步
D					[D·]						(D)INC (D)INC(P)　5 步

图 5.40 所示为加 1 指令 INC 的示例梯形图，对应的指令为：

INC(P) D10

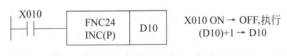

图 5.40　加 1 指令 INC 举例

5.1.3 小节中已经提到，实际的控制中一般不允许每个扫描周期目的元件都要加 1 的连续执行方式，所以，INC 指令经常使用的是脉冲操作方式。在图 5.40 中，如果 X010 由 OFF→ON 时，将执行一次加 1 运算，将原来的 D10 内容加 1 后作为新的 D10 内容。

INC 指令不影响标志位。比如，用 INC 指令进行 16 位操作时，当正数 32767 再加 1 时，将会变为 －32768；在进行 32 位操作时，当正数 2147483647 再加 1 时，将会变为 －2147483648。这两种情况下进位或借位标志都不受影响。INC 指令最常用于循环次数、变址操作等情况。

5.4.6 BIN 减 1 指令

二进制减一 DEC(Decrement)指令格式为：

FNC25 DEC [D·]

其中，[D·]是要减1的目软元件。DEC指令的功能是将指定的目软元件的内容减1。

二进制减1指令的助记符、功能号、操作数和程序步等指令概要如表5.25所示。由表5.25可见，能够充当目操作数的软元件要除去常数 K、H 和输入继电器位组合，如表中[D·]所指定的范围内的软元件。

表 5.25 二进制减 1 指令概要

减1指令		操 作 数								程 序 步	
P	FNC25 DEC DEC(P)	K, H	KnX	KnY	KnM	KnS	T	C	D	V, Z	DEC DEC(P) 3步
D					[D·]						(D)DEC (D)DEC(P) 5步

图5.41所示为减1指令DEC的示例梯形图，对应的指令为：

DEC(P) D10

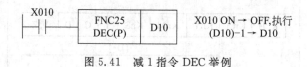

图 5.41 减 1 指令 DEC 举例

与加1指令类似，实际的控制中一般不允许每个扫描周期目的元件都要减1的连续执行方式，所以，DEC指令经常使用的是脉冲操作方式。在图5.41中，如果X010由OFF→ON时，将执行一次减1运算，将原来的D10内容减1后作为新的D10内容。

DEC指令不影响标志位。比如，用DEC指令进行16位操作时，当负数-32768再减1时，将会变为32767；在进行32位操作时，当负数-2147483648再减1时，将会变为2147483647。这两种情况下进位或借位标志都不受影响。DEC指令也常用于循环次数、变址操作等情况。

5.4.7 逻辑"与"指令

本书中没有特别声明时都是采用正逻辑，即用1表示接通状态(ON)，用0表示断开状态(OFF)。

逻辑"与"WAND指令格式为：

FNC26 WAND [S1·] [S2·] [D·]

其中，[S1·]和[S2·]为两个相"与"的源软元件；[D·]为存放相"与"结果的目的元件。WAND 指令的功能是将指定的两个源软元件中的数进行二进制按位"与"，然后将相"与"结果送入指定的目的软元件中。

逻辑"与"指令的助记符、功能号、操作数和程序步等指令概要如表 5.26 所示。由表 5.26 可见，能够充当源操作数的如表中[S1·]、[S2·]所指定的范围内的所有软元件；能够充当目操作数的软元件要除去常数 K、H 和输入继电器位组合，如表中[D·]所指定的范围内的软元件。

表 5.26 逻辑"与"指令概要

逻辑"与"指令		操 作 数							程 序 步	
P	FNC26	[S1·][S2·]							WAND	7 步
	WAND	K, H	KnX	KnY	KnM	KnS	T	C	WAND(P)	
D	WAND(P)	[D·]					V, Z		(D)AND	13 步
									(D)AND(P)	

图 5.42 所示为逻辑"与"指令示例梯形图，对应的指令为：

WAND D10 D20 D30

图 5.42 逻辑"与"指令 WAND 举例

WAND 前面的"W"表示 16 位字操作，以便与基本指令中数据宽度仅一位的 AND 指令相区别。在图 5.42 中，如果 X010 接通，将执行逻辑"与"运算，将 D10 与 D20 中的内容进行二进制按位"与"，相"与"结果将送入 D30 中。

假设 D10 中的数据为 12，D20 中的数据为 10，则送入 D30 的相"与"结果为 8，相"与"的示意图如图 5.43 所示。"与"运算的规则是："全 1 出 1，有 0 出 0。"在 D10 与 D20 相"与"运算中，只有第 3 位满足"全 1 出 1"，在第 2 至第 0 位相"与"中，至少有一位是 0，所以相"与"结果都是"有 0 出 0"。

图 5.43 逻辑"与"指令示意图

逻辑"与"指令有 32 位和脉冲操作方式，指令格式为：(D)AND(P)[S1·] [S2·] [D·]。同样，指令中给出的[S1·]、[S2·]和[D·]分别为源和目软元件的首地址。

5.4.8 逻辑"或"指令

逻辑"或"WOR 指令格式为：

FNC27 WOR [S1·] [S2·] [D·]

其中，[S1·]、[S2·]为两个相"或"的源软元件；[D·]为存放相"或"结果的目的元件。WOR 指令的功能是将指定的两个源软元件中的数进行二进制按位"或"，然后将相"或"结果送入指定的目的软元件中。

逻辑"或"指令的助记符、功能号、操作数和程序步等指令概要如表 5.27 所示。由表 5.27 可见，能够充当源操作数的如表中[S1·]、[S2·]所指定的范围内的所有软元件；能够充当目操作数的软元件要除去常数 K、H 和输入继电器位组合，如表中[D·]所指定的范围内的软元件。

表 5.27 逻辑"或"指令概要

逻辑"或"指令		操作数								程序步	
P	FNC27	[S1·][S2·]								WOR	
	WOR	K, H	KnX	KnY	KnM	KnS	T	C	D	V, Z	WOR(P)	7步
D	WOR(P)	[D·]								(D)OR	
										(D)OR(P)	13步

图 5.44 所示为逻辑"或"指令的示例梯形图，对应的指令为：

WOR D10 D20 D30

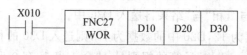

图 5.44 逻辑"或"指令 WOR 举例

WOR 前面的"W"表示 16 位字操作，以便与基本指令中数据宽度仅一位的 OR 指令相区别。在图 5.44 中，如果 X010 接通，将执行逻辑"或"运算，将 D10 与 D20 中的内容进行二进制按位"或"，相"或"结果将送入 D30 中。

假设 D10 中的数据为 12，D20 中的数据为 10，则送入 D30 的相"或"结果为 14，相"或"的示意图如图 5.45 所示。"或"运算的规则是："全 0 出 0，有 1 出 1。"在 D10 或 D20 相"或"运算中，只有第 0 位满足"全 0 出 0"，在第 3 至第 1 位相"或"中，至少有一位是 1，所以相"或"结果都是"有 1 出 1"。

逻辑"或"指令有 32 位和脉冲操作方式，指令格式为：(D)OR(P)[S1·] [S2·] [D·]。同样，指令中给出的[S1·]、[S2·]和[D·]分别为源和目软元件的首地址。

图 5.45 逻辑"或"指令示意图

5.4.9 逻辑"异或"指令

逻辑"异或"WXOR(Exclusive Or)指令格式为：

FNC28 WXOR [S1·] [S2·] [D·]

其中，[S1·]和[S2·]为两个相"异或"的源软元件；[D·]为存放相"异或"结果的目的元件。WXOR 指令的功能是将指定的两个源软元件中的数进行二进制按位"异或"，然后将相"异或"结果送入指定的目的软元件中。

逻辑"异或"指令的助记符、功能号、操作数和程序步等指令概要如表 5.28 所示。由表 5.28 可见，能够充当源操作数的如表中[S1·]、[S2·]所指定的范围内的所有软元件；能够充当目操作数的软元件要除去常数 K、H 和输入继电器位组合，如表中[D·]所指定的范围内的软元件。

表 5.28 逻辑"异或"指令概要

逻辑"异或"指令		操 作 数								程 序 步	
P	FNC28	[S1·][S2·]								WXOR	
	WXOR	K, H	KnX	KnY	KnM	KnS	T	C	D	V, Z	WXOR(P)	7 步
D	WXOR(P)	[D·]								(D)XOR	
										(D)XOR(P)	13 步

图 5.46 所示为逻辑"异或"指令的示例梯形图，对应的指令为：

WXOR D10 D20 D30

图 5.46 逻辑"异或"指令 WXOR 举例

WXOR 前面的"W"表示 16 位字操作。在图 5.46 中，如果 X010 接通，将执行逻辑"异或"运算，将 D10 与 D20 中的内容进行二进制按位"异或"，相"异或"结果将送入 D30 中。

假设 D10 中的数据为 12，D20 中的数据为 10，则送入 D30 的相"异或"结果为 6，相"异或"的示意图如图 5.47 所示。"异或"运算可以理解为不考虑进位的按位加，其规则是:"相同出 0,相异出 1。"在 D10 与 D20 相"异或"运算中,第 3 位和第 0 位满足"相同出 0",第 2 位和第 1 位满足"相异出 1"。

图 5.47 逻辑"异或"指令示意图

逻辑"异或"指令有 32 位和脉冲操作方式,指令格式为:(D)XOR(P)[S1·][S2·][D·]。同样,指令中给出的[S1·]、[S2·]和[D·]分别为源和目软元件的首地址。

5.4.10 求补指令

求补 NEG(Negation)指令格式为:

FNC29 NEG [D·]

其中,[D·]为存放求补结果的目软元件。NEG 指令的功能是将指定的目软元件[D·]中的数进行二进制求补运算,然后将求补结果再送入目软元件中。

求补指令的助记符、功能号、操作数和程序步等指令概要如表 5.29 所示。由表 5.29 可见,能够充当目操作数的软元件要除去常数 K、H 和输入继电器位组合,如表中[D·]所指定范围内的软元件。

表 5.29 求补指令概要

求补指令		操 作 数								程 序 步	
P	FNC29 NEG NEG(P)	K, H	KnX	KnY	KnM	KnS	T	C	D	V, Z	NEG NEG(P) 3 步
D					[D·]						(D)NEG (D)NEG(P) 5 步

图 5.48 所示为求补指令 NEG 的示例梯形图,对应的指令为:

NEG D10

在图 5.48 中,如果 X010 接通,将执行求补运算,即将 D10 中的二进制数,进行"连同符号位求反加 1",再将求补结果送入 D10。

求补的示意图如图 5.49 所示。假设 D10 中的数为十六进制的 H000C,执行这条求补指令时,就要对它进行"连同符号位求反加 1",也就是说最高位的符号位也得参加"求反加 1",求补结果为 HFFF4 再存入 D10 中。求补与求补码不同,求补码的规则是:"符号位不变,数值位求反加 1。"对 H000C 求补码的结果是 H7FF4,两者的结果不一样。求补指令是绝对值不变的变号运算,求补前的 H000C 的真值是十进制+12,而求补后的 HFFF4 的真值是十进制-12。

图 5.48 求补指令 NEG 举例

图 5.49 求补指令示意图

求补指令有 32 位和脉冲操作方式,指令格式为:

(D)NEG(P) [D·]

同样,[D·]为目软元件的首地址。求补指令一般使用其脉冲执行方式,否则每个扫描周期都将执行一次求补操作。

5.5 循环移位与移位指令

FX2N 系列 PLC 中设置了 10 条循环移位与移位指令,可以实现数据的循环移位、移位及先进先出等功能,其功能号是 FNC30~FNC39。其中,循环移位指令分右移 ROR 和左移 ROL,循环移位是一种闭环移动。移位分为带进位位移位 RCR 和 RCL,以及不带进位位移位 SFTR、SFTL、WSFR 和 WSFL。先进先出分为写入 SFWR 和读出 SFRD。

5.5.1 循环右移指令

循环右移 ROR(Ratation Right)指令格式为:

FNC30 ROR [D·] n

其中,[D·]为要移位的目软元件;n 为每次移动的位数。ROR 指令的功能是将指定的目软元件中的二进制数按照指令规定的每次移动的位数由高位向低位移动,最后移出的那一位将进入进位标志位 M8022。

循环右移指令的助记符、功能号、操作数和程序步等指令概要如表 5.30 所示。由表 5.30 可见,能够充当目操作数的软元件要除去常数 K、H 和输入继电器位组合,如

表 5.30 循环右移指令概要

循环右移指令		操 作 数								程 序 步
P	FNC30 ROR ROR(P)	K,H	KnX	KnY	KnM	KnS	T	C	D	V,Z	ROR ROR(P) 5 步
D		n			[D·]						(D)ROR (D)ROR(P) 9 步
		n≤16(16 位指令),n≤32(32 位指令)								

表中[D·]所指定的范围内的软元件；能够充当每次移动位数的为 K 和 H 指定的常数，如表中 n 所指定的范围。

图 5.50 所示为循环右移指令 ROR 的示例梯形图，对应的指令为：

```
ROR D10 K4
```

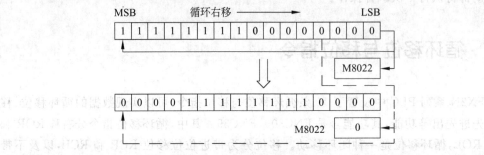

图 5.50　循环右移指令 ROR 举例

在图 5.50 中，如果 X010 接通，将执行循环右移操作，将 D10 的内容循环右移 4 位，并将最后移出的那一位送入标志位 M8022 中。

假设 D10 中的数据为 HFF00，则执行上述循环右移指令的示意图如图 5.51 所示。由于指令中 K4 指示每次循环右移 4 位，所以最低 4 位将被移出，并循环回补进入高 4 位中。所以循环右移 4 位 D10 中的内容将变为 H0FF0。最后移出的是第 3 位的"0"，它除了回补进入最高位外，同时进入进位标志 M8022 中。

图 5.51　循环右移过程示意图

在使用上述这条连续指令时，每个扫描周期都会进行一次循环右移。实际控制中常常要求驱动条件 X010 由 OFF→ON 时才进行一次循环右移，解决的办法是改用脉冲方式。

ROR 指令有 32 位和脉冲操作方式，指令格式为：

```
(D)ROR(P)D10 K4
```

这时指令中给出目软元件 D10 是其首地址，32 位操作数的低 16 位在 D10 中，高 16 位在相邻下一地址单元 D11 中。当目软元件指定为位元件组合时，只能是 K4 指定的 16 位，如 K4Y0，或者是 K8 指定的 32 位，如 K8M0；指定其他位数将无法操作，如 K3S0 等。

5.5.2　循环左移指令

循环左移 ROL(Ratation Left)指令格式为：

```
FNC31 ROL [D·] n
```

其中，[D·]为要移位的目软元件；n 为每次移动的位数。ROL 指令的功能是将指定的目软元件中的二进制数按照指令规定的每次移动的位数由低位向高位移动，最后移出的那一位将进入进位标志位 M8022。

循环左移指令的助记符、功能号、操作数和程序步等指令概要如表 5.31 所示。由表 5.31 可见，能够充当目操作数的软元件要除去常数 K、H 和输入继电器位组合，如表中 [D·] 所指定的范围内的软元件；能够充当每次移动位数的为 K 和 H 指定的常数，如表中 n 所指定的范围。

表 5.31　循环左移指令概要

循环左移指令		操　作　数								程　序　步	
P	FNC31	K, H	KnX	KnY	KnM	KnS	T	C	D	V, Z	ROL
	ROL	n			[D·]						ROL(P)　5 步
D	ROL(P)	n≤16(16 位指令)，n≤32(32 位指令)									(D)ROL
											(D)ROL(P)　9 步

图 5.52 所示为循环左移指令 ROL 的示例梯形图，对应的指令为：

ROL D10 K4

在图 5.52 中，如果 X010 接通，将执行循环左移操作，将 D10 的内容循环左移 4 位，并将最后移出的那一位送入标志位 M8022 中。

图 5.52　循环左移指令 ROL 举例

假设 D10 中的数据为 HFF00，则执行上述循环左移指令的示意图如图 5.53 所示。由于指令中 K4 指示每次循环左移 4 位，所以高 4 位将被移出，并循环回补进入低 4 位中。循环左移 4 位后 D10 中的内容将变为 HF00F。最后移出的是第 12 位的 1，它除了回补进入最低位外，同时进入进位标志 M8022 中。

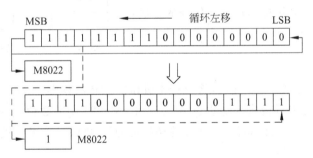

图 5.53　循环左移过程示意图

在使用上述这条连续指令时，每个扫描周期都会进行一次循环左移。实际控制中常常要求驱动条件 X010 由 OFF→ON 时才进行一次循环左移，解决的办法是改用脉冲方式。

ROR 指令有 32 位和脉冲操作方式，指令格式为：

(D)ROL(P) D10 K4

这时指令中给出目软元件 D10 是其首地址，32 位操作数的低 16 位在 D10 中，高 16 位在相邻的下一个地址单元 D11 中。当目软元件指定为位元件组合时，只能是 K4 指定的 16 位，如 K4Y0，或者是 K8 指定的 32 位，如 K8M0；指定其他位数将无法操作，如 K3S0 等。

5.5.3 带进位的循环右移指令

带进位的循环右移 RCR(Ratation Right with Carry)指令格式为:

FNC32 RCR [D·] n

其中,[D·]为要移位的目软元件;n为每次移动的位数。RCR 指令的功能是将指定的目软元件中的二进制数按照指令规定的每次移动的位数由高位向低位移动,最低位移动到进位标志位 M8022,M8022 中的内容则移动到最高位。

带进位的循环右移指令的助记符、功能号、操作数和程序步等指令概要如表 5.32 所示。

表 5.32 带进位的循环右移指令概要

带进位循环右移指令		操 作 数								程 序 步	
P	FNC32 RCR RCR(P)	K,H	KnX	KnY	KnM	KnS	T	C	D	V,Z	RCR RCR(P) 5步
D		n				[D·]					(D)RCR (D)RCR(P) 9步
		n≤16(16位指令), n≤32(32位指令)									

由表 5.32 可见,能够充当目操作数的软元件要除去常数 K、H 和输入继电器位组合,如表中 [D·] 所指定的范围内的软元件;能够充当每次移动位数的为 K 和 H 指定的常数,如表中 n 所指定的范围。

图 5.54 所示为带进位循环右移指令的示例梯形图,对应的指令为:

RCR D10 K4

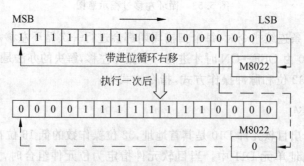

图 5.54 带进位循环右移指令举例

在图 5.54 中,如果 X010 接通,将执行带进位的循环右移操作,将 D10 的内容循环右移 4 位,每次移出的最低位进入标志位 M8022 中,M8022 中的数值则移入最高位。假设 D10 中的数据为 HFF00,标志位 M8022 的初始值为 0,则执行上述带进位的循环右移指令的示意图如图 5.55 所示。

```
    MSB                          LSB
  ┌─────────────────────────────┐
  │ 1 1 1 1 1 1 1 1 0 0 0 0 0 0 0 0 │
  └─────────────────────────────┘
              带进位循环右移
                              ┌──────┐
                              │ M8022│
                              └──────┘
             执行一次后
  ┌─────────────────────────────┐
  │ 0 0 0 0 1 1 1 1 1 1 1 1 0 0 0 0 │
  └─────────────────────────────┘
                              ┌──────┐
                              │ M8022│
                              │  0   │
                              └──────┘
```

图 5.55 带进位循环右移过程示意图

由于指令中 K4 指示每次循环右移 4 位，所以低 4 位将被移出，由于标志位 M8022 也参与每次的移位，所以标志位 M8022 中移入的是第 3 位的 0，M8022 的初始值以及低 3 位被循环回补进入高 4 位中。此指令执行之后，D10 中的内容将变为 H0FF0，标志位 M8022 的内容变为 0。

在使用上述这条连续指令时，每个扫描周期都会进行一次带进位的循环右移，实际控制中常常要求驱动条件 X010 由 OFF→ON 时才进行一次带进位的循环右移。解决的办法是改用脉冲方式。RCR 指令有 32 位和脉冲操作方式，指令格式为：

(D)RCR(P)D10 K4

这时指令中给出目软元件 D10 是其首地址，32 位操作数的低 16 位在 D10 中，高 16 位在相邻下一地址单元 D11 中。当目软元件指定为位元件组合时，只能是 K4 指定的 16 位，如 K4Y000，或者是 K8 指定的 32 位，如 K8M0；指定其他位数将无法操作，如 K3S0 等。

5.5.4 带进位的循环左移指令

带进位的循环左移 RCL(Ratation Left with Carry)指令格式为：

FNC33 RCL [D·] n

其中，[D·]为要移位的目软元件；n 为每次移动的位数。RCL 指令的功能是将指定的目软元件中的二进制数按照指令规定的每次移动的位数由低位向高位移动，最高位移动到进位标志位 M8022，M8022 则移动到最低位。

带进位的循环左移指令的助记符、功能号、操作数和程序步等指令概要如表 5.33 所示。由表 5.33 可见，能够充当目操作数的软元件要除去常数 K、H 和输入继电器位组合，如表中[D·]所指定的范围内的软元件；能够充当每次移动位数的为 K 和 H 指定的常数，如表中 n 所指定的范围。

表 5.33 带进位的循环左移指令概要

带进位循环左移指令		操 作 数							程 序 步	
P	FNC32 RCL RCL(P)	K,H	KnX	KnY	KnM	KnS	T C D	V,Z	RCL RCL(P)	5 步
D		n			[D·]				(D)RCL (D)RCL(P)	9 步
		n≤16(16位指令)，n≤32(32位指令)								

图 5.56 所示为带进位的循环左移指令的示例梯形图，对应的指令为：

RCL D10 K4

在图 5.56 中，如果 X010 接通，将执行带进位的循环左移操作，将 D10 的内容循环左移 4 位，每次移出的一位进入标志位 M8022 中，M8022 中的内容则移入最低位。

图 5.56 带进位的循环左移指令 RCL 举例

假设 D10 中的数据为 HFF00，标志位 M8022 的初始值为 1，则执行上述带进位的循环左移指令的示意图如图 5.57 所示。由于指令中 K4 指示每次循环左移 4 位,所以高 4 位将被移出,每次移出的一位进入标志位 M8022 中,M8022 中的内容循环回补进入最低位。循环左移 4 位后,D10 中的内容将变为 HF00F,标志位 M8022 的内容变为 1。

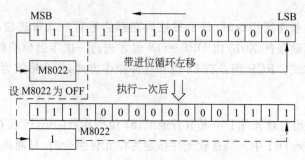

图 5.57 带进位的循环左移过程示意图

在使用上述这条连续指令时,每个扫描周期都会进行一次带进位的循环左移。实际控制中常常要求驱动条件 X010 由 OFF→ON 时才进行一次带进位的循环左移,解决的办法是改用脉冲方式。RCL 指令有 32 位和脉冲操作方式,指令格式为:(D)RCL(P) D10 K4。这时指令中给出目软元件 D10 是其首地址,32 位操作数的低 16 位在 D10 中,高 16 位在相邻下一地址单元 D11 中。

当目软元件指定为位元件组合时,只能是 K4 指定的 16 位,如 K4Y0,或者是 K8 指定的 32 位,如 K8M0;指定其他位数将无法操作,如 K3S0 等。

5.5.5 位元件右移指令

位元件右移 SFTR(Shift Right)指令格式为:

FNC34 SFTR [S·] [D·] n1 n2

其中,[S·]为移位的源位元件首地址;[D·]为移位的目位元件首地址;n1 为目位元件个数;n2 为源位元件移位个数。位右移是指源的低位将从目的高位移入,目向右移 n2 位,源位元件中的数据保持不变。位右移指令执行后,n2 个源位元件中的数被传送到了目的高 n2 位中,目位元件中的低 n2 位数从其低端溢出。

位元件右移指令的助记符、功能号、操作数和程序步等指令概要如表 5.34 所示。由表 5.34 可见,能够充当源操作数的是各类继电器和状态元件,如表中[S·]所指定的范围内的软元件;能够充当目操作数的为输出继电器、辅助继电器及状态元件,如表中[D·]所指定的范围内的软元件;能够充当 n1 和 n2 的只有常数 K 和 H,而且要求满足 n2≤n1≤1024,这是对 FX2N 系列 PLC 而言的,对于其他机型略有差异,如对于 FX0 和 FX0N 机型要求满足 n2≤n1≤512。

图 5.58 所示为位元件右移指令示例梯形图,对应的指令为:

SFTR X000 M0 K16 K4

表 5.34 位元件右移指令概要

位元件右移指令		操 作 数					程 序 步
			[S·]				
P	FNC34		K,H	X	Y	M	S	SFTR
16	SFTR SFTR(P)	n2≤n1≤1024	n1,n2		[D·]		SFTR(P) 9 步

图 5.58 位元件右移指令 SFTR 举例

在图 5.58 中,如果 X010 接通,将执行位元件右移操作,即源中 X003~X000 四位数据将被传送到目中的 M15~M12,目中 M15~M0 十六位数据将右移 4 位,M3~M0 四位数据从目的低位端移出,所以 M3~M0 中原来的内容将会丢失,但源中 X003~X000 的数据保持不变。执行上述位元件右移指令的示意图如图 5.59 所示。

图 5.59 位元件右移过程示意图

在使用上述这条连续指令时,每个扫描周期都会进行一次位元件右移。实际控制中常常要求驱动条件 X010 由 OFF→ON 时才进行一次位元件右移,解决的办法是改用脉冲方式。将上述这条指令改为脉冲操作方式时,指令格式为:

SFTR(P) X000 M0 K16 K4

5.5.6 位元件左移指令

位元件左移 SFTL(Shift Left)指令格式为:

FNC35 SFTL [S·] [D·] n1 n2

其中,[S·]为移位的源位元件首地址;[D·]为移位的目位元件首地址;n1 为目位元件个数;n2 为源位元件移位个数。位左移是指源的高位将从目的低位移入,目位元件向左移 n2 位,源位元件中的数据保持不变。位左移指令执行后,n2 个源位元件中的数被传送到了目的低 n2 位中,目位元件中的高 n2 位数从其高端溢出。

位元件左移指令的助记符、功能号、操作数和程序步等指令概要如表 5.35 所示。由表 5.35 可见,能够充当源操作数的是各类继电器和状态元件,如表中[S·]所指定的范围内的软元件;能够充当目操作数的为输出继电器、辅助继电器及状态元件,如表中

[D·]所指定的范围内的软元件；能够充当 n1 和 n2 的只有常数 K 和 H，而且要求满足 n2≤n1≤1024，这是对 FX2N 系列 PLC 而言的，对于其他机型略有差异，如对于 FX0 和 FX0N 机型要求满足 n2≤n1≤512。

表 5.35 位元件左移指令概要

位元件左移指令	操作数					程序步
P 16	FNC35 SFTL SFTL(P)	K,H n2≤n1≤1024	X	Y [S·] n1,n2	M	S [D·]	SFTL SFTL(P) 9步

图 5.60 所示为位元件左移指令的示例梯形图，对应的指令为：

SFTL X000 M0 K16 K4

图 5.60 位元件左移指令 SFTL 举例

在图 5.60 中，如果 X010 接通，将执行位元件左移操作，即源中 X003~X000 四位数据被传送到 M3~M0，目中 M15~M0 十六位数据左移 4 位，M15~M12 四位数据从目的高位端移出，所以 M15~M12 中原来的内容将会丢失，但源中 X003~X000 将保持不变。执行上述位元件左移指令的示意图如图 5.61 所示。

图 5.61 位元件左移过程示意图

在使用上述这条连续指令时，每个扫描周期都会进行一次位元件左移。实际控制中常常要求驱动条件 X010 由 OFF→ON 时才进行一次位元件左移，解决的办法是改用脉冲方式。将上述这条指令改为脉冲操作方式时，指令格式为：

SFTL(P) X000 M0 K16 K4

5.5.7 字元件右移指令

字元件右移 WSFR(Word Shift Right)指令格式为：

FNC36 WSFR [S·] [D·] n1 n2

其中，[S·]为移位的源字元件首地址；[D·]为移位的目字元件首地址；n1 为目字元件个数；n2 为源字元件移位个数。字元件右移是指源的低位将从目的高位移入，目字元件向右移 n2 字，源字元件中的数据保持不变。字右移指令执行后，n2 个源字元件中的数右移到了目的高 n2 字中，目字元件中的低 n2 个字从其低端溢出。

字元件右移指令的助记符、功能号、操作数和程序步等指令概要如表 5.36 所示。由表 5.36 可见，能够充当源操作数的为各类继电器和状态 S 的位组合，以及字元件 T、C、D，如表中[S·]所指定的范围内的软元件；能够充当目操作数的为输出继电器、辅助继电器及状态元件的位组合，以及字元件 T、C、D，如表中[D·]所指定的范围内的软元件；能够充当 n1 和 n2 的只有常数 K 和 H，而且要求满足 n2≤n1≤1024，这是对 FX2N 系列 PLC 而言的，对于其他机型略有差异，如对于 FX0 和 FX0N 机型要求满足 n2≤n1≤512。

表 5.36 字元件右移指令概要

字元件右移指令	操 作 数	程 序 步
P FNC36 WSFR WSFR(P) 16	[S·] K,H / KnX / KnY / KnM / KnS / T / C / D n2,n1 [D·] n2≤n1≤1024	WSFR WSFR(P) 9 步

字右移指令与位右移指令的区别在于：位元件右移指令只对位元件的内容进行移位，每位的数值只有 0 和 1 两种，字元件右移指令则是对每个字的内容进行移位操作，每次移动的是一个字的内容。字的内容可以是 −32768～32767 之间的任意值。

图 5.62 所示为字元件右移指令的示例梯形图，对应的指令为：

WSFR D0 D10 K16 K4

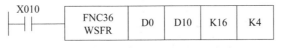

图 5.62 字元件右移指令 WSFR 举例

在图 5.62 中，如果 X010 接通，将执行字元件右移操作，源中 D3～D0 四个字数据被传送到目中的 D25～D22，目中 D25～D10 十六个字数据右移 4 个字位置，D13～D10 四个字数据从目的低端移出，所以 D13～D10 中原来的内容将会丢失。执行上述字元件右移指令的示意图如图 5.63 所示。

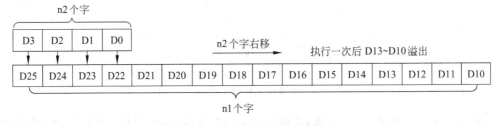

图 5.63 字元件右移过程示意图

在使用上述这条连续指令时,每个扫描周期都会进行一次字元件右移。实际控制中常常要求驱动条件 X010 由 OFF→ON 时才进行一次字元件右移,解决的办法是改用脉冲方式。将上述这条指令改为脉冲操作方式时,指令格式为:

WSFR(P) D0 D10 K16 K4

5.5.8 字元件左移指令

字元件左移 WSFL(Word Shift Left)指令格式为:

FNC37 WSFL [S·] [D·] n1 n2

其中,[S·]为移位的源字元件首地址;[D·]为移位的目字元件首地址;n1 为目字元件个数;n2 为源字元件移位个数。字左移是指源的高位将从目的低位移入,目字元件向左移 n2 字,源字元件中的数据保持不变。字左移指令执行后,n2 个源字元件中的数左移到了目的低 n2 字中,目字元件中的高 n2 个字从其高端溢出。

字元件左移指令的助记符、功能号、操作数和程序步等指令概要如表 5.37 所示。由表 5.37 可见,能够充当源操作数的为各类继电器和状态 S 的位组合,以及字元件 T、C、D,如表中[S·]所指定的范围内的软元件;能够充当目操作数的为输出继电器、辅助继电器及状态元件的位组合,以及字元件 T、C、D,如表中[D·]所指定的范围内的软元件;能够充当 n1 和 n2 的只有常数 K 和 H,而且要求满足 n2≤n1≤1024,这是对 FX2N 系列 PLC 而言的,对于其他机型略有差异,如对于 FX0 和 FX0N 机型要求满足 n2≤n1≤512。

表 5.37 字元件左移指令概要

字左移指令	操作数								程序步
P FNC37 WSFL 16 WSFL(P)	K, H n2, n1 n2≤n1≤1024	KnX	KnY [S·] [D·]	KnM	KnS	T	C	D	WSFL WSFL(P) 9 步

字左移指令与位左移指令的区别见 5.5.7 小节中字右移指令与位右移指令的区别。图 5.64 所示为字元件左移指令的示例梯形图,对应的指令为:

WSFL D0 D10 K16 K4

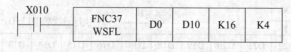

图 5.64 字元件左移指令 WSFL 举例

在图 5.64 中,如果 X010 接通,将执行字元件左移操作,源中 D3~D0 四个字数据被传送到目中 D13~D10,目中 D25~D10 十六个字数据左移 4 个字位置,D25~D22 四个字数据从目的高端移出,所以 D25~D22 中原来的内容将会丢失。执行上述字元件左移指令的示意图如图 5.65 所示。

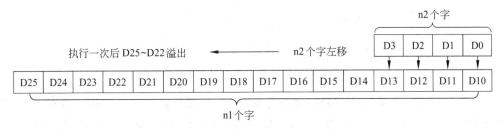

图 5.65 字元件左移过程示意图

在使用上述这条连续指令时,每个扫描周期都会进行一次字元件左移。实际控制中常常要求驱动条件 X010 由 OFF→ON 时才进行一次字元件左移,解决的办法是改用脉冲方式。将上述这条指令改为脉冲操作方式时,指令格式为:

WSFL(P) D0 D10 K16 K4

5.5.9 FIFO 写入指令

FIFO(First in First out)写入 SFWR 指令格式为:

FNC38 SFWR [S•] [D•] n

其中,[S•]为源软元件;[D•]为目软元件首地址;n 为数据总数。FIFO 写入指令的功能是,将源的内容写入目首元件的下一地址单元中,而目首元件作为先入先出操作的指针,该指针中存有写入的数据个数,当写入的数据个数等于 n-1 时,先进先出操作将无条件停止,同时置位进位标志 M8022。

FIFO 写入指令的助记符、功能号、操作数和程序步等指令概要如表 5.38 所示。由表 5.38 可见,能够充当源操作数的为各类继电器和状态 S 的位组合,字元件 T、C、D 以及变址寄存器 V、Z,如表中[S•]所指定的范围内的软元件;能够充当目操作数的为输出继电器、辅助继电器及状态元件的位组合,以及字元件 T、C、D,如表中[D•]所指定的范围内的软元件;能够充当 n 的只有常数 K 和 H,并且要求满足 2≤n≤512。

表 5.38 FIFO 写入指令概要

FIFO 写入指令		操 作 数								程 序 步
P	FNC38 SFWR SFWR(P)	[S•]								SFWR SFWR(P) 7 步
		K, H	KnX	KnY	KnM	KnS	T	C	D	V, Z	
16		n 2≤n≤512	[D•]							

图 5.66 所示为 FIFO 写入指令的示例梯形图,对应的指令为:

SFWR D0 D1 K10

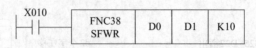

图 5.66 FIFO 写入指令 SFWR 举例

在图 5.66 中,如果 X010 接通,将执行 FIFO 写入操作,D0 中的数据将被写入到 D2 中,同时 D1 的内容变成 1。若改变了 D0 的内容,当 X010 再次接通的时候,此时 D0 中的数据将被写入到 D3 中,同时 D1 的内容变成 2,依此类推。当 X010 第 9 次被接通的时候,D0 中的数据将被写入到 D10 中,同时 D1 的内容变成 9,由于 D1 中数据等于 n-1,所以 FIFO 的写入操作将会停止,同时置位进位标志 M8022。FIFO 写入过程示意图如图 5.67 所示。

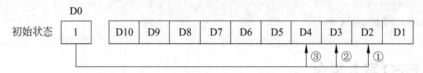

图 5.67 FIFO 写入过程示意图

在使用上述这条连续指令时,每个扫描周期都会进行一次 FIFO 写入。实际控制中常常要求驱动条件 X010 由 OFF→ON 时才进行一次 FIFO 写入,解决的办法是改用脉冲方式。将上述这条指令改为脉冲操作方式时,指令格式为:

SFWR(P) D0 D1 K10

5.5.10 FIFO 读出指令

FIFO 读出 SFRD 指令格式为:

FNC39 SFRD [S•] [D•] n

其中,[S•]为源软元件首地址;[D•]为目软元件;n 为数据总数。FIFO 读出指令的功能是,每次都是将源软元件中比首地址大 1 的元件中的内容读出,并存放到目软元件中,同时先入先出栈的内容右移一位。而源首元件作为先入先出操作的指针,该指针中存有原来写入的数据个数,当源首元件的内容等于零时,先入先出操作将无条件停止,同时置位零标志 M8020。

FIFO 读出指令的助记符、功能号、操作数和程序步等指令概要如表 5.39 所示。由表 5.39 可见,能够充当源操作数的如表中[S•]所指定的范围内的软元件;能够充当目操作数的如表中[D•]所指定的范围内的软元件;能够充当 n 的只有常数 K 和 H,并且要求满足 2≤n≤512。FIFO 读出指令与 FIFO 写入指令是一对配合使用的指令对,单独使用其中的某一指令将导致混乱和错误。

表 5.39 FIFO 读出指令概要

FIFO 读出指令		操　作　数	程　序　步
P 16	FNC39 SFRD SFRD(P)	[S•]: K,H, KnX, KnY, KnM, KnS, T, C, D, V,Z n: 2≤n≤512 [D•]	SFRD SFRD(P)　7 步

图 5.68 所示为 FIFO 读出指令的示例梯形图，对应的指令为：SFRD D1 D0 K10。在图 5.68 中，如果 X010 接通，将执行 FIFO 读出操作，即 D2 中的数据将被读出到 D0 中，同时 D1 的内容减 1 变成 8，D10～D2 右移一位。若改变了 D0 的内容，当 X010 再次接通，此时 D2 中的数据将被读出到 D0 中，同时 D1 的内容减 1 变成 7，D10～D2 右移一位，依此类推。当 X010 第 9 次被接通的时候，D2 中的数据将被读出到 D0 中，同时 D1 的内容减 1 变成 0。由于 D1 中数据等于 0，所以 FIFO 的读出操作将会停止，同时置位进位标志 M8020。FIFO 读出过程示意图如图 5.69 所示。

图 5.68 FIFO 读出指令 SFRD 举例

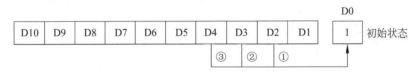

图 5.69 FIFO 读出过程示意图

在使用上述这条连续指令时，每个扫描周期都会进行一次 FIFO 读出。实际控制中常常要求驱动条件 X010 由 OFF→ON 时才进行一次 FIFO 读出，解决的办法是改用脉冲方式。将上述这条指令改为脉冲操作方式时，指令格式为：

SFRD(P) D1 D0 K10

5.6　数据处理指令

5.6.1　区间复位指令

（1）区间复位 ZRST(Zone Reset)指令格式为：

FNC40 ZRST [D1•] [D2•]

（2）指令概要如表 5.40 所示。

表 5.40 区间复位指令概要

区间复位指令		操 作 数		程 序 步
P 16	FNC40 ZRST ZRST(P)	Y M S T C D [D1·][D2·] [D1·]≤[D2·]		ZRST ZRST(P) 5 步

(3) 示例梯形图如图 5.70 所示,对应指令为:

`ZRST M0 M499`

在图 5.70 中,上电初始脉冲 M8002 接通,执行区间复位操作,将 M0~M499 间的辅助继电器全部复位为零状态。复位的含义一般是将目软元件清零,所以,这条区间复位指令也可以用多点传送指令向要清零的区间 M0~M499 传送 K0,如图 5.71 所示。此外,元件个数不多时,也可用多条 RST 指令逐个使元件复位。

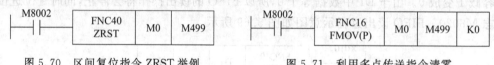

图 5.70 区间复位指令 ZRST 举例　　　图 5.71 利用多点传送指令清零

ZRST 指令一般作为 16 位指令处理,对[D1·]和[D2·]也可同时指定 32 位的计数器。但是,若一个指定 16 位的计数器,另一个指定 32 位的计数器是不允许的。

5.6.2 译码指令

(1) 译码 DECO(Decode)指令格式为:

`FNC41 DECO [S·] [D·] n`

(2) 指令概要如表 5.41 所示。DECO 指令的功能是根据 n 位输入的状态对 2^n 个输出进行译码。从表 5.41 可以看到,充当译码指令的目操作数可以是位软元件,也可以是字软元件。若目操作数是位软元件 Y、M、S,此时,要求源元件的位数 $1 \leq n \leq 8$,因为当 $n > 8$ 时,目元件的位数将$\geq 2^8 (=256)$,就会超出 PLC 的资源而出错。当 $n \leq 0$ 时,程序也不执行。若目操作数是字软元件 T、C、D,由于 T、C、D 都是 16 位的,就要求源元件

表 5.41 译码指令概要

译码指令		操 作 数								程 序 步
		[S·]								
P 16	FNC41 DECO DECO(P)	K,H	X	Y	M	S	T	C	D	V,Z	DECO DECO(P) 7 步
		n n=1~8	[D·]							

被 n 指定的位数满足 $0 \leqslant n \leqslant 4$，因为当 n>4 时，目软元件的位数将 $\geqslant 2^4 (=16)$，也将出错。当 $n \leqslant 0$ 时，程序也不执行。

(3) 示例梯形图如图 5.72 所示，对应指令为：

DECO X000 Y000 K3

图 5.72 译码指令 DECO 举例

如果 X010 接通，将执行译码操作，K3 指定输入位数为 X002～X000 三位，并根据 3 位的输入 X002～X000 状态对 $2^3(=8)$ 位输出 Y007～Y000 进行译码。译码的规则同普通的三-八译码器，如表 5.42 所示。译码的特点是对于输入 X002～X000 的一个确定的状态，只有唯一的一个输出有效，所以从输出表中来看，只有对角线上的值为 1，其余均为 0。

表 5.42 三-八译码器真值表

输入			输出							
X002	X001	X000	Y007	Y006	Y005	Y004	Y003	Y002	Y001	Y000
0	0	0	0	0	0	0	0	0	0	1
0	0	1	0	0	0	0	0	0	1	0
0	1	0	0	0	0	0	0	1	0	0
0	1	1	0	0	0	0	1	0	0	0
1	0	0	0	0	0	1	0	0	0	0
1	0	1	0	0	1	0	0	0	0	0
1	1	0	0	1	0	0	0	0	0	0
1	1	1	1	0	0	0	0	0	0	0

5.6.3 编码指令

(1) 编码 ENCO(Encode) 指令格式为：

FNC42 ENCO [S·] [D·] n

(2) 指令概要如表 5.43 所示。

表 5.43 编码指令概要

编码指令		操作数								程序步
P	FNC42	n=1~8	[S·]							ENCO
	ENCO	K,H	X	Y	M	S	T	C	D	V,Z	ENCO(P) 7 步
16	ENCO(P)	n				[D·]				

(3) 示例梯形图如图 5.73 所示,对应指令为:

ENCO M0 D10 K3

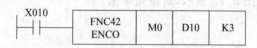

图 5.73 编码指令 ENCO 举例

在图 5.73 中,如果 X010 接通,将执行编码操作,K3 指定充当编码的源软元件为 M7~M0 共 $2^3(=8)$ 位,并将编码结果存入 D10 中,编码的结果如表 5.44 所示。表中的第 2 行 D10 的值为 0,这是因为源中只有第 0 位为 1。同理,表中的第 3 行 D10 的值为 1,是因为源中只有第 1 位为 1,以此类推。编码好比是给运动员编号,D10 的不同取值比作不同的运动员,M7~M0 取值比作对应的运动员编号。编码输出中被置位或复位的继电器在驱动条件变为无效后,仍将保持其状态,直到再次执行编码指令时才可能改变。

表 5.44 编码器真值表

M7	M6	M5	M4	M3	M2	M1	M0	D10
0	0	0	0	0	0	0	1	0;000
0	0	0	0	0	0	1	0	1;001
0	0	0	0	0	1	0	0	2;010
0	0	0	0	1	0	0	0	3;011
0	0	0	1	0	0	0	0	4;100
0	0	1	0	0	0	0	0	5;101
0	1	0	0	0	0	0	0	6;110
1	0	0	0	0	0	0	0	7;111

5.6.4 置 1 位总数指令

(1) 置 1 位总数 SUM(Bit on Sum)指令格式为:

FNC43 SUM [S·] [D·]

(2) 指令概要如表 5.45 所示。

表 5.45 置 1 位总数指令概要

置1位总数指令		操 作 数								程 序 步
		[S·]								SUM
P	FNC43	K, H	KnX	KnY	KnM	KnS	T	C	D	V, Z	SUM(P) 7步
D	SUM SUM(P)	[D·]								(D)SUM
										(D)SUM(P) 9步

(3) 示例梯形图如图 5.74 所示,对应指令为:

SUM D10 D20

在图 5.74 中,如果 X010 接通,将执行置 1 位总数指令,对 D10 中的 1 的个数进行统计,并将结果存入 D20。

图 5.74 置 1 位总数指令 SUM 举例

5.6.5 置 1 位判断指令

(1) 置 1 位判断 BON(Bit on Check)指令格式为:

FNC44 BON [S·] [D·] n

(2) 指令概要如表 5.46 所示。

表 5.46 置 1 位判断指令概要

置 1 位判断指令		操 作 数								程 序 步	
P	FNC44 BON BON(P)	[S·]								BON BON(P)	7 步
		K, H	KnX	KnY	KnM	KnS	T	C	D, V, Z		
		n	Y	M	S	n=0~15(16位指令)				(D)BON	
D			[D·]			n=0~32(32位指令)				(D)BON(P)	9 步

(3) 示例梯形图如图 5.75 所示,对应指令为:

BON D10 M0 K3

在图 5.75 中,如果 X010 接通,将执行置 1 位判断指令,对由 K3 指定的 D10 中的第 3 位进行判断,并将结果存入 M0 中。这条置 1 位判断指令执行示意图如图 5.76 所示。

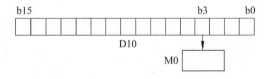

图 5.75 置 1 位判断指令 BON 举例   图 5.76 置 1 位判断指令 BON 示意图

5.6.6 求平均值指令

(1) 求平均值 MEAN 指令格式为:

FNC45 MEAN [S·] [D·] n

(2) 指令概要如表 5.47 所示。

表 5.47 求平均值指令概要

求平均值指令		操作数							程序步	
P D	FNC45 MEAN MEAN(P)	[S•] K,H / KnX / KnY / KnM / KnS / T / C / D / V,Z n 1~64 [D•]							MEAN MEAN(P) (D)MEAN (D)MEAN(P)	7步 13步

(3) 示例梯形图如图 5.77 所示,对应指令为：

MEAN D0 D10 K3

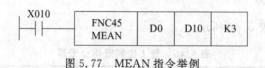

图 5.77 MEAN 指令举例

在图 5.77 中,如果 X010 接通,将执行求平均值指令,取出 D0~D2 的连续 3 个数据寄存器中的内容,并求出其算术平均值后送入 D10 寄存器中。这条求平均值指令执行示意图见 5.1 节图 5.1(b)。

平均值指令用来求 n 个源操作数的代数和被 n 除的商,余数舍去。元件个数范围为 1~64,若 n 的值超出此范围,就会出错。

5.6.7 报警器置位指令

(1) 报警器置位 ANS(Annunciator Set)指令格式为：

FNC46 ANS [S•] n [D•]

(2) 指令概要如表 5.48 所示。

表 5.48 报警器置位指令概要

报警器置位指令		操作数			程序步	
16	FNC46 ANS	[S•] T: T0~T99(100ms)	[D•] S: S900~S999	n K: 1~32767	ANS	7步

(3) 示例梯形图如图 5.86 所示,对应指令为：

ANS T0 K20 S900

在图 5.78 中,如果 X010 的 ON 时间超过 K20 所设定的 2s 时,将置位 S900。之后,若 X010 变为 OFF,则 T0 复位,但 S900 不复位。若 X010 为 ON 的时间不足 2s 就变为

OFF，则 T0 立即复位，S900 没有动作。

图 5.78　报警器置位指令 ANS 举例

根据报警器的工作原理，S900～S999 中任意一个为 ON，则 M8048 就动作，可以用 M8048 驱动相应的报警输出。

5.6.8　报警器复位指令

（1）报警器复位 ANR(Annunciator Reset)指令格式为：

FNC47 ANR

（2）指令概要如表 5.49 所示。ANR 指令的功能是，如果驱动条件成立，已经置位的 S900～S999 中元件号最小的报警器将复位。

表 5.49　报警器复位指令概要

报警器复位指令		操　作　数	程　序　步
P 16	FNC47 ANR ANR(P)	D：无	ANR ANR(P)　1 步

（3）示例梯形图如图 5.79 所示，对应指令为：

ANR(P)

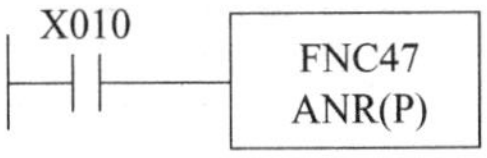

图 5.79　报警器复位指令 ANR 举例

在图 5.79 中，如果 X010 接通，将执行报警器复位指令，如果已经置位的 S900～S999 中元件多于 1 个，则最小的报警器复位；只有在 X010 再次产生上升沿时，次小的报警器才会复位，以此类推。

5.6.9　平方根指令

（1）平方根 SQR(Square Root)指令格式为：

FNC48 SQR [S·] [D·]

（2）指令概要如表 5.50 所示。

（3）示例梯形图如图 5.80 所示，对应指令为：

SQR D10 D20

在图 5.80(a)中，如果 X010 接通，将执行平方根指令，求 D10 的平方根值，并送入 D20 数据寄存器中。执行示意图如图 5.80(b)所示。

表 5.50 平方根指令概要

平方根指令		操作数		程序步	
P	FNC48 SQR SQR(P)	[S·] K, H	D	SQR SQR(P)	5 步
D			[D·]	(D)SQR (D)SQR(P)	9 步

(a) 平方根指令 SQR 举例   (b) X010 ON, SQR 指令含义

图 5.80 SQR 指令

5.6.10 浮点数转换指令

(1) 浮点数转换 FLT(Float) 指令格式为：

FNC49 FLT [S·] [D·]

(2) 这是标准格式浮点数转换指令，指令概要如表 5.51 所示。

表 5.51 浮点数转换指令概要

浮点数转换指令		操作数		程序步	
P	FNC49 FLT FLT(P)	[S·]	D	FLT FLT(P)	5 步
D			[D·]	(D)FLT (D)FLT(P)	9 步

(3) 示例梯形图如图 5.81 所示，对应指令为：

FLT D10 D20

图 5.81 浮点数转换指令 FLT 举例

在图 5.81 中，如果 X010 接通，将执行浮点数转换指令，将 D10 中的二进制数转换成浮点数，并送入 D21 和 D20 数据寄存器中。

5.7 高速处理指令

5.7.1 刷新指令

(1) 刷新 REF(Refresh) 指令格式为：

FNC50 REF [D·] n

(2) 指令概要如表 5.52 所示。

表 5.52 刷新指令概要

刷新指令		操作数		程序步
P	FNC50 REF	[D·]	n	REF
16	REF(P)	X,Y: 标号低位为 0	K,H: 8 的倍数	REF(P) 5 步

(3) 示例梯形图如图 5.82 所示，对应指令为：

REF X000 K8

图 5.82 刷新指令 REF 举例

在图 5.82 中，如果 X010 接通，将执行刷新指令，若在指令执行之后 X000～X007 的状态发生了变化，则其输入映像区会立即刷新；若没有执行 REF 指令，就要等到下一次扫描来输入刷新。若是对输出进行刷新，也会立即将结果输出到输出锁存器而不必等执行到 END 指令。

5.7.2 刷新并调整滤波时间指令

(1) 刷新并调整滤波时间 REFF(Refresh and Filter Adjust) 指令格式为：

FNC51 REFF n

(2) 指令概要如表 5.53 所示。FX2N 系列的输入 X000～X017 采用数字式滤波器，滤波时间可用 FNC51 指令加以调整，并指定它们的滤波时间常数 n（n＝0～60ms）。

表 5.53 刷新并调整滤波时间指令概要

刷新并调整滤波时间指令		操作数			程序步
P	FNC51 REFF	滤波时间常数 n: 0~60ms	K,H n	隐含 X0~X17 [D·]	REFF
16	REFF(P)				REFF(P) 3 步

(3) 示例梯形图如图 5.83 所示,对应指令为:

REFF K1

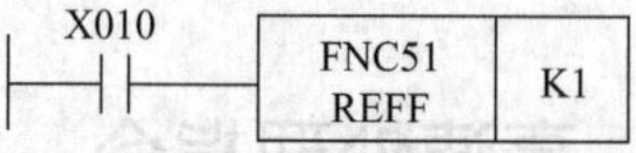

图 5.83 刷新并调整滤波时间指令举例

在图 5.83 中,如果 X010 接通,将执行刷新并调整滤波时间指令,FX2N 中 X000～X017 的输入映像寄存器被刷新,它们的滤波时间常数被设定为 1ms(n=1)。

指定的滤波时间最小为 0,最大为 60ms,但是,即使将滤波时间设置为 0,输入信号的滤波时间也有 50μs 左右,这是因为高速输入电路也接有时间常数不小于 50μs 的 RC 滤波电路,从而产生延迟。

当 X000～X007 用作高速计数器输入、采用了速度检测指令 FNC56 或者用作中断输入信号时,输入滤波器的滤波时间常数自动定为 50μs,无须指令调整。

5.7.3 矩阵输入指令

(1) 矩阵输入 MTR(Matrix)指令格式为:

FNC52 MTR [S•] [D1•] [D2•] n

(2) 指令概要如表 5.54 所示。

表 5.54 矩阵输入指令概要

	矩阵输入指令	操作数				程序步
		n=2~8 [S•]	[D1•]			
16	FNC52 MTR	K,H	X	Y	M	S	MTR 9 步
		n		[D2•]		

(3) 示例梯形图如图 5.84 所示,对应指令为:

MTR X010 Y020 M30 K3

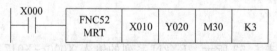

图 5.84 矩阵输入指令 MTR 举例

适合这条指令的硬件连接如图 5.85 所示,图中以 8 个输入点 X010～X017 为列线,K3 指定的 3 个输出点 Y020～Y022 为行线。如果 X000 接通时,将执行矩阵输入指令,进行逐行键盘扫描,三个输出点 Y020～Y022 每隔 20ms 顺次接通。当 Y020 接通时,读入第一行的输入状态,即第一行上的 8 个按键的状态,并将其存入 M30～M37 中。当 Y021 接通时,读入第二行的输入状态,即第二行上的 8 个按键的状态,并将其存入 M40～M47 中。当 Y022 接通时,读入第三行的输入状态,即第三行上的 8 个按键的状态,并将其存入 M50～M57 中。如此反复进行,直至 X000 断开。在第一个读入周期结束之后,指令结束标志 M8029 置 1,X000 断开后,M8029 复位,而 M30～M57 中的内容仍将保持不变。

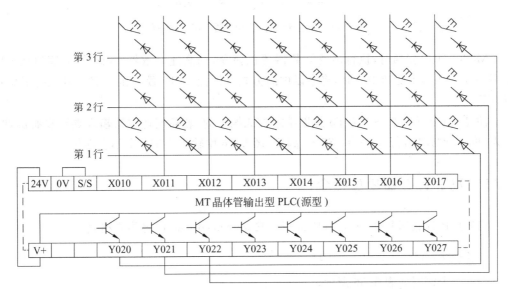

图 5.85 适合 MTR 指令的一种硬件接线

注意,矩阵输入指令 MTR 在程序中只能使用一次,多处使用 MTR 指令将导致出错。

5.7.4 高速计数器置位指令

(1) 高速计数器置位 HSCS(Set by High Speed Counter)指令格式为:

FNC53 HSCS [S1·] [S2·] [D·]

(2) 指令概要如表 5.55 所示。

表 5.55 高速计数器置位指令概要

高速计数器置位指令		操 作 数								程 序 步
		[S1·]								
	FNC53 HSCS	K, H	KnX	KnY Y	KnM M	KnS S	T	C	D	V, Z	(D)HSCS 13 步
D				[D·]			[S2·]: C235~C255				

(3) 示例梯形图如图 5.86 所示,对应指令为:

(D)HSCS K100 C236 Y010

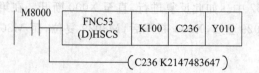

图 5.86　高速计数器置位指令 HSCS 举例

M8000 上电接通时,执行高速计数器置位指令,当高速计数器 C236 的当前值从 99 变到 100 或从 101 变到 100 时,将会以中断方式立即使 Y010 置 1,而不必等到执行 END 指令后。

注意,指令 FNC53～FNC55 是以中断方式执行的,若高速计数器输入端子没有脉冲输入,即使比较条件[S1·]=[S2·]满足,图 5.86 中输出 Y010 也不会动作。

5.7.5　高速计数器复位指令

(1) 高速计数器复位 HSCR(Reset by High Speed Counter)指令格式为:

FNC54 HSCR [S1·] [S2·] [D·]

(2) 指令概要如表 5.56 所示。

表 5.56　高速计数器复位指令概要

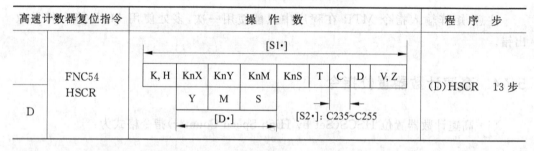

(3) 示例梯形图如图 5.87 所示,对应指令为:

(D)HSCR K100 C236 Y010

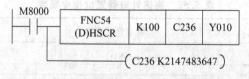

图 5.87　高速计数器复位指令 HSCR 举例

M8000 上电接通时,执行高速计数器复位指令,当高速计数器 C236 的当前值从 99 变到 100 或从 101 变到 100 时,将会以中断方式立即复位 Y010,而不是要等到执行至 END 指令之后。

5.7.6 高速计数器区间比较指令

(1) 高速计数器区间比较 HSZ(Zone Compare for High Speed Counter)指令格式为：

FNC55 HSZ [S1·] [S2·] [S·] [D·]

(2) 指令概要如表 5.57 所示。

表 5.57 高速计数器区间比较指令概要

高速计数器区间比较指令		操 作 数	程 序 步
D	FNC55 HSZ	[S1·][S2·]: K, H, KnX, KnY, KnM, KnS, T, C, D, V, Z [D·]: Y, M, S [S·]: C235~C255	(D)HSZ 17 步

(3) 示例梯形图如图 5.88 所示，对应指令为：

(D)HSZ K100 K200 C251 Y010

图 5.88 高速计数器区间比较指令 HSZ 举例

如果 X010 接通时，执行高速计数器区间比较指令：
① 当高速计数器 C251 的当前值＜K100 时，Y010 变为 ON, Y011 和 Y012 均为 OFF；
② 当 K100≤C251 的当前值≤K200 时，Y011 变为 ON，Y010 和 Y012 均为 OFF；
③ 当 C251 的当前值＞K200 时，Y012 变为 ON，Y010 和 Y012 均为 OFF。
初始驱动可用区间比较指令 ZCP 来控制：

(D)ZCP K100 K200 C251 Y010

注意，在程序中 FNC53～FNC55 指令被同时 ON 驱动限制为 6 个以下。

5.7.7 速度检测指令

(1) 速度检测 SPD(Speed Detect)指令格式为：

FNC56 SPD [S1·] [S2·] [D·]

(2) 指令概要如表 5.58 所示。

(3) 示例梯形图如图 5.89 所示，对应指令为：

SPD X000 K100 D0

表 5.58　速度检测指令概要

速度检测指令	操作数								程序步
FNC56 SPD 16	K, H	KnX	KnY	KnM	KnS	T	C	D	V, Z	SPD　7步

[S2·] 覆盖 KnX~V,Z；[S1·]: X0~X5；[D·] 覆盖 T, C, D, V, Z

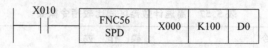

图 5.89　速度检测指令 SPD 举例

如果 X010 接通时，执行速度检测指令。D1 对 X000 脉冲的上升沿计数，每 100ms 时间到，就将 D1 中的计数值传送到 D0 中，然后 D1 回零并重新开始计数。D2 用来存放剩余时间值。SPD 指令用于速度的测量，D0 的值正比于脉冲输入速度，如果从 X000 输入的脉冲是均匀的，则 D0 中的值基本不变，D1 中的当前值在每个 100ms 内是递增的，D2 中的值随时间是递减的。本指令中用到的输入不能用于其他高速处理。

5.7.8　脉冲输出指令

（1）脉冲输出 PLSY(Pulse Output)指令格式为：

FNC57 PLSY [S1·] [S2·] [D·]

（2）指令概要如表 5.59 所示。PLSY 指令用于产生指定数量和频率的脉冲；[S1·]指定脉冲频率范围为 2~20kHz；[S2·]指定产生的脉冲个数，若指定脉冲数为 0，则产生持续脉冲；[D·]指定脉冲输出元件，为 Y0 或 Y1（只能是晶体管输出型 PLC）。

表 5.59　脉冲输出指令概要

脉冲输出指令	操作数								程序步
FNC57 PLSY D	K, H	KnX	KnY	KnM	KnS	T	C	D	V, Z	PLSY　7步 (D)PLSY　13步
			Y0/Y1 [D·]							

（3）示例梯形图如图 5.90 所示，对应指令为：

PLSY K1000 D0 Y000

如果 X010 接通时，执行脉冲输出指令，若 D0 中的数值为 2000，则输出继电器 Y000 将输出频率为 1000Hz 的脉冲共 2000 个。脉冲输出结束后，指令完成标志 M8029 置 1；

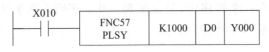

图 5.90 脉冲输出指令 PLSY 举例

当驱动条件 X010 变为 OFF 时，M8029 复位。如果指令执行过程中 X010 变为 OFF，Y000 也立即变为 OFF，脉冲输出立即停止；X010 再次变为 ON 时，输出的脉冲数将重新开始计算。在指令执行中频率值允许改变，但脉冲数的改变要等到下次指令执行时才能变为有效。

注意，PLSY 指令在一个程序中，只能出现一次。PLSY 指令可以产生高频脉冲，所以只能在晶体管输出的 PLC 中使用。

5.7.9 脉宽调制输出指令

(1) 脉宽调制输出 PWM(Pulse Width Modulation)指令格式为：

FNC58 PWM [S1·] [S2·] [D·]

(2) PWM 指令用于产生指定脉冲宽度和周期的脉冲序列，其指令概要如表 5.60 所示。

表 5.60 脉宽调制输出指令概要

脉宽调制输出指令	操作数								程序步
	[S1·][S2·]								
FNC58 PWM	K, H	KnX	KnY	KnM	KnS	T	C	D	V, Z	PWM 7 步
16			Y0/Y1 [D·]						

(3) 示例梯形图如图 5.91(a)所示，对应指令为：

PWM D10 K20 Y000

如果 X010 接通时，执行脉宽调制输出指令，若 D10 中的脉宽数为 10，K20 指定脉冲周期为 20ms，则输出继电器 Y000 将输出频率为 50Hz、占空比为 1:1 的脉宽调制输出脉冲，脉冲波形图如图 5.91(b)所示，而且 Y000 的输出是以中断方式进行的。如果指令执行过程中 X010 变为 OFF，Y000 也立即变为 OFF，脉宽调制输出立即停止。

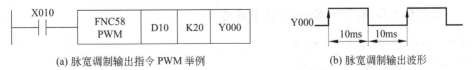

(a) 脉宽调制输出指令 PWM 举例　　　　(b) 脉宽调制输出波形

图 5.91 脉宽调制输出 PWM 指令

注意,PWM 指令在一个程序中,只能出现一次。PWM 指令可以产生高频脉冲,所以只能在晶体管输出的 PLC 中使用。

5.8 方便指令

5.8.1 置初始状态指令

(1) 置初始状态 IST(Initial State)指令格式为:

FNC60 IST [S·] [D1·] [D2·]

(2) 指令概要如表 5.61 所示。

表 5.61 置初始状态指令概要

置初始状态指令		操 作 数					程 序 步
16	FNC60 IST	[S·]			[D1·][D2·]	[D1·]<[D2·] FX0: S20~S63 FX0N: S20~S127	IST 7 步
		X	Y	M	S: S20~S899		

(3) 示例梯形图如图 5.92 所示,对应指令为:

IST X010 S20 S29

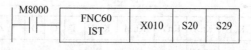

图 5.92 置初始状态指令 IST 举例

PLC 上电后,M8000 接通,即执行置初始状态指令。指令指定自动方式中用到的最小状态号为 S20,最大状态号为 S29。从 X010 开始的连续 8 个输入点的功能是固定的,它们正如 4.2.4 小节中表 4.5 所示。

IST 指令必须写在第一个 STL 指令出现之前,且该指令在一个程序中只能使用一次。

5.8.2 数据检索指令

(1) 数据检索 SER(Data Search)指令格式为:

FNC61 SER [S1·] [S2·] [D·] n

(2) 指令概要如表 5.62 所示。

(3) 示例梯形图如图 5.93 所示,对应指令为:

SER D30 D20 D10 K5

如果 X010 接通时,执行数据检索指令。K5 指示检索表长度为 5,假定检索表 D30~D34 中的数据如表 5.63 第 3 列所示,关键字(D20)＝K50,则指令执行结果如表 5.64 所示。

表 5.62 数据检索指令概要

数据检索指令	操作数									程序步
P FNC61 SER SER(P) D		[S2·]								SER SER(P) 9 步 (D)SER (D)SER(P) 17 步
		[S1·]								
	K, H	KnX	KnY	KnM	KnS	T	C	D	V, Z	
	n			[D·]					n	

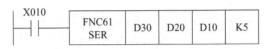

图 5.93 数据检索指令 SER 举例

表 5.63 检索表

偏移量	表项地址	表项内容	关键字	比较结果
0	D30	K50		是
1	D31	K50		是
2	D32	K10	(D20)＝K50	最小
3	D33	K30		否
4	D34	K100		最大

表 5.64 检索结果

表项地址	表项内容	表项含义
D10	2	检索表中找到关键字的个数,若未找到结果为 0
D11	0	检索表中第一个找到值的偏移量地址,若未找到结果为 0
D12	1	检索表中最后一个找到值的偏移量地址,若未找到结果为 0
D13	2	检索表中最小值的偏移量地址
D14	4	检索表中最大值的偏移量地址

5.8.3 绝对值式凸轮顺控指令

(1) 绝对值式凸轮顺控 ABSD(Absolute Drurn)指令格式为:

FNC62 ABSD [S1·] [S2·] [D·] n

(2) 指令概要如表 5.65 所示。ABSD 用来产生一组对应于计数值(在 360°范围内变化)的输出波形,输出点的个数由 n 指定,16 位指令时,n=4;32 位指令时,n=8。

表 5.65 绝对值式凸轮顺控指令概要

绝对值式凸轮顺控指令	操 作 数	程 序 步
FNC62 ABSD D	[S1·]:8的倍数,连续 K,H　KnX　KnY　KnM　KnS　T　C　D　V,Z 　　　n　　Y　　M　　S 　1~64　　　[D·]:连续　　　[S2·]	ABSD　　9 步 (D)ABSD　17 步

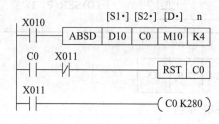

图 5.94 绝对值式凸轮顺控指令举例

(3) 示例梯形图如图 5.94 所示,对应指令为:

ABSD D10 C0 M10 K4

K4 指示输出点有 4 个,为 M10~M13。每个输出点占用两个软元件,共需要 8 个数据寄存器,即 D10~D17。D10~D17 中数据可先用 MOV 指令写入,其中偶地址单元存放开通脉冲个数,奇地址单元中存放关断脉冲个数,而且对应输出软元件的首地址按从小到大的次序存放。假设相关数据如表 5.66 所示。

表 5.66 M10~M13 状态开通、关断表

开通脉冲数	关断脉冲数	输出软元件	开通脉冲数	关断脉冲数	输出软元件
(D10)=30	(D11)=130	M10	(D14)=180	(D15)=80	M12
(D12)=60	(D13)=200	M11	(D16)=200	(D17)=250	M13

如果 X010 接通时,执行绝对值式凸轮顺控指令。C0 记录从 X011 上输入的脉冲个数,当脉冲个数与上表中的开通脉冲个数相符时,相应的辅助继电器变为 ON;当脉冲个数与上表中的关断脉冲个数相符时,相应的辅助继电器变为 OFF。C0 总的计数值设置在 280 个,在此期间输出元件 M10~M13 的波形图如图 5.95 所示。

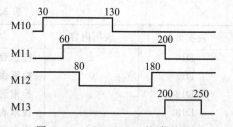

图 5.95 M10~M13 的波形图

图 5.94 中的 C0 被接成一个自复位的计数器,当输入脉冲个数达到设定值 280 时,常开接点 C0 动作,将计数器 C0 复位,准备下一个周期的开始。如果 X010 关断,则各输出点状态保持不变。

ABSD 指令在一个程序中只能使用一次。

5.8.4 增量式凸轮顺控指令

(1) 增量式凸轮顺控 INCD(Increment Drum)指令格式为：

FNC63 INCD [S1·] [S2·] [D·] n

(2) 指令概要如表 5.67 所示。源、目标操作数与 ABSD 指令相同，只有 16 位操作。INCD 指令也是用来产生一组对应于几个设定值的变化的输出波形。

表 5.67 增量式凸轮顺控指令概要

增量式凸轮顺控指令		操 作 数								程 序 步	
16	FNC63 INCD	[S1·]: 8的倍数，连续								INCD	9 步
		K,H	KnX	KnY	KnM	KnS	T	C	D	V,Z	
		n 1~64		Y	M	S		[S2·]			
				[D·]: 连续							

(3) 示例梯形图如图 5.96 所示，对应指令为：

INCD D10 C0 M10 K4

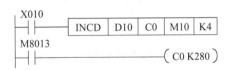

图 5.96 增量式凸轮顺控指令 INCD 举例

K4 指示输出点有 4 个，为 M10～M13，它们的开/关状态由凸轮提供的脉冲个数控制。使 M10～M13 处于 ON 状态的脉冲个数存放在 D10～D13 中，可先用 MOV 指令写入，假设写入数据为：(D10)=56,(D11)=36,(D12)=46,(D13)=26。如果 X010 接通时，执行绝对值式凸轮顺控指令，图 5.97 所示为 INCD 指令执行过程。

当 X010 接通时，第一个输出点 M10 立即变为 ON。随着 C0 对 M8013 发出的秒脉冲计数，当秒脉冲个数与 D10 中存储的脉冲个数 56 相同时，M10 才变为 OFF，而第二个输出点 M11 变为 ON；这时计数器 C0 回零，记录复位次数的段计数器 C1 由 0 变为 1。接着，当秒脉冲个数与 D11 中存储的脉冲个数 36 相同时，M11 才变为 OFF，而第三个输出点 M12 变为 ON；这时计数器 C0 又回零，而 C1 由 1 变为 2。此后的动作可以此类推。当一个周期结束后，完成标志 M8029 置 1。下一个循环开始后，完成标志 M8029 复位。如果 X010 中途断开，则 C0 和 C1 以及各输出继电器全部复位，直至其再次接通时，才重新开始。

INCD 指令在一个程序中只能使用一次。

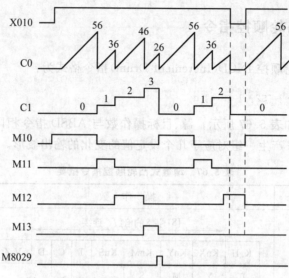

图 5.97　增量式凸轮顺控指令 INCD 执行过程

5.8.5　示教定时器指令

(1) 示教定时器 TTMR(Teaching Timer)指令格式为：

FNC64 TTMR [D·] n

(2) 指令概要如表 5.68 所示。该指令可以用一只按钮调整定时器的设定时间,用于调试开关接通时间的测量。

表 5.68　示教定时器指令概要

示教定时器指令		操　作　数		程序步	
16	FNC64 TTMR	K, H n=0~2	D:双字元件 [D·]	TTMR	5 步

(3) 示例梯形图如图 5.98 所示,对应指令为：

TTMR D0 K1

如果 X010 接通时,执行示教定时器指令。这时 X010 就成为示教按钮,X010 按下至松开的持续

图 5.98　示数定时器指令 TTMR 举例

时间,由 D1 实时记录,K1 指示所记录的时间值应乘以 1,然后再存入 D0 中。TTMR 指令执行过程的波形图如图 5.99(a)所示。X010 为 OFF 时,D1 复位,D0 保持不变。

一般来说,若示教定时器按钮 X010 按下的时间为 D1=t,则存入 D0 的值为 $10^{n-1}t$。可以用 GPPW 模拟仿真图 5.98 梯形图来验证。上例中 n=1,则 D0=D1,D0 和 D1 的监控值如图 5.99(b)所示;若将此指令中 K1 改为 K0,则有 D0=D1/10,则监控值如图 5.99(c)

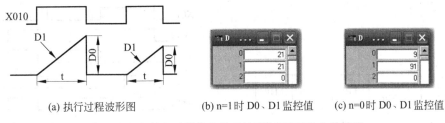

(a) 执行过程波形图　　　(b) n=1时 D0、D1 监控值　　　(c) n=0时 D0、D1 监控值

图 5.99　示教定时器指令执行波形与 GPPW 中监视值

所示。

用 GPPW 模拟仿真的步骤见 2.4 节,只要在出现图 2.17 所示软元件内存监控窗时,用菜单命令"软元件"|"字软元件窗口"|D,再用 2.4 节介绍的方法在软元件测试窗中对 X010 单击"强制 ON"按钮,就会出现 D0 和 D1 的监控值,如图 5.99(b)所示;同样可以得到图 5.99(c)。这样转换的目的是为了把 D0 中的值化作以 100ms 为单位的时间常数来预置定时器。

5.8.6　特殊定时器指令

(1) 特殊定时器 STMR(Special Timer)指令格式为:

FNC65 STMR [S·] n [D·]

(2) 指令概要如表 5.69 所示,该指令可产生延时断定时器、单脉冲式定时器和闪动定时器。

表 5.69　特殊定时器指令概要

特殊定时器指令		操　作　数				程　序　步
P	FNC65 STMR STMR(P)	K, H	[S·]			STMR STMR(P)　7 步
			T: T0~T199(100ms)			
16		n=1~32767	Y	M	S	
			[D·]: 连续4个			

(3) 示例梯形图如图 5.100 所示,对应指令为:

STMR T10 K100 M10

如果 X010 接通时,执行特殊定时器指令,指令执行过程与其波形图如图 5.101 所示。K100 指定 T10 定时设定值为 10s,M10 为延时断开定时器,M11 为 X010 由 ON 变为 OFF 的单脉冲定时器,M12 和 M13 为闪动而设。用图 5.102 梯形图,可以从 M12 和 M11 输出连续互补的交替脉冲,其工作波形图如图 5.103 所示。X010 断开时,M10、M11 和 M13 在经过设定时间后断开,T10 同时复位。

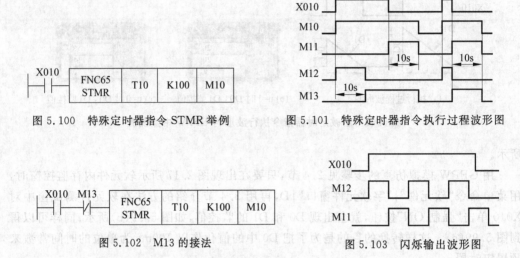

图 5.100 特殊定时器指令 STMR 举例

图 5.101 特殊定时器指令执行过程波形图

图 5.102 M13 的接法

图 5.103 闪烁输出波形图

注意,在 STMR 指令中用到的定时器,在程序的其他地方不能再使用。

5.8.7 交替输出指令

(1) 交替输出 ALT(Alternate) 指令格式为:

FNC66 ALT [D·]

(2) 指令概要如表 5.70 所示。

表 5.70 交替输出指令概要

交替输出指令		操 作 数			程 序 步	
P	FNC66 ALT ALT(P)	Y	M	S	ALT ALT(P)	3 步
16			[D·]			

(3) 示例梯形图如图 5.104 所示,对应指令为:

ALT(P) M10

如果 X010 接通时,执行交替输出指令。指令执行过程波形图如图 5.105 所示。在图 5.105 中,如果 X010 是一个按钮,就可以用它来控制负载的启动和停止。当 X010 第一次按下时,M10 变为 ON,可用于启动负载;当 X010 第二次按下时,M10 变为 OFF,可用于停止负载。

从图 5.105 中输入 X010 和输出 M10 之间的波形关系还可以看出,这是一种二分频。如果多次使用 ALT 指令,并用前一条指令的输出作为后一条指令的输入,就可实现多倍数分频。

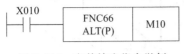
图 5.104 交替输出指令举例

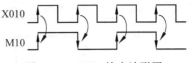
图 5.105 M10 输出波形图

5.8.8 斜坡信号输出指令

(1) 斜坡信号输出 RAMP 指令格式为：

FNC67 RAMP [S1・] [S2・] [D・] n

(2) 指令概要如表 5.71 所示，该指令与模拟量输出结合可实现软启动/软停止。

表 5.71 斜坡信号输出指令概要

斜坡信号输出指令		操 作 数		程 序 步
16	FNC67 RAMP	K, H n=1~32767	[S1・][S2・] D: 4 个连号元件 [D・]	RAMP 9 步

(3) 示例梯形图如图 5.106 所示，对应指令为：

RAMP D10 D11 D12 K1000

图 5.106 斜坡信号输出指令 RAMP 举例

使用 RAMP 指令时，应先将扫描周期时间写入 D8039 中，而且写入的扫描周期时间要比实际值稍大些，然后再使 M8039 置 1，使 PLC 进入恒定扫描周期运行方式。例如，扫描周期设定值是 20ms，则上例中 D12 中的当前值从 D10 中的初始值变化到 D11 中的终止值所需的扫描周期数由 K1000 指定，相应的时间为 20ms×1000＝20s。程序执行的扫描时间可以通过特殊功能寄存器 D8010 或 D8012 读出（见 1.3.2 小节）。所指的初始值、最终值要先分别写入 D10 和 D11，扫描次数的当前值指令会存入 D13 中。

如果 X010 接通时，执行斜坡信号输出指令。指令执行过程波形图如图 5.107 所示。D12 中的当前值从 D10 中的初始值开始变化，经 20s 时间变至 D11 中的终止值。作为计数器的 D13 实时对扫描次数进行计数，直到计数值等于 n 中指定的数值时，完成标志位 M8029 置 1，同时 D10 中的初始值重新写入 D12 中。如果中途 X010 断开，则斜坡输出停止，D13 的值保持不变。以后若 X010 再接通，则 D13 清零，斜坡输出重新从 D10 初始值开始。如果 D13 指定是停电保持型数据存储器时，应在执行 RAMP 指令前清零。

斜坡输出指令的运行方式有两种，可以用特殊辅助继电器 M8026 的状态来设置。

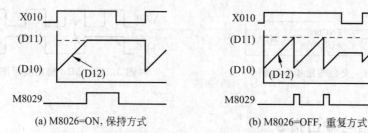

图 5.107 斜坡输出指令的两种运行方式

① M8026＝ON,斜坡输出为保持模式,即当 X010 断开后,D12 中将保持最终的输出值,保持模式时输出的波形图如图 5.107(a)所示。

② M8026＝OFF,斜坡输出为重复模式。即当 D12 达到 D11 设定值时,将立即复位成 D10 的数值,开始下一次输出周期。重复模式时输出的波形图如图 5.107(b)所示。

本章小结

本章介绍了 FX2N 系列 PLC 的各种功能指令,或称应用指令(Applied Instruction)。功能指令能满足用户的更高要求,也使控制变得更加灵活、方便,大大拓宽了 PLC 的应用范围,使其功能变得更加强大。

FX2N 系列 PLC 功能指令可以归纳为：程序流向控制、数据比较与传送、算术与逻辑运算、循环移位与移位、数据处理、高速处理、方便类、外部 I/O、FX 系列外围设备、外部 F2 设备、浮点数、定位、时钟运算和接点比较等几大类。在第 7 章与第 8 章的案例中也会用到定位、浮点数运算和接点比较功能指令。要注意功能指令的使用条件和源、目操作数的选用范围和选用方法,要注意有些功能指令在整个程序中只能使用一次。

目前主流的 Windows 平台下的三菱 GPPW 和 FXGP 编程软件,是学习和使用三菱 PLC 时的得力助手,对学习功能指令也是一位很好的"老师"。当遇到对指令的疑惑时,如程序步,源、目操作数的范围,有否脉冲执行方式,以及有否 32 位操作数方式等,可以用它们来进行上机验证。在学习功能指令组成的梯形图时,要充分利用 GX Simulator 对其进行模拟仿真,以加深对梯形图的理解。

习题 5

1. 什么是功能指令？比较其与基本逻辑指令的异同。
2. 指出图 5.108 所示功能指令中各符号的含义,指出源、目操作数。
3. 指出图 5.109 所示功能指令中源、目操作数。并说明 32 位操作数的存放原则。

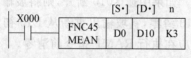

图 5.108 第 2 题平均值指令梯形图

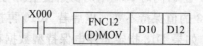

图 5.109 第 3 题 32 位操作数方式梯形图

4. 将位元件组合成位组合元件的方法是怎样的？指出图 5.110 所示功能指令中的字元件和位元件组合。指令执行后 D20 的高 4 位为多少？
5. 功能指令的执行方式分哪两种？指出图 5.111 所示功能指令的执行过程。

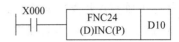

图 5.110　第 4 题梯形图　　　　　　　图 5.111　第 5 题梯形图

6. 图 5.112 所示 ADD 指令执行后，求源、目操作数的实际地址。用 GPPW 模拟仿真此梯形图，并设置 D5V=1，D15Z=2，在软元件内存监控窗中监控 D0 的值。
7. 梯形图如图 5.113 所示，阅读此程序，试分析：

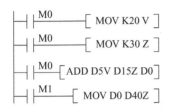

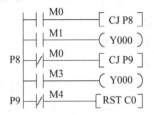

图 5.112　第 6 题 ADD 指令梯形图　　　图 5.113　第 7 题的程序流向梯形图

   (1) 程序的可能流向，并指出 P 指针的作用；
   (2) 程序中的"双线圈操作"是否可能？
8. 警戒时钟 WDT 指令的梯形图如图 5.21 所示，试分析此指令的作用。
9. 比较子程序和中断服务子程序之间的异同。
10. FX2N 系列 PLC 有哪几类中断？各有几个中断源？试指出 I610 的含义。
11. 梯形图如图 5.114 所示，阅读此程序，试解答：
    (1) 指出 I400 中断的含义，并分析此中断的过程；
    (2) 指出 I501 中断的含义，并分析此中断的过程。
12. 梯形图如图 5.22 所示，已知 M3=1，M2=0，M1=0，M0=1，试计算各循环的执行次数。

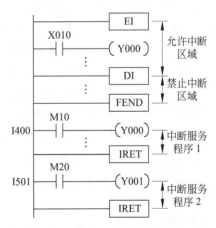

图 5.114　第 11 题中断程序梯形图

13. 试编写停车数统计梯形图。停车场可以停车总数为 30 辆，数据寄存器 D10 中是停车数的当前值，每当有一辆车入场，M10 驱动 D10 加 1；每当有一辆车出场，M11 驱动 D10 减 1。用 M8000 驱动 CMP 指令进行判断，当停车数小于 30 辆时，Y000 接通并驱动允许车辆入场的绿灯亮；否则 Y001 接通并驱动车场满位的红灯亮。
14. 试编写变频空调控制室温的梯形图。数据寄存器 D10 中是室温的当前值。当室温低于18℃时,加热标志 M10 被激活,Y000 接通并驱动空调加热。当室温高于25℃时,制冷标志 M12 被激活,Y002 接通并驱动空调制冷。只要空调开了(X000 有效),将驱动 ZCP 指令对室温进行判断。在所有温度情况下,Y001 接通并驱动电扇运行。

15. 设计一个四相八拍步进电机 PLC 控制程序。功能要求为:接上电源,并按下启动按钮 X010 后,步进电机即按照图 5.115 所示的节拍正常工作。使用 MOV 指令编程,设计步骤包括:

$$A \to AB \to B \to BC \to C \to CD \to D \to DA$$

图 5.115 四相八拍脉冲分配

(1) 列出输入/输出端口分配表;
(2) 画出梯形图和接线图;
(3) 写出指令表。

16. 梯形图如图 5.92 所示,试解答:
(1) 指出从 X010 开始的连续 8 个输入点的功能;
(2) 指出自动方式中用到的最小状态号和最大状态号。

17. 位元件右移指令的梯形图如图 5.58 所示,已知 X003~X000 均为 1,M15~M0 均为 0,试画出位元件右移过程示意图,并写出指令执行后上述各元件的值。

18. 试编写一个能控制门铃音调的梯形图。数据寄存器 D10 中是门铃频率的当前值,每当按下 SB2,X002 驱动 D10 加 1;每当按下 SB3,X003 驱动 D10 减 1。当按下 SB0,X000 驱动执行 PLSY 指令,使门铃响两声。

19. 梯形图如图 5.116 所示,已知 D10=HFF55,试解答:
(1) 梯形图执行后,数据寄存器的内容是多少?
(2) 若将求补改为求补码,则 D10 的内容是多少?

20. 设计一个七段码 LED 显示器 PLC 控制程序。功能要求为:接上电源,并按下启动按钮 X010 后,LED 显示器逐个显示十六进制数码 0~F,每个数码被点亮的持续时间均为 0.1s。LED 显示器各段排列见图 5.117,相应的七段码的译码见表 5.72。要求使用 MOV 指令编程,设计步骤同第 15 题。PLC 采用 FX1S-20MT,用输出端 Y000~Y006 驱动 LED 的 Y0~Y6。

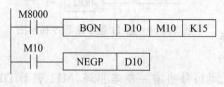

图 5.116 第 19 题梯形图   图 5.117 第 20 题 LED 显示器各段排列

21. 在图 5.98 示教定时器梯形图中将 K1 改为 K2,并用 GPPW 软件来模拟仿真此梯形图,在软元件内存监控窗中监控 D1 和 D0 的值来验证两者之间的关系。

表 5.72 Bin 码到七段码的译码表

源操作数		目 的 操 作 数								显示数据
Hex	Bin	Y7	Y6	Y5	Y4	Y3	Y2	Y1	Y0	
0	0000	0	0	1	1	1	1	1	1	0
1	0001	0	0	0	0	0	1	1	0	1
2	0010	0	1	0	1	1	0	1	1	2
3	0011	0	1	0	0	1	1	1	1	3
4	0100	0	1	1	0	0	1	1	0	4
5	0101	0	1	1	0	1	1	0	1	5
6	0110	0	1	1	1	1	1	0	1	6
7	0111	0	0	0	0	0	1	1	1	7
8	1000	0	1	1	1	1	1	1	1	8
9	1001	0	1	1	0	1	1	1	1	9
A	1010	0	1	1	1	0	1	1	1	A
B	1011	0	1	1	1	1	0	0	0	b
C	1100	0	0	1	1	1	0	0	1	C
D	1101	0	1	0	1	1	1	1	0	d
E	1110	0	1	1	1	1	0	0	1	E
F	1111	0	1	1	1	0	0	0	1	F

第6章

CHAPTER 6

三菱 FX 系列 PLC 的通信

本章导读

本章主要介绍了 PLC 通信的基础知识和基本实现方法。同时以三菱 FX2N 系列 PLC 为例,重点介绍了在 Windows 平台下三菱 SWOPC-FXGP/WIN-C 上位编程与通信软件的使用。还介绍了 FX 系列 PLC 与 VB 通信,梯形图中的 C 函数调用两个实例。

6.1 PLC 通信概述

只要两个系统之间存在着信息的交换,那么这种交换就是通信。通过对通信技术的应用,可以实现在多个系统之间进行数据的传送、交换和处理。PLC 与计算机、PLC 与外围设备、PLC 与 PLC 之间的通信统称为 PLC 通信。PLC 通信的目的就是要将多个远程的 PLC、计算机以及各种外围设备进行互联,通过某种共同约定的通信协议和通信方式,传输和处理交换的信息数据。用户既可以通过一台计算机来控制和监视多台 PLC 设备,也可以实现多台 PLC 之间的联网,组成不同的控制系统,适应于不同的应用场合。

6.1.1 通信系统

一个通信系统,从硬件设备来看,是由发送设备、接收设备、控制设备和通信介质等组成;从软件方面来看,还必须有通信协议和通信软件的配合。图 6.1 表示了一个通信系统的组成关系。

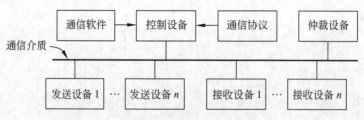

图 6.1 通信系统的组成关系示意图

同时,对于一个数据通信系统来说,可以有多个发送设备和多个接收设备,因此,有的通信系统还要有专门的仲裁设备,来指挥多个发送设备的发送顺序,避免造成数据总线的拥堵和死锁。

对于一个发送设备来说,它在发送数据的同时,也可以接收来自其他设备的信息。同样,接收设备在接收数据的同时,也可以发送一些反馈信息。控制设备则是按照通信协议和通信软件的要求,对发送和接收之间进行同步的协调,确保信息发送和接收的正确性和一致性。通信介质是数据传输的信道,不同的通信系统,对于通信介质在速度、安全、抗干扰性等方面也有不同的要求。通信协议的作用主要是规定各种数据的传输规则,更有效率地利用通信资源,保持通信的顺畅。收发双方都必须严格遵守通信协议的各项规定。通信软件则是人与通信系统之间的一个接口,使用者可以通过通信软件了解整个通信系统的运行情况,进而对通信系统进行各种控制和管理。

6.1.2 通信方式

按照数据传输方式进行分类,可以将通信方式分成两种:并行通信和串行通信。

并行通信的特点是将多个数据位同时进行传输,传输的数据有多少位,就相应地有多少根传输线,因此并行通信的速度相应地就快。但是,随着传输位数的增多,电路的复杂程度也相应增加,成本也随之上升,因此,并行通信较适合于短距离的数据通信,譬如,计算机与打印机之间的通信。图 6.2 所示为 8 位数据并行传输的示意图。

图 6.2 8 位数据并行传输示意图

从图 6.2 中可以看到,对于一个 8 位的二进制数,只需要一个时钟周期就可以从发送设备传送到接收设备中,因为每一位数据都是用单独的线路进行传输。

目前,计算机中的并行接口主要作为打印机接口,接口使用的是 25 针 D 型接头。由于 8 位数据同时通过并行线进行传送,这样数据传送速度大大提高。但是,并行传送的线路长度受到限制,因为长度增加,干扰就会增加,容易出错。

有四种常见的并口:4 位、8 位、EPP 和 ECP,现在大多数的个人计算机上都配有 8 位的并口,Intel 386 以上的便携机配有 EPP 口,支持全部 IEEE 1284 并口规格的计算机配有 ECP 并口。EPP 接口(增强并行接口)由 Intel 等公司开发,允许 8 位双向数据传送,可以连接各种非打印机设备,如扫描仪、LAN 适配器、磁盘驱动器和 CD-ROM 驱动器等。

ECP 接口(扩展并行接口)由 Microsoft、HP 公司开发,能支持命令周期、数据周期和多个逻辑设备寻址,在多任务环境下可以使用 DMA(直接存储器访问)。

串行通信的特点是只用一根数据线进行传输,多位数据必须在一根数据线上顺序地进行传送。因此,串行通信的速度比并行通信要慢。但是由于只需一根数据线进行传送,所以电路比较简单,适合于多数位、长距离通信的场合。随着串行通信技术的快速发展,串行传输速率已经可以达到每秒兆字节的数量级。PLC 控制系统广泛地应用了串行通信的技术。图 6.3 所示为 8 位数据串行传输的示意图。

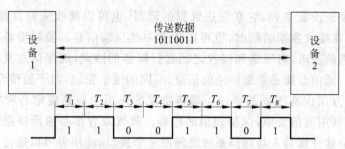

图 6.3 8 位数据串行传输示意图

从图 6.3 中可以看到,同样是一个 8 位的二进制数(10110011B),对于发送设备来说,需要首先将其作并行到串行的转换,然后用 8 个时钟周期($T_1 \sim T_8$)将其全部发送至接收设备;接收设备每个时钟周期接收到 1 位数据,需要 8 个时钟周期才能全部接收完毕,然后再经过串行到并行的转换,才算最终完成了这个 8 位数据的传输。

从上面这个串行传输的例子中可以发现,在串行通信中需要解决好发送设备与接收设备之间的同步问题,如果处理不好,往往会造成某些数据位的丢失,导致通信失败。因此,在串行通信中,根据采用的同步方式的不同,还可以将串行通信进一步分为同步串行通信和异步串行通信两种。异步串行通信方式是将传输的数据按照某种位数进行分组(通常以 8 位的字节为单位),在每组数据的前面和后面分别加上一位起始位和一位停止位,根据需要还可以在停止位前加一位校验位,并且停止位的长度还可以增加。这样组合而成的一组数据被称为一帧。图 6.4 所示为异步串行通信的数据传送格式。

图 6.4 异步串行传送数据格式

发送设备一帧一帧地发送,接收设备也一帧一帧地接收,由于加入了起始位、停止位以及校验位,就可以确保数据传输的完整性。接收设备若发现某一帧的数据缺少了必需的起始位或停止位,可以要求发送设备重新传送这一帧的数据。

串行通信按照信息在设备间的传输方向,还可以分为单工、半双工和全双工三种方式,分别如图 6.5 中的(a)、(b)和(c)所示。

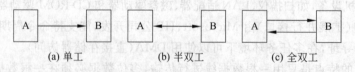

图 6.5 单工、半双工和全双工三种传输方式

尽管异步串行通信方式的结构比较简单,但是数据的传送量增加很多,导致传输效率不高,一般用在对传输速率要求不高的应用中。

为了克服上述异步串行通信方式中传输效率较低的不足,同步串行通信方式对每一帧数据的分组方式作了一些改进。同步串行通信方式不再以字节为单位，而是以数据块为单位，每个数据块可以由多个字节构成，只在每个数据块的前后加上起始位和停止位，这样减少了需要额外传输的控制数据的长度，自然也就提高了传输的效率。不过，相对异步通信方式而言，同步通信方式的软硬件复杂程度也随之上升，价格比较昂贵，一般只在传输速率要求较高的系统中使用。

PLC 通信通常采用异步串行通信方式。

6.1.3 PLC 使用的通信介质和接口标准

不管系统采取何种通信方式，数据最终都要通过某种介质和接口才能从发送设备传送到接收设备。通信介质和接口好比是发送设备和接收设备之间的一个交流的管道，管道的好坏以及畅通的程度决定了通信的质量和能力。目前 PLC 通信大多采用的是有线介质，例如，双绞线、同轴电缆、光纤等。由于工业环境中存在着各种各样的干扰，因此对于 PLC 通信来说，其抗干扰性和可靠性就显得尤为突出。同时，工业控制对实时性要求往往很高，所以 PLC 通信还要具有传输速度快的特点，能及时、准确地将各种数据进行收集和传输。因此，PLC 通信所采用的介质必须具有抗干扰性高、传输速度较快，以及性价比高等特性。双绞线和同轴电缆的抗干扰性比较好，成本也较低，非常适合 PLC 通信的特点和要求，因此，这两种通信介质在 PLC 通信中的应用十分广泛。

通信接口的种类非常多，下面重点介绍几种 PLC 采用的通信接口。

1. RS-232C 接口标准

RS-232C 接口标准采用的是标准的 25 针 D 型连接器。其管脚定义如表 6.1 所示。RS-232C 是使用最多的一种串行通信的接口标准。除了 PLC 通信采用以外，其他的通信系统也经常采用这个接口标准。RS-232C 是由美国电子工业协会 EIA 于 1962 年公布的一种串行通信接口标准，它详细规定了通信系统之间数据交换的方式、电气传输的标准，以及收发双方之间的通信协议的标准。

对于传输中的数字信号的电气标准，RS-232C 规定，逻辑"1"的电平范围在 $-5 \sim -15V$ 之间；逻辑"0"的电平范围在 $+5 \sim +15V$ 之间。由于逻辑"1"和逻辑"0"电平的范围相差很大，因此在传输中的抗干扰能力较强。

由于 RS-232C 是一种串行通信的接口标准，所以它是以位为单位进行串行传输。它还规定了波特率为传输的速度单位。波特率的定义是每秒传输的位数，单位是 bps（bit per second）。波特率有 300、600、1200、2400、9600、19200bps 等几种。

在使用的时候，一般不需要用到所有的 25 个管脚。从最简单的通信应用来说，只要用到其中的 3 个管脚——TXD、RXD 和地，便可以完成一个简单的数据通信。在大部分的通信系统中，经常采用 9 针连接器，也就是说，只用到了其中的 9 个管脚。9 针 D 型连接器的管脚定义如表 6.1 中第 1 列括号内所示。

RS-232C 也存在着一些不足之处，如它的传输距离不大、传输速率较低、抗共模干扰能力较差等。

表 6.1 25 针 D 型连接器的管脚定义

RS-232C 引脚号	缩写符	名称	说明
1	PG	屏蔽(保护)地	设备外壳接地
2(3)	TXD	发送数据	发送方将数据传给 Modem
3(2)	RXD	接收数据	Modem 发送数据给发送方
4(7)	RTS	请求发送	在半双工时控制发送方的开和关
5(8)	CTS	允许发送	Modem 允许发送
6(6)	DSR	数据终端准备好	Modem 已经准备好
7(5)	SG	信号地	信号公共地
8(1)	DCD	载波信号检测	Modem 正在接收另一端送来的数据
9		未定义	
10		未定义	
11		未定义	
12	DCD	接收信号检测(2)	在第二信道检测到信号
13	CTS	允许发送(2)	第二信道允许发送
14	TXD	发送数据(2)	第二信道发送数据
15	TXC	发送定时	为 Modem 提供发送方的定时信号
16	RXD	接收数据(2)	第二信道接收数据
17	RXC	接收定时	为接口和终端提供定时
18		未定义	
19	RTS	请求发送(2)	连接第二信道的发送方
20(4)	DTR	数据终端准备好	数据终端已做好准备
21		信号质量检测	从 Modem 到终端
22(9)		振铃指示	表明另一端有进行传输连接的请求
23		数据率选择	选择两个同步数据率
24		发送方定时	为接口和终端提供定时
25		未定义	

2. RS-422A 接口标准

为了克服 RS-232C 的上述缺点,EIA 协会随后又推出了 RS-422A 的接口标准。它在 RS-232C 25 个引脚的基础上,增加到了 37 个引脚,从而比 RS-232C 多了 10 种新功能。RS-422A 与 RS-232C 的一个显著区别是,它仅使用+5V 作为工作电压,同时采用了差动收发的方式。差动收发需要一对平衡差分信号线,逻辑"1"和逻辑"0"是由两根信号线之间的电位差来表示的。因此,相比 RS-232C 的单端收发方式来说,RS-422A 在抗干扰性方面得到了明显的增强。

3. RS-485A 接口标准

这个接口标准与 RS-422A 基本上是一样的,区别仅在于 RS-485A 的工作方式是半双工,而 RS-422A 则是全双工。如果一台通信设备支持全双工模式,那么它可以同时进行数据的发送和接收;如果一台通信设备仅支持半双工模式,那么在同一时刻,要么只能发送数据,要么只能接收数据,两者不能同时进行。所以,RS-422A 为了支持全双工模式,就需要有两对平衡差分信号线,而 RS-485A 只需要其中的一对即可。另外,RS-485A

与 RS-422A 一样,都是采用差动收发的方式,而且输出阻抗低,无接地回路等问题,所以它的抗干扰性也相当好,传输速率可以达到 10Mbps。

6.1.4 通信协议

一个通信系统至少应有一个发送方和一个接收方,有的甚至可以有多个发送方和多个接收方。为了保证相互之间通信的准确和畅通,如生活中的交通规则用来规范交通行为一样,在通信系统中也有一个通信协议,用它来规范发送和接收各方的通信行为。

国际上的标准化组织和其他专业团体制定了许多已被人们普遍接受和广泛使用的通信协议。例如,大家最为熟悉的国际标准化组织 ISO(International Standards Organization)制定了开放式系统互联通信协议 OSI(Open System Interconnection)。这个通信协议由七层不同的协议层组成,如图 6.6 所示。

浏览网页使用的通信协议是 TCP/IP 协议(Transmission Control Protocol/Internet Protocol),从站点上下载文件使用的是 FTP 协议(File Transfer Protocol)。这两个协议都是由美国高级研究院制定的。每个人在上网的时候,都会用到这两个通信协议。TCP/IP 协议的模型如图 6.7 所示。

图 6.6　通信协议模型　　　　　图 6.7　TCP/IP 协议模型

除了使用由国际上公认的标准化组织所制定的通信协议外,也可以制定自己的通信协议。通过对通信系统的分析和判断,在现有的通信环境和可用资源下,用比较简单且合理有效的方式来管理参与通信的各方,使之能最大限度地发挥通信系统的效率。

6.2　PLC 通信的实现

为了适应 PLC 通信和网络化的要求,几乎所有的 PLC 厂家都为 PLC 配备了专用的通信接口和通信模块,以方便与上位机进行通信,以及 PLC 相互之间进行通信。

6.2.1　PLC 与计算机之间的通信

任何一个控制系统都需要由操作者来控制和干预,为了使操作者可以直观、准确、迅速地了解当前系统的运行情况和各种参数,通常采用 PLC 与上位机进行通信的方式,将各种系统参数由 PLC 发送给上位机,然后上位机对这些数据经过一系列的加工、处理和分析之后,以某种方式显示给操作者,操作者再将需要 PLC 执行的操作输入到上位机,由上位机将操作命令回传给 PLC。上位机通常都是通用计算机,如个人计算机,也可以是大、中型计算机。由于通用计算机软件丰富,直接面向用户,人机界面友好,编程调试方便,因此在 PLC 与计算机组成的系统中,上位机主要完成数据传输和处理、修改参数、显示图像、打印报表、监视工作状态、进行网络通信和编制 PLC 程序等任务。PLC 仍然直接面向工作现场,面向工作设备,进行实时控制。上位机与 PCL 之间的有效结合,可以弥补各自之间的不足,发挥各自的优势,从而扩大 PLC 的应用范围。

1. 通信接口与模块

PLC 内部都有与上位机通信的接口或专用的通信模块。一般在小型的 PLC 上都有 RS-422A 或 RS-232C 的通信接口,而在中、大型的 PLC 上都有专用的通信模块。PLC 与上位机之间的通信正是通过这些接口与上位机上的相应接口进行的。PLC 与上位机的连接可以直接使用 SC-09 通信接口。

另外,当 PLC 上的通信接口是 RS-422A 时,必须在 PLC 与计算机之间加一个 RS-232C 与 RS-422A 的接口转换器,以实现通信。由此可见,PLC 与上位机之间的通信连接比较简单,使用起来十分方便。

RS-232C 采用的接口转换模块 FX-232ADP 是一种以无规约方式与各种 RS-232C 设备进行数据交换的适配器。FX-232ADP 转换模块与 PLC 连接好后,根据特殊寄存器 D8120 的设置来交换数据。PLC 的 RS 指令可以设置交换数据的点数和地址。

2. 通信协议

FX 系列 PLC 与计算机之间的通信采用的是 RS-232C 标准,数据交换方式是字符串的 ASCII 码。每笔数据的长度可在通信前设定。例如,每笔数据的长度由 10 位数据组成,其中,第一位是起始位,表示一笔数据的开始;接下去的 7 位是数据位,表示要传送的数据,用 ASCII 码来表示;接着是校验位,用来保证通信的完整性,避免传输过程中由于各种干扰而造成数据传送的错误;最后一位是停止位,表示该笔数据传送完毕。

例如,要将数据字符"0"发送给接收方,数据交换方式定义为 10 位数据长度,其中,1 位起始位,7 位数据位,1 位奇校验位,和 1 位停止位,传送字符"0"的格式如图 6.8 所示。从图 6.8 中可以知道,先传送起始位,然后是字符"0"的 7 位 ASCII 码,并且先传 ASCII 码的低位。因为字符"0"的 ASCII 码是"011 0000",所以传送的码流是"0000 110"。跟在字符"0"后面的是奇校验位,最后是停止位。

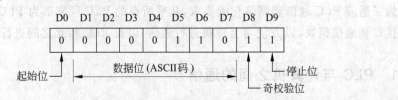

图 6.8 字符"0"传送示意图

FX 系列 PLC 与计算机通信的时候，除了传送数据之外还会传送一些必要的命令。这些命令有助于计算机和 PLC 了解各自当前的状态，由此来决定如何进行数据的传输。所谓命令其实就是一些特殊的字符，这些字符以及数字的编码格式如表 6.2 所示，其中数字直接用其 ASCII 码来表示。

表 6.2 命令和数字字符的编码格式

字符	十六进制编码	注　释
ENQ	05H	查询:计算机查询 PLC 的状态
ACK	06H	确认响应:PLC 对计算机所发的 ENQ 的回答
NAK	15H	错误响应:PLC 对计算机所发的不认识命令的回答
STX	02H	数据开始:传输数据块的开始标志
ETX	03H	数据结束:传输数据块的结束标志

如果采用 SC-09 作为 PLC 通信的接口，由于其只是用硬件电路将 RS-422A 电平转换成 RS-232C 电平的"裸接口"，与固化有通信软件的接口不同，不能使用汇编级的通信指令和符号化的地址。它只能用表 6.3 所示的 4 条指令，并且在编程时必须将这 4 条指令以十六进制机器码的形式来表示，这一点至关重要。

表 6.3 支持 SC-09 的三菱 FX 系列 PLC 与计算机通信所用指令

序号	命　令	命令码	目的组件	说　明
1	读组件	0	X,Y,M,S,T,C,D	读位映像组件状态,字软元件当前值
2	写组件	1	X,Y,M,S,T,C,D	位映像组件写"0"或"1",字软元件写当前值
3	置位	7	X,Y,M,S,T,C	位映像元件强制置位
4	复位	8	X,Y,M,S,T,C	位映像元件强制复位

上面介绍了单个命令字符的收发协议，接下来再对 PLC 与计算机之间的帧传送格式作一简单介绍。PLC 与计算机之间大量数据的传输是以帧为单位，每帧包含了多个字符数据以及若干个命令字符。图 6.9 给出了一个多字符帧的组成示意。

		组首地址				字节数			校验和	
	CMD0	16^3	16^2	16^1	16^0	16^1	16^0		16^1	16^0
STX		0	0	A	0	0	2	ETX	6	6
02H	30H	30H	30H	41H	30H	30H	32H	03H	36H	36H

图 6.9 计算机从 Y0 读取两个字节的多字符帧

从图 6.9 可以知道，这个多字符帧是以 STX 开头，ETX 结尾，多个字符数据被包含在两者之间。STX 后面紧跟的是一个命令字符，它的十六进制码是 30H，表示这是一个读命令(CMD0)。读命令后面的四个字符"00A0"代表了 PLC 输出线圈 Y0 的首地址，首地址后面的两个字符"02"表示所要读取字节的个数。在这个例子中是要读取两个字节的数据(Y0~Y7 以及 Y10~Y17)。在 ETX 后面的是两个字节长度的校验和，校验和的计算是从读命令(CMD0)到 ETX 之间的所有字符和的最低八位，包括读命令和 ETX 字符。在这个例子中，校验和的计算应该如下所示：

30H＋30H＋30H＋41H＋30H＋30H＋32H＋03H＝166H，最低八位是66H
所以最后两个字节的校验和应该是"66"，用ASCII码表示就是"36H 36H"。

3. 通信操作

除了上面提到的数据格式的设定之外，还有其他一些通信参数需要在PLC与计算机通信之前进行设置。在两个串行通信设备进行通信之前，双方必须对各个通信参数进行约定，这些参数包括波特率、起始位、停止位和奇偶检验位。这些都可以在数据寄存器D8120中进行设置。具体的设置方法参见表6.4。

表6.4 D8120寄存器设置通信模式

D8120数据位	功能	状态设置定义						
D0	数据长度	0:7位数据长度；1:8位数据长度						
D1~D2	检验位	D2~D1	00		01		10	
		检验类型	无校验		奇校验		偶校验	
D3	停止位	0:1位停止位；1:2位停止位						
D7~D4	波特率	D7~D4	0011	0100	0101	0110	0111	1000	1001
		波特率/bps	300	600	1200	2400	4800	9600	19200
D8	起始字符选择	0:无起始字符；1:D8124						
D9	结束字符选择	0:无结束字符；1:D8125						
D10	握手信号类型1	0:无；1:H/W1						
D11	模式(控制线)	0:常规；1:单控						
D12	握手信号类型2	0:无；1:H/W2						
D13~D15		可用来取代D8~D12，用于FX-485网络						

由表6.4可知，如果要传送的数据长度是7位，有1位起始位和1位停止位，检验类型为奇校验，通信波特率为9600bps，那么可以将D8120的低八位设置为：82H＝10000010B。根据实际通信的需要进行设置时，需要注意的是，通信双方的参数设置必须一致，否则会导致通信的失败。

6.2.2 PLC与PLC之间的通信

随着工业控制的不断发展，控制的对象、规模和任务的复杂度也日益提高，采用单台PLC进行控制往往显得力不从心。因此对于多控制任务的复杂控制系统，多采用多台PLC连接通信来实现。这些PLC有各自不同的任务分配，进行各自的控制，同时它们之间又有相互联系，相互通信达到共同控制的目的。PLC与PLC之间的通信，常称为同位通信。

1. 通信系统的连接

PLC 与 PLC 之间的通信，只能通过专用的通信模块来实现。用于 RS-485 通信板的适配器 FX2-485-BD 和双绞线并行通信适配器 FX2-40AW，都是比较常用的 PLC 通信专用模块。利用它们可以方便地实现两台 PLC 之间的数据通信。

根据通信模块的联结方式，可以将 PLC 之间的通信分为单级系统和多级系统。顾名思义，单级系统就是指一台 PLC 只连接一个通信模块，并且通过连接适配器将两台 PLC 或两台以上的 PLC 进行连接，以实现相互之间进行通信的系统。图 6.10 是两台 PLC 通过通信适配器进行互联并行运行的示意图。

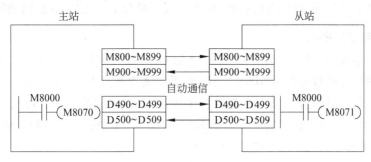

图 6.10 两台 PLC 通过适配器互联并行运行示意图

如果一台 PLC 连接了多个通信模块，然后通过多个通信模块与多台 PLC 进行互联，由此所组成的通信系统被称为多级系统。多级系统中的各级之间相互独立，不受限制，也不存在上、下级的关系，最多可以由四级通信系统组成。

多级 PLC 进行连接组成多级系统的示意图如图 6.11 所示。

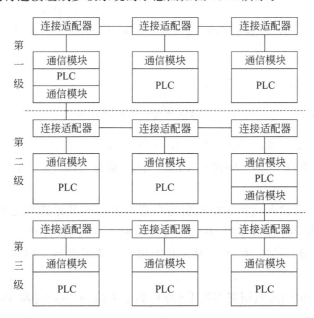

图 6.11 多级系统连接示意图

在需要大规模控制的场合，经常采用上面提到的单级或多级通信系统。因为它们在通信过程中不会占用系统的 I/O 点数，只要在辅助继电器、数据寄存器中专门开辟一块地址区域，按照特定的编号分配给各个 PLC。对于某些地址区域来说，有些 PLC 可以对其进行写操作，而另外的 PLC 可以对其进行读操作。于是，各个组件之间的状态信息就可以进行互换，通过不同的状态就可以相应地控制本身软组件的状态，从而达到通信的目的。

由此可见，对于任何一台互联中的 PLC 的操作，相当于独立操作一台普通的 PLC，没有增加互联后的操作复杂度。但是由于存在这种状态信息的交换，使得任何一台 PLC 都可以对其他 PLC 上的组件进行控制，从而拓展了单台 PLC 的控制范围和能力。

2. 通信系统的操作

主站和从站间的通信可以是 100/100 点的 ON/OFF 信号和 10 字/10 字的 16 位数据。用于通信的辅助继电器是 M800～M999，数据寄存器是 D490～D509。

从图 6.10 可以知道，如果主站想要将某些输入的 ON/OFF 状态让从站知道，可以将这些 ON/OFF 状态存放到辅助继电器 M800～M899 中；同样，从站可以将传送给主站的 ON/OFF 状态存放到辅助继电器 M900～M999 中。

下面举一个具体的例子，程序的梯形图如图 6.12 所示。

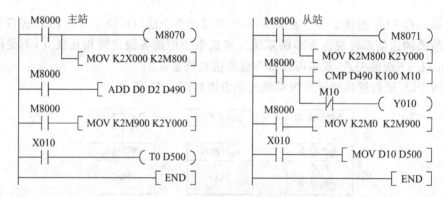

图 6.12 通信编程实例程序梯形图

主站的输入线圈 X000～X007 的 ON/OFF 状态相应传送到辅助继电器 M800～M807，从站在辅助继电器 M800～M807 中读到这些状态，然后将其输出到线圈 Y000～Y007。

主站中 D0 与 D2 的和被存放在数据寄存器 D490 中，从站读到之后，将其与 100 比较，当比较的结果是小于或等于时，从站中输出线圈 Y010 就被打开。

同样，从站中 M0～M7 的 ON/OFF 状态被主站读到之后，就被相应地输出到线圈 Y000～Y007。

从站中 D10 的值通过数据寄存器 D500 传到了主站，成为定时器 T0 的定时值。

6.3 用 FXGP 设计梯形图程序

SWOPC-FXGP/WIN-C(简称 FXGP)是三菱 FX 系列 PLC for Windows 的中文版编程软件,适用的 PLC 类型如图 6.13 的"PLC 类型设置"对话框中所列。目前 FXGP 中文版的最高版本为 V3.30,产品型号为 SWOPC-FXGP/WIN-C。

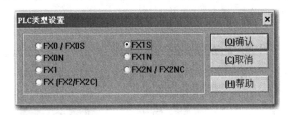

图 6.13 PLC 类型选择

FXGP 的安装比较简单,打开安装主目录后,运行 DISK1 目录下的 setup.exe 命令,一直按提示进行操作即可。软件安装完成后,默认的安装目录是 C:\FXGPWIN,并在桌面上创建 FXGP 的快捷方式图标。

FXGP 是学习、设计三菱 FX 系列 PLC 用户程序的首选工具。为了让读者可以直观、清楚地掌握 FXGP 软件的使用方法,本节将从下面的例 6.1 电机启-保-停 PLC 控制实例入手,介绍在 FXGP 软件中创建、编辑和调试梯形图程序的操作过程。

例 6.1 用三菱 FXGP 编程软件对例 3.1 中电机启-保-停电路进行编程,要求:

(1) 创建梯形图文件;
(2) 编辑梯形图,并得到指令表;
(3) 程序传送,对梯形图进行监控调试。

解 电机启-保-停的控制要求、输入/输出点的分配可参看例 3.1,梯形图和接线图分别参看图 3.2(a)和(b)。

(1) 创建梯形图文件

① FXGP 的启动。双击桌面执行图标 即可启动 FXGP,启动后的界面及其各部分组成如图 6.14 所示。

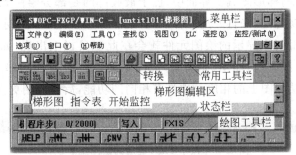

图 6.14 FXGP 梯形图编辑界面

② 建立新文件。用菜单命令"文件"|"新文件",或者单击常用工具栏中"新文件"按钮,打开"PLC 类型设置"对话框,如图 6.13 所示。按图选择所使用 PLC 的类型,然后单击"确认"按钮。此时,在 FXGP 中间出现了梯形图编辑区,如图 6.14 所示。

③ 保存梯形图。用菜单命令"文件"|"保存",或者单击图 6.14 中的"保存"按钮,打开如图 6.15 所示的对话框。在对话框中的"文件名"文本框中,输入梯形图的文件名 ex61.PMW,然后单击"确定"按钮。接着,出现如图 6.16 所示的"另存为"对话框,在对话框中输入文件题头名,然后单击"确认"按钮,梯形图文件保存完成。也可以在梯形图画好后进行保存。

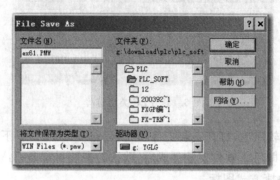

图 6.15 保存梯形图文件的对话框

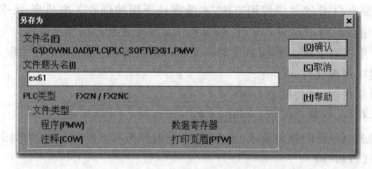

图 6.16 "另存为"对话框

(2) 编辑梯形图,得到指令表

在图 6.14 所示的梯形图编辑界面中,位于最底部的是部分绘图元件工具栏,可以用菜单命令"视图"|"功能键"来打开/关闭此工具栏。如果要用到未显示的绘图元件,可以按住 Shift 键不放,此时未显示的绘图元件就会在此工具栏上出现,如图 6.17 所示。也可以用菜单命令"视图"|"功能图"来打开/关闭浮动的绘图工具,如图 6.18 所示。底部绘图元件工具栏与功能图上的相应元件具有相同的功能,后者使用更方便一些。

图 6.17 按下 Shift 键后的绘图工具栏

单击某个绘图元件或按下键盘上对应的功能键,就可以选取对应的元件,来画图 3.2(a)所示的梯形图了,画法步骤如下。

① 光标定位在第 1 行的左母线处,单击功能图上常开元件(或按 F5 键),在出现的如图 6.19 所示的对话框中输入元件名 X0 并按 Enter 键,在原先用光标定位的地方将出现一个常开符号,同时光标自动向右移动一个符号位,这样常开 X000 就画好了。

图 6.18 功能图　　　　　　　图 6.19 "输入元件"对话框

② 单击功能图上常闭元件(或按 F6 键),同样会出现图 6.19 所示的对话框,在对话框中输入元件名 X1 并按 Enter 键,常闭 X001 就出现在光标位上,同时光标自动向右移动一个符号位。用同样的方法画好常闭 X002。

③ 单击功能图上线圈元件(或按 F7 键),在出现的对话框中输入元件名 Y0 并按 Enter 键,软件会自动连线将 Y000 画在右母线处,同时光标会自动定位在第 2 行的左母线处。

④ 单击功能图上向上连接的常开元件(或按 Shift+F5 键),在出现的对话框中输入元件名 Y0 并按 Enter 键,这样自保接点 Y000 就画好了。

⑤ 将光标定位在第 3 行的左母线处,直接输入 END(也可以单击功能图上功能框,或按 F8 键,再在出现的对话框中输入 END)并按 Enter 键,END 命令就画好了。

⑥ 此时画好的梯形图还是灰色的,如图 6.20 所示。这时要按"转换"按钮。如果梯形图画得正确,转换后的梯形图的背景就会变为白色。转换好的梯形图如图 6.21 所示。梯形图画好后,单击"指令表"按钮,将会得到对应的指令表,如图 6.22 所示。

图 6.20 未转换的梯形图

(3) 程序传送,对梯形图进行监控调试

在系统未上电之前,已用 SC-09 通信电缆将 PC 的 COM 口与 PLC 的通信口连接起来了。将 PLC 的 RUN 开关打下,使 RUN 灯不亮。选择菜单命令"PLC"|"传送"|"写

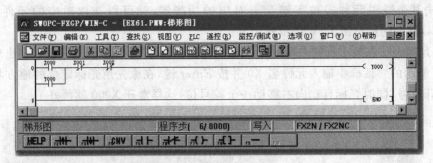

图 6.21 转换好的梯形图

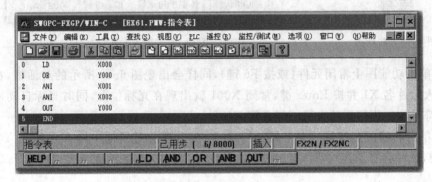

图 6.22 转换好的指令表

出",如图 6.23 所示,出现如图 6.24 所示"PC 程序写入"对话框时,单击"确认"按钮。待程序传输至 PLC 完成后,再将 PLC 的 RUN 开关打上,使 RUN 灯亮,就可以按接线图做硬件实验了。

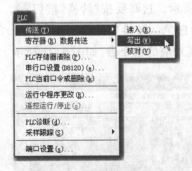

图 6.23 程序传送菜单命令

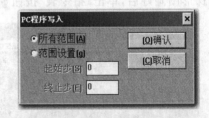

图 6.24 "PC 程序写入"对话框

如果有实际的 PLC,并按图 3.2(b)接线图进行连接,则可以对图 3.2(a)梯形图进行在线监控调试,用户可清楚地看到电路的工作状态和动作情况。用菜单命令"监控/测试"|"开始监控",进入梯形图监控,初始画面如图 6.25(a)所示。图中,只有接点 X001 与 X002 有绿色底纹,说明这两个接点处于闭合状态;没有底纹的则处于断开状态,如常开 X000、Y000 和线圈 Y000 是断开的。

按下启动按钮 X000,线圈 Y000 接通,常开 Y000 闭合自保,电路如图 6.25(b)所示。

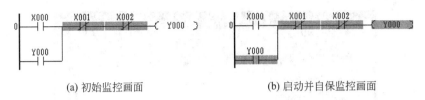

(a) 初始监控画面　　　　　　　　(b) 启动并自保监控画面

图 6.25　图 3.2(a) 梯形图监控画面

按下停止按钮 X001，线圈 Y000 断开，常开 Y000 也断开，电路回到图 6.25(a) 所示画面。

如果未接按钮，可用菜单命令"监控/测试"|"强制 ON/OFF"，打开如图 6.26 所示的"强制 ON/OFF"对话框，在"元件"文本框中输入 X000，并单击"确认"按钮，也将出现如图 6.25(b) 所示启动并自保监控画面。再在元件栏中输入 X001，并单击"确认"按钮，也将出现图 6.25(a) 所示 Y000 断开的初始监控画面。

图 6.26　"强制 ON/OFF"对话框

用菜单命令"监控/测试"|"停止监控"，可以结束梯形图监控。

6.4　三菱 FX 系列 PLC 在 SC-09 下与上位机通信

在 PLC 网络的上、下位机主从式结构中，计算机为上位机，而面向现场的 PLC 为下位机，两者之间要用相应的接口模块连接来实现双方的通信。在三菱的各种通信接口中，SC-09 接口电缆既能用于 FX 全系列的 PLC，在价格上又相对低廉，应用十分普遍。它在使用时需要用 FXGP 等通信软件，但 FXGP 没有全面地提供对 PLC 内部软元件进行读写的功能，因此，用户往往需要自行用高级语言来开发实用的通信程序。

本节将介绍用 VB 6.0 编制一个适用于三菱 FX 全系列 PLC 在 SC-09 下的通信程序，该通信程序能读写字软元件的当前值和位映像组件的状态值，能选择单字、双字或多字批量的读写，能选择使用十进制或十六进制，还能对单独的位映像元件强制复位与置位。

图 6.27 所示界面的三菱 FX 系列通信程序采用 VB 6.0 的 MSComm 控件来编程，具有更为完善的发送和接收功能。除了不能对 PLC 的定时器和计数器的常数设定值与文件寄存器内的数据进行读写外，FX 系列 PLC 的所有开关量输入、输出以及各种软元件对本通信程序都是透明的。无论 PLC 处在 STOP 状态还是 RUN 状态，都可以按表 6.3 所列的命令对其进行各种操作。

PLC 原理与应用(三菱 FX 系列)(第 2 版)

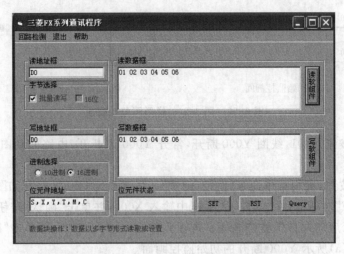

图 6.27 读 D0~D3 的 6 个字节数据的多字符帧

1. 批量读字软元件与位映像组件

(1) 批量读字软元件

读字软元件是指读取寄存器 D、T、C 的当前值。例如，要批量读取 D0~D3 的 6 个字节的数据，可以用表 6.3 中第 1 条指令，再按照图 6.9 所示格式，得到批量读此数据块的多字符帧如图 6.28 所示。其中，组软元件的首地址 1000H 正是 D0 的地址，字节数的取值范围为 01H~40H，即最多能读取 64 个字节，5A 为校验和。

		组首地址				字节数			校验和	
	CMD0	16^3	16^2	16^1	16^0	16^1	16^0		16^1	16^0
STX		1	0	0	0	0	6	ETX	5	A
02H	30H	31H	30H	30H	30H	30H	36H	03H	35H	41H

图 6.28 读 D0~D3 的 6 个字节数据的多字符帧

按图 6.28 所示可以求出校验和 SUM 的值，先将从命令码起到 ETX 为止的各个字符的十六进制 ASCII 码值相加，即 30H+31H+30H+30H+30H+30H+36H+03H＝15AH，取最低两位数，则校验和 SUM＝5AH。

下面给出在读命令按钮的单击事件中批量读的主要 VB 程序。

```
Num1=Val(InputBox("要批量读,请输入批量读的字节数!"))
Num=Num1 * 2+4                          '多字符帧的总字符数
'批量读多字符帧的 ETX 之前部分,DevAdd 为组软元件的首址
DevDat="0"+DevAdd+Right("00"+Hex$ (Num1),2)
On Error Resume Next
CommFX.InBufferCount= 0                 '清除接收缓冲区
CommFX.OutBufferCount= 0                '清除发送缓冲区
'发送多字符帧,SumChk 为计算校验和函数
CommFX.Output=Chr(2)+DevDat+Chr(3)+SumChk(DevDat)
Tim=Timer
```

```
Do
    If Timer>Tim+1 Then MsgBox "读超时!": Exit Sub
Loop Until CommFX.InBufferCount=Num          '直至所有字符都发送完
SetIn=CommFX.Input                            '变量 SetIn 中即为读取的数据块的内容
```

上述程序中,当读取字节数 Num1＝2 时,为 16 位字的读取,如定时器 T0～T255、计数器 C200 以下和 16 位数据寄存器 D;当 Num1＝4 时,为 32 位字的读取,如计数器 C200 以上和 32 位数据寄存器 D。

(2) PLC 对计算机批量读操作的响应

上述程序中,如果读操作正确,变量 SetIn 中的内容就是读取的数据块的内容。设 D0～D3 的数据按从低至高排列为"01 02 03 04 05 06"(D0 为最低),则读响应多字符帧的格式如图 6.29 所示。校验和值 SUM 是将第一字节内容到 ETX 之间的所有字符的十六进制 ASCII 码值相加,取和的最低二位,即 SUM＝58H。如果读操作失败,PLC 将响应 NAK。

STX	第1字节		第2字节		第3字节		第4字节		第5字节		第6字节		ETX	16^1	16^0
02H	0	6	0	5	0	4	0	3	0	2	0	1	03H	5	8
	30H	36H	30H	35H	30H	34H	30H	33H	30H	32H	30H	31H		35H	38H

图 6.29 PLC 对计算机批量读响应的多字符帧

下面只给出读操作成功后,按十进制把 SetIn 中内容显示出来的主要 VB 代码。

```
For i=Num-4 To 2 Step-2
    CHKD=CHKD+Mid(SetIn, i, 2)               '恢复按字节从高至低排列
Next i
CHKD=CStr(Val("&H"+CHKD))                     '转化为十进制
Text2.Text=CHKD                               '送文本框显示
```

(3) 批量读位映像组件及 PLC 的响应

读位映像组件是指读 S、X、Y、M、T、C 的状态值。这里批量读与 PLC 响应的多字符帧的格式与上面批量读字软元件类似,不同的是位映像组件的地址分配。例如,要读取输出线圈 Y0～Y17 的状态,可以参照图 6.28 来得到用字符表达的多字符帧为:STX000A002ETX66。

其中,组首地址 00A0H 正是 Y0 的地址,02H 为字节数,66H 为校验和。VB 编程时,可将计算位映像组件的地址作为一个函数调用,其余部分程序就可与批量读字软元件共用。

2. 批量写字软元件与位映像组件

(1) 批量写字软元件

表 6.3 中的第 2 条指令可以批量写入字软元件 D、T、C 的当前值。例如,要批量写入 D0～D3 的 6 个字节的数据,设写入数据按从高至低排列为"01 02 03 04 05 06"。批量写此数据块的多字符帧格式如图 6.30 所示。其中,组首地址 1000H 正是 D0 地址,字节数为 06H(取值范围也为 01H～40H),B0 为校验和。

下面给出在写命令按钮的单击事件中批量写的主要 VB 程序。

STX	CMD1	组首地址				字节数		要写入的数据			校验和		ETX		
		16^3	16^2	16^1	16^0	16^1	16^0	第1字节	第2字节	第6字节	16^1	16^0			
02H	31H	1 31H	0 30H	0 30H	0 30H	0 30H	6 36H	0 6 30H 36H	0 5 30H 35H	···	0 1 30H 31H	03H	B 42H	0 30H

图 6.30 写从 D0～D3 的 6 个字节数据的多字符帧

```
'批量写多字符帧的 ETX 之前部分,DevAdd 为组首址,Numbyt 为写入字节数,DevDat 为写入数据
DevDat="1"+DevAdd+Numbyt+DevDat1
On Error Resume Next
CommFX.InBufferCount=0
CommFX.OutBufferCount=0
'发送批量写多字符帧
CommFX.Output=Chr(2)+DevDat+Chr(3)+SumChk(DevDat)
Tim=Timer
Do
   If Timer>Tim+1 Then MsgBox "写超时!": Exit Sub
Loop Until CommFX.InBufferCount=1
SetIn=CommFX.Input
If Asc(SetIn)=6 Then MsgBox "写入正确" Else MsgBox "写入错误"
```

(2) PLC 对计算机批量写操作响应

如果写操作正确,变量 SetIn 中的内容就是 ACK 的 ASCII 码值 6;如果写操作失败,SetIn 中的内容就是 NAK 的 ASCII 码值 21。

(3) 批量写位映像组件及 PLC 的响应

批量写位映像组件 S、X、Y、M、T、C 的多字符帧格式与上面介绍的批量写字软元件类似,不同的是位映像组件的地址分配。例如,要写入从 Y0 开始的 6 个字节的数据,写入数据按从高至低排列为"01 02 03 04 05 06",则对应的多字符帧只要把图 6.30 中的组首地址改为 Y0 的地址 00A0H,把校验和改为 C0H 就可以了。PLC 对批量写位映像组件响应同(2)所述。

3. 位映像元件的强制复位与置位

表 6.3 中的第 3、4 条指令可以对单独的位映像元件 X、Y、M、S 以及定时器 T 和计数器 C 的逻辑线圈执行强制复位与置位。例如,要对 Y0 强制执行置位操作,其多字符帧格式如图 6.31 所示。其中,元件首地址,即 Y0 的地址为 0500H,但要按低位字节在前、高位字节数在后排列,校验和为 FFH。这里位映像元件的地址分配与其批量读写时的地址是不同的。

STX	CMD7	元件首地址				ETX	校验和	
		16^1	16^0	16^3	16^2		16^1	16^0
02H	37H	0 30H	0 30H	0 30H	5 35H	03H	F 46H	F 46H

图 6.31 对 Y0 强制执行置位的多字符帧

PLC 对强制置位、复位的响应,也是写入正确时响应 ACK,否则响应 NAK。

6.5 变频器自由格式通信中的 C 函数调用

信捷的 XCPPro V3.0 以上软件,开发了新功能,能对 C 函数进行编辑和编译,并且能在梯形图中对这些 C 函数功能块进行调用。在 C 中有大量现成的功能函数,梯形图中避免了对这类用高级语言更便于实现的算法重复编程,只要在需要的地方进行调用即可,不仅大大提高了编程效率,还增强了程序的保密性。下面以信捷 XC3 系列 PLC 与 V5 系列变频器之间的自由格式通信中的 C 函数调用为例进行说明。

1. 功能要求

(1) 设计信捷 XC3 系列 PLC 与 V5-20P7 变频器之间的自由格式通信程序。

(2) 设计如图 6.32 所示的变频器人-机界面,程序能通过触摸屏在线读变频器的母线电压和写变频器的工作频率。

(3) 通过 C 程序调用对自由格式通信程序中的读、写指令进行 CRC 校验。

图 6.32 自由格式通信中触摸屏人-机界面

2. PLC 与触摸屏选型及存储分配

选择信捷 XC3-48RT-E 型 PLC,XC3 系列 PLC 的 RS-485 通信口和 RS-232 的通信口 2 是同一个通信口,既支持 Modbus 协议,也支持自由通信协议。

图 6.32 中有两个数据输入框,其存储分配与属性分别如表 6.5 所示。根据图 6.32 所示的画面选择信捷 7 英寸 256 色真彩触摸屏 TP760-T。

表 6.5 图 6.32 人-机界面中数据框的存储分配与属性

名 称	对 象	数据类型	数据长度	小数位数	输入方法
频率数据输入框	D4000	Word/无符数	5	2	弹出小键盘
母线数据显示框	D2002	Word/无符数	5	0	

3. 梯形图程序设计

变频器自由格式通信采用状态编程,其状态梯形图如图 6.33 所示,读者可以结合注释来阅读。下面对程序设计中的算法和相关知识作如下说明。

(1) 自由格式通信协议与相关指令

自由格式通信是以数据块形式进行的数据传送,每块最大可传送 128 字节,每块可设置一个起始符和终止符,也可以不设置。XC3 系列 PLC 与 V5 变频器之间的通信接口为 RS-485,异步串行,半双工传输,通信之前要使双方的通信参数设置一致。

① PLC 方通信参数的设置

通信口 2 可以进行自由格式通信,其通信参数要通过 XCPPro 重新设置。在联机情况下,用菜单命令"PLC 操作"|"运行 PLC",使 PLC 处在运行状态。再用菜单命令"PLC

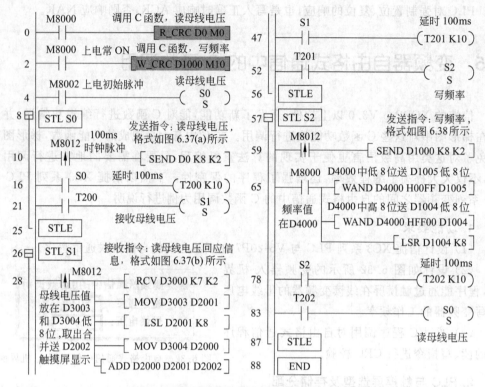

图 6.33 自由格式通信梯形图

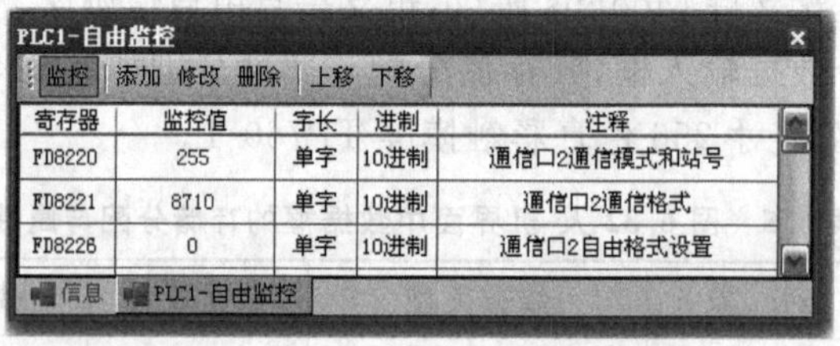

图 6.34 用自由监控设置通信参数

操作"|"自由监控",打开如图 6.34 所示的"自由监控"对话框。

在"自由监控"对话框中,通过"添加"按钮,加入要监控的特殊数据寄存器(闪存),并通过双击输入相应的监控值。其中,FD8220 必须输入为 255,表示自由格式通信模式;FD8221 输入为 8710,表示通信数据格式为 8 位数据位、1 位停止位、偶校验、波特率 19200bps;FD8226 输入为 0,表示自由格式通信中的字符格式为无起始符和终止符、8 位缓冲形式通信(寄存器的高 8 位是无效的,只利用低 8 位传送数据)。

注意,闪存特殊数据寄存器在修改数据后,需要重新上电才有效。

更方便的设置自由格式通信参数的方法是单击工程窗中的 PLC 配置中的"串口",在出现的"PLC1 串口设置"对话框中用上述自由格式通信参数来进行设置。

② 变频器方通信参数设置

变频器 V5-20P7 方通信参数设置如表 6.6 所示。

表 6.6　变频器 V5-20P7 方通信参数设置

功能码	设置值	含　义	功能码	设置值	含　义
P0.01	4	串口给定频率	P3.09	054	通信格式
P3.10	001	站号 1	P0.06	≤500Hz	最大输出频率
P0.07	≤500Hz	最大运行频率	P0.19	≤500Hz	最大上限频率

设置是通过触按其面板按键来完成的,以设置 P0.01＝4 来说明。变频器上电后,触按 MENU 键,面板上 4 位 LED 显示器显示"-P0-";触按 ENTER 键,显示变为 P0.00,触按"↑"键,显示变为 P0.01;触按 ENTER 键,显示出厂设定值 0,4 次触按"↑"键,直到显示 4,最后触按 ENTER 键确认本次设置。参照此方法把其余功能码都设置好。表中,P3.09＝054 设置的数据格式也是 8 位数据位、1 位停止位、偶校验、波特率 19200bps,与 FD8221＝8710 设置的通信数据格式一致。若要使设置的频率超过 50Hz,则还要对表 6.6 中 P0.06~P0.19 进行设置,设置频率不能超过 500Hz。

③ 数据发送与接收指令

数据发送指令示例梯形图如图 6.35 所示。其中,[S1·]和[S2·]分别为发送数据的首址和字符个数,取值为数据寄存器或常数 K;n 为通信口地址,取值为 K2~K3。在图 6.35 中,当 M8012 产生上升沿时,就将 D0~D7 中的 8 个字符通过通信口 2 发送出去。

数据接收指令示例梯形图如图 6.36 所示。其中,[S1·]和[S2·]分别为接收数据的首址和字符个数,取值为数据寄存器或常数 K;n 为通信口地址,取值为 K2~K3。在图 6.36 中,当 M8012 产生上升沿时,就将 7 个字符通过通信口 2 接收到 D3000~D3006 寄存器中。

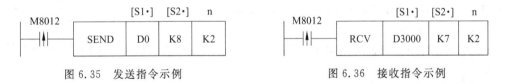

图 6.35　发送指令示例　　　　　　　图 6.36　接收指令示例

④ V5 变频器通信命令码

表 6.7 所示为 3 条 V5 变频器通信命令码,在编程中必须将这 3 条命令以 16 进制机器码的形式来表示。

表 6.7　V5 变频器通信所用命令

序号	命　令	命令码	说　明
1	读寄存器	03H	读寄存器当前值,一次不能超过 31 个,每次只能读同一组的数据
2	写寄存器	06H	写数据到寄存器
3	回路侦测	08H	测试主控设备与变频器间通信是否正常,变频器将收到的信息原样回送

读母线电压(地址为 2105H)询问与响应命令码格式分别如图 6.37(a)与(b)所示。写频率为 11.11Hz(地址为 2001H)询问与回应命令码格式是一样的,如图 6.38 所示。

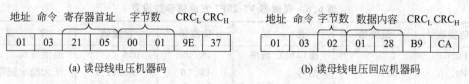

(a) 读母线电压机器码　　　　　　　　　(b) 读母线电压回应机器码

图 6.37　读母线电压询问与响应命令码格式

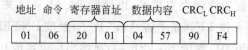

图 6.38　写频率为 11.11Hz 询问与回应命令码格式

(2) C 函数功能块的编写和调用指令

① C 函数功能块

从图 6.37 和图 6.38 可见，V5 变频器的读、写命令码都要进行 CRC 校验，分别是通过调用读母线电压函数和写频率函数来完成的。以读母线电压函数为例来说明，实际上它是标准的 CRC-16 的校验源程序，其算法的 N-S 流程图如图 6.39 所示。首先设置 CRC 寄存器 (reg_crc) 的初值为 0xffff。i 循环把读机器码 W[0]～W[5] 逐个与 CRC 寄存器进行异或，并把结果存入 CRC 寄存器。j 循环把读机器码逐位右移，并检查移出的最低位的值，若为 1，还要将 CRC 寄存器与多项式码 0xa001 相异或，结果均送回 CRC 寄存器。处理完后将按"低对低，高对高"的对应关系，把 CRC_H 存入 W[7] 中，CRC_L 存入 W[6] 中。

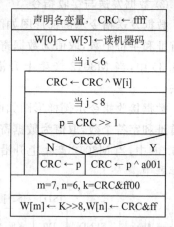

图 6.39　读母线电压 CRC 校验 N-S 图

按此算法可以得到读母线电压函数如下。

```
R_CRC(WORD W, BIT B)
    void R_CRC(WORD W, BIT B)    //R_CRC 为函数名，形参 W 和 B 分别对应字和位，函数无返回值
    { int i,j,m,n;               //整形变量声明,i、j 又用作循环变量
    unsigned int reg_crc=0xffff,k;  //无符整形变量 reg_crc 赋初值，即 CRC 寄存器
    for(i=0,W[0]=1,W[1]=3,W[2]=0x21,W[3]=0x05,W[4]=0x00,W[5]=0x01; i<6 ; i++)
    //把图 6.37(a)读母线电压机器码分别赋给 W[0]～W[5],调用时再分别传递给梯形图中的 D0～D5
        { reg_crc^=W[i];         //把机器码逐个赋给 CRC 寄存器
         for (j=0; j<8; j++)     //对每个机器码逐位进行处理，要 8 次循环
         { p=reg_crc>>1;         //把 CRC 寄存器值右移 1 次，高位补 0,赋给变量 p
           if(reg_crc & 0x01)    //检查 CRC 寄存器的最低位,若非 0,则将 p 与多项
             reg_crc=p^0xa001;   //式码 a001 相异或,结果送回 reg_crc
           else                  //若为 0,仅将 p 送回 reg_crc
              reg_crc=p;
         }
    }
```

```
m=7; n=6;                    //产生存放 CRC 校验值的下标
k= reg_crc & 0xff00;         //取出 CRC 寄存器值的高 8 位,赋给变量 k
W[m]=k>>8;                   //将 k 右移 8 次后,存入 W[7]中,即 CRC_H
W[n]= reg_crc & 0xff;        //取出 CRC 寄存器值的低 8 位,存入 W[6]中,即 CRC_L
}
```

要得到写频率函数 void W_CRC(WORD W,BIT B),只要把写频率命令码替换读母线电压函数中的读命令码,即用"for(i=0,W[0]=1,W[1]=6,W[2]=0x20,W[3]=0x01;i<6;i++)"替换读函数中的对应 for 语句的说明部分就可以了。这两个 C 函数分别存放在 R_CRC.FCB 和 W_CRC.FCB 文件中。

② 导入 C 函数功能块

打开 XCPPro 软件,右击"工程"窗口中"函数功能块",弹出如图 6.40 所示的快捷菜单,选择"从硬盘上导入函数功能块文件",在出现的"打开文件"对话框中把 R_CRC.FCB 和 W_CRC.FCB 两文件都加进去。成功的标志是函数功能块目录下出现了 R_CRC 和 W_CRC 两个文件目录,如图 6.40 所示。如果在出现图 6.40 所示快捷菜单时,选择了"添加新函数功能块",就要自行编辑 C 函数了。编辑好后,要单击"编译"按钮,如果错误列表信息窗提示出错,则要重新修改程序,再次进行编译,直至编译通过。

③ 调用 C 函数指令

调用 C 函数指令示例梯形图如图 6.41 所示。其中,R_CRC 就是被调用的 C 函数功能块名称,是由用户导入或新建的;[S1·]对应 C 函数内字 W 的起始地址,只能为寄存器 D;[S2·]对应 C 函数内位 B 的起始地址,只能为内部线圈 M。在图 6.41 中,当 M8000 上电接通时,将调用 C 函数 R_CRC,并通过 D0 和 M0 与 C 进行双向的数据传递。注意与 C 语言中函数调用的区别,在 C 中函数参数传递是由实参单向传递给形参的。

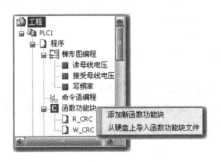

图 6.40 导入 C 函数功能块文件

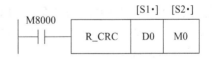

图 6.41 调用 C 函数指令示例

(3) 状态表与程序的执行过程

自由格式通信状态表如表 6.8 所示。按照图 6.33 自由格式通信梯形图,上电后 M8000 接通,系统调用 R_CRC 和 W_CRC 函数,分别获得校验码。如图 6.37(a)所示读母线电压的机器码存放在从 D0 开始的 8 个寄存器中,如图 6.38 所示写频率的机器码存放在从 D1000 开始的 8 个寄存器中。上电初始脉冲 M8002 接通,置状态 S0=1,系统进入 S0 状态。

① S0 状态:当 100ms 时钟脉冲 M8012 的上升沿来时,将 D0~D7 中的读母线电压机器码通过通信口 2 发送给 V5 变频器。T200 延时 100ms 后,置状态 S1=1。

表 6.8 自由格式通信状态表

工步号	状态号	状态输出	状态转移
每个扫描周期都执行		调用 C 函数,获得校验码	上电初始化 M8002:→S0
第 1 工步	S0	发送读母线电压指令	T200:S0→S1
第 2 工步	S1	接收读母线电压的响应,并送触摸屏显示	T201:S1→S2
第 3 工步	S2	把触摸屏设定的频率值写入变频器	T202:S2→S0

② S1 状态:当 M8012 的上升沿来时,接收如图 6.37(b)所示 V5 对读母线电压的回应信息机器码,并存放在 D3000 开始的 7 个寄存器中。将 D3003 和 D3004 低 8 位的数据合并,送 D2002 触摸屏母线显示框显示。T201 延时 100ms 后,置状态 S2=1。

③ S2 状态:由触摸屏输入 D4000 的频率值,经过拆字后,D4000 中的高、低 8 位数据分别送入 D1004、D1005 的低 8 位中。当 M8012 的上升沿来时,将 D1000～D1007 中的写频率机器码通过通信口 2 发送给 V5。注意到 D1004 和 D1005 中的数据内容正是串口设置变频器的频率值。T202 延时 100ms 后,重置状态 S0=1,如此循环重复。

4. 接线图与在线调试

(1) 系统各部件接线

信捷 XC3-48RT-E 型 PLC 与 V5-20P7 变频器之间的自由格式通信接线如图 6.42 所示。

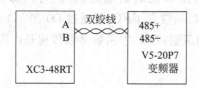

图 6.42 信捷变频器自由格式通信接线图

XC3 上有 A 和 B 两个 RS-485 通信端子,用双绞线分别与 V5 的"485＋"和"485－"端子连接起来。用 DVP 通信电缆将 PLC 的通信口 1 与触摸屏的 PLC 口连接起来,触摸屏用 PLC 上的 24V 电源供电,PLC 与变频器都是 220V 市电供电。

(2) 在线调试

下面简要说明在线调试步骤。

① 按照实训 1 和实训 3 介绍的方法绘制好图 6.32 所示人-机界面,并下载到触摸屏中。

② 按照实训 1 介绍的方法,用 XCPPro 软件设计好图 6.33 自由格式通信梯形图(包括导入 R_CRC 和 W_CRC 两个 C 函数),并下载到 PLC 中。

③ 按照图 6.34 和表 6.6 所示设置好 PLC 方和变频器方通信参数。

④ 按照上面所述,给系统各部件接好线。

⑤ 给系统上电,在触摸屏上出现图 6.32 所示的人机界面,注意观察触摸屏上能实时显示变频器的母线电压。在触摸屏的频率输入框中输入频率值 11.11Hz,应能观察到变

频器也随之显示 11.11Hz 的频率值。

本章小结

  PLC 的组网与通信是近年来自动化领域颇受重视的新兴技术。本章主要介绍了通信的基础知识，PLC 与计算机以及 PLC 与 PLC 之间的通信，包括系统配置、通信连接、通信指令；详细介绍了三菱 FXGP 软件的使用，要求熟练掌握梯形图文件创建和编辑、程序传送和监控调试。还介绍了两个热门的案例，分别说明了三菱 FX 系列 PLC 在 SC-09 下与上位机通信和变频器自由格式通信中的 C 函数调用。

习题 6

1. 什么是串行通信和并行通信？指出它们的优缺点。
2. 什么是单工、半双工和全双工通信方式？
3. 什么是 RS-232C？它有哪些优缺点？
4. 什么是 PLC 通信？指出 PLC 与计算机通信的基本功能，以及通信是怎样实现的。
5. 用 FXGP 对图 6.43 所示单灯闪烁电路编程：
    (1) 创建梯形图文件；
    (2) 编辑 PLC 控制梯形图，并得到指令表；
    (3) 程序传送，对梯形图进行监控调试。

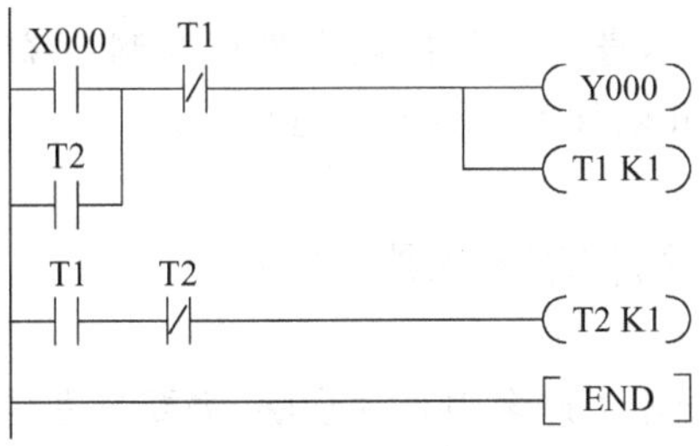

图 6.43 单灯闪烁梯形图

6. 简述如何使用 FXGP 软件新建一个远程工作站。
7. 在完成新建远程工作站后，简述如何通过 FXGP 软件连接该远程工作站。
8. 使用 FXGP 软件，新建一个远程工作站，通过连接该远程工作站，将第 5 题中保存好的文件传送到工作站中。
9. 在 6.5 节的在线调试中，将 DVP 电缆与触摸屏相连的 9 芯 D 型母插改接到计算机的 COM 口，其余接线不变。用 XCPPro 中梯形图监控和数据监控，重做调试实验。

第 7 章

CHAPTER 7

PLC 控制系统应用设计

本章导读

本章介绍 FX2N 系列 PLC 控制系统的应用设计,要求掌握 PLC 应用的设计步骤、PLC 的选型和硬件配置,熟悉 PLC 的安装和维护。掌握 PLC 的应用程序设计是 PLC 应用中的关键,也是整个电气控制系统设计的核心。本章除了经典实例之外,还介绍了污水处理和步进电机控制实际应用案例,要求掌握触摸屏、文本显示器和步进电机驱动器的编程与使用。

7.1 PLC 控制系统的总体设计

PLC 的应用就是在电气控制系统中以 PLC 为主控,实现对生产过程的控制。PLC 控制系统的设计与微机控制系统的设计还是有区别的,这是由于 PLC 特有的扫描工作方式和相应的硬件结构与通用微机不完全一样。同时,PLC 与继电器控制系统也有本质上的区别,因此需要结合 PLC 本身的一些特点来进行控制系统的设计。PLC 控制系统设计的一个主要特点是,硬件和软件可以分开进行设计。

7.1.1 PLC 控制系统设计的基本原则

PLC 控制系统的设计涵盖了许多内容和步骤,需要丰富的专业知识和实际经验。不过对于设计一些中小规模或者结构比较简单的控制系统而言,只要掌握了一定的基本知识和原则,并且对控制对象十分了解,要设计出一个符合要求的 PLC 控制系统并不是一件非常困难的事情。

PLC 控制系统与其他的工业控制系统类似,其目的是为了实现被控制对象的工艺要求,从而提高生产效率和产品质量。在设计 PLC 控制系统时,应按照以下基本原则进行。

1. 熟悉控制对象,确定控制范围

设计前,要深入现场进行实地考察,全面且详细地了解被控制对象的特点和生产工艺过程。同时要搜集各种资料,归纳出工作状态流程图,并与有关的机械设计人员和实际操作人员相互交流和探讨,明确控制任务和设计要求。要了解工艺工程和机械运动与电气执行元件之间的关系和对控制系统的控制要求,共同拟订出电气控制方案,最后归纳出电气执行元件的动作节拍表。这也是 PLC 要正确实现的根本任务。

2. 优化控制系统,确定 PLC 机型

在确定了控制对象和控制范围之后,需要制订相应的控制方案。在满足控制要求的前提下,力争使设计出来的控制系统简单、可靠、经济以及使用和维修方便。

控制方案的制订可以根据生产工艺和机械运动的控制要求,确定电气控制系统的工作方式。是单机控制就可以满足要求,还是需要多机联网通信的方式。最后,综合考虑所有的要求,确定所要选用的 PLC 机型,以及其他的各种硬件设备。

3. 提高可靠性和安全性

在考虑完所有的控制细节和应用要求之后,还必须要特别注意控制系统的安全性和可靠性。大多数的工业控制现场,充满了各种各样的干扰和潜在的突发状态。因此,在设计的最初阶段就要考虑到这方面的各种因素,到现场去观察和搜集数据。没有了可靠性和安全性的控制系统,其他的一切都无从谈起。

4. 可升级性

随着生产工艺的不断发展,原有的控制系统也要不断地升级和改进,才能适应新的控制环境和要求。这就要求在设计 PLC 控制系统的时候,应考虑到日后生产的发展和工艺的改进,而适当地留有一些裕量,方便日后的升级。

7.1.2 PLC 控制系统的设计流程

图 7.1 给出了 PLC 控制系统的设计流程图,其具体步骤如下。

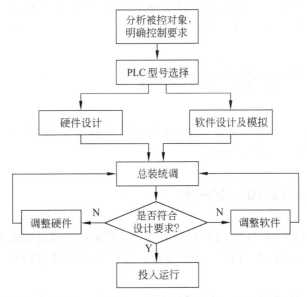

图 7.1 PLC 控制系统的设计流程图

(1) 分析被控对象,明确控制要求。根据生产和工艺过程分析控制要求,确定控制对象及控制范围,确定控制系统的工作方式,例如全自动、半自动、手动、单机运行、多机联

合运行等。还要确定系统应有的其他功能,例如故障检测、诊断与显示报警、紧急情况的处理、管理功能、联网通信功能等。

(2) 确定所需要的 PLC 机型,以及用户输入/输出设备,据此确定 PLC 的 I/O 点数。根据系统的控制要求,确定系统的输入/输出设备的数量及种类,如按钮、开关、接触器、电磁阀和信号灯等;明确这些设备对控制信号的要求,如电压(电流)的大小、直流还是交流、开关量还是模拟量和信号幅度等。据此确定 PLC 的 I/O 设备的类型、性质及数量。

(3) 分配 PLC 的输入/输出点地址,设计 I/O 连接图。根据已确定的输入/输出设备和选定的可编程控制器,列出输入/输出设备与 PLC 的 I/O 点的地址分配表,以便于编制控制程序、设计接线图及硬件安装。

(4) 可同时进行 PLC 的硬件设计和软件设计。硬件设计指电气线路设计,包括主电路及 PLC 外部控制电路、PLC 输入/输出接线图、设备供电系统图、电气控制柜结构及电器设备安装图等。软件设计包括状态表、状态转换图、梯形图、指令表等。控制程序设计是 PLC 系统应用中最关键的问题,也是整个控制系统设计的核心。

(5) 进行总装统调。一般先要进行模拟调试,就是不带输出设备根据输入/输出模块的指示灯的显示进行调试。发现问题及时修改,直到完全符合设计要求。此后就可联机调试,先连接电气柜而不带负载,各输出设备调试正常后,再接上负载运行调试,直到完全满足设计要求为止。

(6) 修改或调整软硬件的设计,使之符合设计的要求。

(7) 完成 PLC 控制系统的设计,投入实际使用。总装统调后,还要经过一段时间的试运行,以检验系统的可靠性。

(8) 技术文件整理。技术文件包括设计说明书、电气原理图和安装图、器件明细表、状态表、梯形图及软件使用说明书等。

7.2 PLC 控制系统的设计步骤

在上一节中,对 PLC 控制系统的设计原则和设计流程作了一个整体的说明,本节将具体阐述 PLC 控制系统的设计步骤。

7.2.1 确定控制对象和控制范围

从图 7.1 中可以看到,进行 PLC 控制系统设计的第一步就是要先确定控制对象和控制范围。因为这样,才知道 PLC 控制系统所应该具有的功能,从而去选择一款适合的 PLC 机型。

首先,要详细分析被控对象、控制过程和要求,熟悉工艺流程和列出所有的功能和指标要求后,与继电器控制系统和工业控制系统进行比较,加以选择。如果对可靠性和安全性的要求比较高,同时控制对象所处的环境又比较差,特别是系统的工艺复杂多变,输入/输出又以开关量居多,那么比较适合用 PLC 进行控制,而用常规的继电器控制系统往往难以胜任。PLC不仅在处理开关量方面的能力十分强,对于模拟量的处理也十分出色。所以,在很多情况下,可以取代工业控制计算机。

确定了控制对象之后,应该进一步确定PLC的控制范围。对于那种机械重复式的操作,或者容易出错的操作,以及要求比较精确的操作,应该交给PLC控制。而那些紧急状况的处理,和对智能判断要求比较高的操作,可以留有人工的手动操作方式的接口。

7.2.2 PLC 机型的选择

PLC的种类非常繁多,不同种类之间的功能设置差异很大,这既给 PLC 机型的挑选提供了十分广阔的选择空间,同时也带来了一定的困难。机型选择的基本原则是在功能满足要求的前提下,力争最好的性价比,并有一定的可升级性。

PLC 的选用首先要根据实际的控制要求进行功能选择。例如,是单机控制还是要联网通信;是一般开关量控制,还是要增加特殊单元;是否需要远程控制;现场对控制器响应速度有何要求;控制系统与现场是分开的还是在一起等。然后,根据控制对象的多少选择适当的I/O点数和信道数;根据 I/O 信号选择 I/O 模块,选择适当的程序存储量。

在具体选择 PLC 的型号时,一般可以考虑以下几个方面。

1. 功能的选择

对于以开关量为主,带少量模拟量控制的设备,一般的小型 PLC 都可以满足要求。对于模拟量控制的系统,特别是具有很多闭环控制的系统,可视控制规模的大小和复杂程度,选用中档或高档机。

对于需要多台 PLC 联网通信的控制系统,还要注意机型的统一。因为相同机型的PLC,其模块可以相互换用,便于备件的采购和管理。同时,由于功能和编程方法的统一,有利于产品的开发和升级,有利于技术水平的提高和积累。

对于一些有特殊控制要求的系统,可以选用有相同或相似功能的 PLC。现在有许多新型的 PLC 有不少非常有用的特殊功能,了解这些功能可以解决一些较特殊的控制要求,处理起来会比较方便。否则,需要添加特殊功能模块,处理起来既复杂,又增加了成本。在配备了上位机后,可以方便地控制各个独立的 PLC,使之连成一个多级分布的控制系统,相互通信,集中管理。

2. 基本单元的选择

基本单元的选择主要包括:响应速度、结构形式和扩展能力。

PLC 输入信号与相应的输出信号之间存在着一定的时间延迟,称为延迟时间。延迟时间主要是由 PLC 程序的语句执行时间和 PLC 的扫描周期所造成。在 PLC 的使用手册中,一般都会给出语句的执行时间,给出的扫描周期都是最大的扫描周期时间。实际系统中的扫描周期则与系统的负载和软件的复杂程度有关。对于开关量控制为主的系统,一般 PLC 的响应速度足以满足控制的需要,无须给予特殊的考虑。但是对于模拟量控制的系统,则必须考虑 PLC 的响应速度。

在小型 PLC 中,整体式比模块式的价格便宜,体积也较小,只是硬件配置不如模块式的灵活。经常会碰到在设计时估计的某些指标,在实际的应用中往往相差甚远,此时模块式的方式就能很方便地进行局部的调整,以达到设计指标。另外,在排除故障所需的时间上,模块式相对来说比较短。

在扩展能力方面,也应该多加关注。包括所能扩展单元的数量、种类以及扩展所占用的信道数和扩展口等。

3. 编程方式

PLC 的编程分为在线编程和离线编程两种。

在线编程方式的 PLC 有两个独立的 CPU,分别在主机和编程器上。主机中的 CPU 主要完成控制现场的任务,编程器中的 CPU 则随时处理由键盘输入的各种编程命令。在一个扫描周期的末尾,主机和编程器中的 CPU 会互相通信。编程器中的 CPU 会把改好的程序传送给主机;主机将在下一个扫描周期时,按照新的程序进行控制,完成在线编程的操作。可在线编程的 PLC 由于增加了软硬件,因此价格较高,但应用范围比较宽广。

与在线编程 PLC 相反,离线编程方式的 PLC 的特点是,主机和编程器共享一个 CPU。在同一时刻,CPU 要么处于编程状态,要么处于运行状态,可以通过编程器上的"运行/编程"开关进行选择。由于减少了软硬件的开销,因此该类 PLC 价格比较便宜,中、小型的 PLC 多采用离线编程的方式。

7.2.3 内存容量估计

用户的程序和数据都是保存在内存之中,对所需的存储容量要有一个正确的估算,估计得太小则会造成编程和使用的困难,估计得太大又会造成浪费。一般而言,内存的容量会受到下面几个因素的影响,分别是内存利用率、开关量输入和输出点数、模拟量输入和输出点数,以及用户的编程水平。

1. 内存利用率

用户编的程序最终是要以机器码的形式存放在内存中,不同厂家的产品所提供的编译器不完全相同,最后生成的机器码也会有所差异,因此造成了所需内存大小也会有所不同。所谓内存的利用率,就是一个程序段中的接点数与存放该程序段所代表的机器码所需内存字数的比值。对于同一个程序而言,高利用率可以降低内存的使用量,还可以缩短扫描时间,提高系统的响应速度。

2. 开关量输入和输出的点数

PLC 输入和输出的总点数对所需内存容量的大小影响较大。一般系统中,开关量输入和输出的比为 6∶4,根据经验公式,可以算出所需内存的字数:

$$所需内存字数 = 开关量(输入 + 输出)总点数 \times 10$$

3. 模拟量输入和输出的点数

对于模拟量的处理需要用到数字传送和运算的功能指令,这部分指令的内存利用率比较低,因此需要更多的内存容量。

模拟量的输入,一般都要经过读入、数字滤波、传送和比较等几个步骤,在有模拟量输出的情况下,可能还要进行比较复杂的运算和闭环控制。因此,在程序设计中将上述步骤编制成子程序进行调用,可以大大减少所需内存的容量。当模拟量路数很多时,这样处理的效果尤其明显。下面是一般情况下的经验公式。

只有模拟量输入时:

$$内存字数 = 模拟量点数 \times 100$$

模拟量输入/输出共存时:

$$内存字数 = 模拟量点数 \times 200$$

上述经验公式是针对 10 点左右的模拟量,当点数小于 10 时,要适当加大内存字数,反之则可适当减小。

4. 程序编制质量

不同程序员写出来的相同功能的程序,其大小往往相差很大。这与个人的编程经验,以及对机器和编程语言的熟悉程度有关。质量高的程序往往短小精练,占用内存较少。初学者由于缺乏实践经验,以及对机器和编程语言的掌握不深,写出来的程序比较冗长。因此,对于初学者来说,在考虑内存容量时,可以多留一点余量。

7.2.4 输入/输出模块的选择

1. PLC 控制系统 I/O 点数估算

表 7.1 是典型传送设备及电气元件所需 PLC 的 I/O 点数表。在确定控制对象的 I/O 点数时,可作为参考。

(1) 控制电磁阀所需的 I/O 点数

由电磁阀的动作原理可知,PLC 控制一个单线圈电磁阀需要两个输入和 1 个输出;控制一个双线圈电磁阀需要 3 个输入和两个输出;控制一个比例式电磁阀需要 3 个输入和 5 个输出。另外,控制一个开关需 1 个输入,一个信号灯需 1 个输出,而波段开关有几个波段就需要几个输入。一般情况下,各种位置开关都需要两个输入。

(2) 控制交流电动机所需的 I/O 点数

PLC 控制交流电动机时,是以主令信号和反馈信号作为 PLC 的输入信号。例如,用 PLC 控制一台可逆运行的笼型电动机,需要 5 个输入点和两个输出点。控制一台丫—△启动的交流电动机,需要 4 个输入点和 3 个输出点。

(3) 控制直流电动机所需的 I/O 点数

直流调速的主要形式是晶闸管直流电动机调速系统,主要采用晶闸管整流装置对直流电机供电。在 PLC 控制的直流传动系统中,除了考虑主令信号输入外,还要考虑合闸信号、传送装置综合故障信号、抱闸信号和风机故障信号等。在输出方面,PLC 主要考虑速度指令信号正向 1~3 级,反向 1~3 级,允许合闸信号和抱闸打开信号等。一般来说,用 PLC 控制一个可逆直流传动系统大约需要 12 个输入点和 8 个输出点。一个不可逆的直流传动系统需要 9 个输入点和 6 个输出点。

表 7.1 典型传动设备及电气元件所需 PLC 的 I/O 点数

序号	电气设备和元件	输入点数	输出点数	I/O 总点数
1	Y—△启动的笼型电机	4	3	7
2	单向运行的笼型电机	4	1	5
3	可逆运行的笼型电机	5	2	7
4	单向变极电动机	5	3	8
5	可逆变极电动机	6	4	10
6	单向运行的直流电机	9	6	15
7	可逆运行的直流电机	12	8	20
8	单线圈电磁阀	2	1	3
9	双线圈电磁阀	3	2	5
10	比例阀	3	5	8
11	光电管开关	2		2
12	按钮开关	1		1
13	拨码开关	4		4
14	三挡波段开关	3		3
15	行程开关	1		1
16	接近开关	1		1
17	位置开关	2		2
18	信号灯		1	1
19	风机		1	1
20	抱闸		1	1

估算出被控对象的 I/O 点数后,就可以选择点数相当的 PLC。I/O 点数是衡量 PLC 规模大小的重要指标,在选择 PLC 时,应该留有 20%~30% 的 I/O 备用量。对于单机自动化或机电一体化的产品,可以选用小型 PLC;对于控制系统规模较大,输入/输出点数又多的,可选用大、中型 PLC。

2. 输入和输出模块的选择

PLC 输入模块的功能主要是检测来自现场设备的输入信号,并将其转换成 PLC 内部可处理的电平信号。输入模块的类型有直流和交流两种,直流分为 5V、12V、24V、60V 和 68V 几种;交流分为 115V 和 220V 两种。对于传输距离比较近的,可以选用低电平,如 5V、12V 和 24V。对于传输距离比较远的,从可靠性角度考虑,宜选用高电压的模块。从所接负载的多少而言,同时接通的点数不得超过 60%。另外,为了提高系统的稳定性,还必须考虑阈值电平(接通电平与断开电平的差值)的大小。阈值电平越大,有利于远距离的传输,其抗干扰能力也就越强。

PLC 输出模块的功能主要是将内部的输出电平在输出前转换成可匹配外部负载设备的控制信号。晶闸管输出模块比较适合于开关频率高、感性和低功率因数的负载设备,其缺点是价格高,过载能力较差。而继电器输出模块的优点是使用电压范围宽,导通压降损失少,并且价格较低;但使用寿命不长,而且响应速度较慢。另外要注意的是,输出模块同时接通点数的电流累计值必须小于公共端所允许通过的电流值。输出模块的输出电流大小要大于负载电流的额定值。

7.2.5 PLC 的硬件设计

在完成了 PLC 选型之后,就可以进行控制系统的硬件设计了。PLC 控制系统的硬件设计主要是完成系统流程图的设计,详细说明各个输入信息流之间的关系,具体安排输入和输出的配置,以及对输入和输出进行地址分配。

在对输入进行地址分配的时候,可以将所有的按钮和限位开关分别集中配置,相同类型的输入点尽量分在同一组。对每一种类型的设备号,按顺序定义输入点的地址。如果有多余的输入点,可以将每一个输入模块的输入点都分配给一台设备。将那些高噪声的输入模块尽量插到远离 CPU 模块的插槽内,以避免交叉干扰,因此这类输入点的地址较大。

与输入配置类似,在进行输出配置和地址分配时,也要尽量将同类型设备的输出点集中在一起。按照不同类型的设备,顺序地定义输出点地址。如果有多余的输出点,可将每一个输出模块的输出点都分配给一台设备。另外,对彼此有关联的输出器件,如电动机的正转和反转等,其输出地址应连续分配。

在进行上述工作的时候,也要结合软件设计以及系统调试等方面来考虑。合理地安排配置与地址分配的工作,会给日后的软硬件设计以及系统调试等带来很多的方便。

7.2.6 PLC 的软件设计

PLC 控制系统的软件设计主要是完成参数表的定义、程序框图的绘制、程序的编制和程序说明书的编写四项内容。

参数表是为编写程序作准备,对系统各个接口参数进行规范化的定义,不仅有利于程序的编写,也有利于程序的调试。参数表的定义包括输入信号表、输出信号表、中间标志表和存储表的定义。参数表的定义和格式因人而异,但总的原则是便于使用。

程序框图描述了系统控制流程的走向和系统功能的说明。它应该是全部应用程序中各功能单元的结构形式,据此可以了解所有控制功能在整个程序中的位置。一个详细、合理的程序框图有利于程序的编写和调试。

软件设计的主要过程是编写用户程序,它是控制功能的具体实现过程。因此,用户应对所选择的 PLC 的设计软件要有所了解,越熟悉越好。PLC 的控制功能是以程序的形式来体现,通常采用逻辑设计的方法来编写程序。逻辑设计法是以布尔代数为基础,根据生产过程各工步之间各个检测元件状态的不同组合和变化,确定所需的中间环节;再按照各执行元件所应满足的动作节拍表,分别写出相应的中间环节状态的布尔表达式;最后,用触点的串并联组合,即通过具体的物理电路实现所需的逻辑表达式。

程序说明书是对整个程序内容的注释性的综合说明,一般应包括程序设计的依据、程序的基本结构、各功能单元的详细分析、所用公式的原理、各参数的来源以及程序测试的情况等。一份好的程序说明书不仅可以让使用者了解程序的结构和控制的过程,而且对于日后的维修和升级都会带来很大的方便。

在进行系统设计时,可同时进行硬件和软件的设计,这样有利于及时发现相互之间配合方面的一些问题,及早地改进有关设计,更好地共享资源,提高效率。

7.2.7 总装统调

任何控制系统的软硬件设计在定型前,都需要多次调试,以此来发现和改进其中的错误和不足。对于 PLC 控制系统来说,可以先进行模拟调试。使用一些硬件设备,如输入器件等组成的电路产生模拟信号,并将这些信号以硬接线的方式连到 PLC 系统的输入端,来模拟现场的输入信号的状态;用输出点的指示灯来模拟被控对象;用 FXGP 或 GPPW 软件将设计好的控制程序传送到 PLC 中,进行程序的监控和模拟调试运行。在模拟调试过程中,可采用分段调试的方法,逐步扩大,直到整个程序的调试。

模拟调试通过后,才进行实际的总装统调。先要仔细检查 PLC 外部设备的接线是否正确和可靠,这一点十分重要。外部的接线一定要正确无误。特别还要检查一下各个设备的工作电压是否正常,检查的时候要注意,不要只检查电源的输出电压,而要直接检查各个设备管脚上的工作电压是否正常。很多情况下,设备工作电压的异常,可能是由于连接线接触不好或是内部断开的原因所引起的,如果只检查电源的电压,往往会造成误判断。同时,在将用户程序送到 PLC 之前,可以先用一些短小的测试程序检测一下外部的接线状况,看看有无接线故障。进行这类预调时,要将主电路先行断开,这主要是为了安全和可靠,避免误操作或电路故障而损坏主电路的元器件。当一切确认无误之后,就可以将程序送入存储器中进行总调试,直到各部分都能正常工作,并且能协调一致成为一个正确的整体控制为止。如果在统调过程中发现问题或是达不到某些指标,则要对硬件和软件的设计做出调整。全部调试结束后,可以将程序长久保存在有记忆功能的 EPROM 或 E^2PROM 中。

至此,就可以将调试好的 PLC 控制系统投入实际的运行中。可能在日后的实际运行中或是随着控制要求的提高,还会发现某些问题或不足之处,由于事先已经在这方面留了一些裕量,因此可以比较容易地进行修改或是升级。

7.3 PLC 控制系统的应用举例

7.3.1 三菱 FX2N 系列 PLC 在电梯自动控制中的应用

目前国内有相当多的电梯采用 PLC 来控制,电梯的实际运行效果较传统的继电器接触控制要好得多。FX2N 系列 PLC 电梯控制系统功能更强、故障更少、可靠性更高、工作寿命也更长,而控制系统体积却大大缩小了。下面对一个以三菱 FX2N-64MR 为主控的 3 层电梯的 PLC 控制系统进行分析。

1. 电梯控制的功能要求

(1) 本系统采用轿厢外呼叫、轿厢内按钮控制形式。轿厢内、外均由指令按钮进行操作。每层楼的厢外设有呼叫按钮 SB6~SB9,厢内设有开门按钮 SB1,关门按钮 SB2,层面指令按钮 SB3~SB5。

(2) 电梯运行到指定位置后,具有自动开/关门的功能,也能手动开门和关门。

(3) 利用指示灯显示电梯厢外的呼叫信号、电梯厢内的指令信号和电梯到达信号。

(4) 能自动判别电梯的运行方向,并发出相应的指示信号。

(5) 电梯上下运行由一台主电机驱动。电机正转,电梯上升;电动反转,电梯下降。

(6) 电梯轿厢门由另一台小功率电机驱动。电机正转,厢门打开;电机反转,厢门关闭。

2. PLC 选型及输入、输出地址分配

三层电梯有 23 个输入信号,19 个输出信号,可以选择 FX2N-48MR。但考虑今后厂家升级的裕量,选用 FX2N-64MR(I/O 为 32/32)的 PLC。输入信号及地址分配参见表 7.2,输出信号及地址分配参见表 7.3。

表 7.2 输入信号及地址分配

名称	符号	输入点	名称	符号	输入点
开门按钮	SB1	X000	一层内指令按钮	SB3	X014
关门按钮	SB2	X001	二层内指令按钮	SB4	X015
开门到位行程开关	SQ1	X002	三层内指令按钮	SB5	X016
关门到位行程开关	SQ2	X003	一楼向上召唤按钮	SB6	X017
向上运行旋转开关	SQ3	X004	二楼向上召唤按钮	SB7	X020
向下运行旋转开关	SQ4	X005	二楼向下召唤按钮	SB8	X021
红外传感器(左)	SL1	X006	三楼向下召唤按钮	SB9	X022
红外传感器(右)	SL2	X007	一楼上接近开关	SQ8	X023
门锁输入信号	K	X010	二楼上接近开关	SQ9	X024
一层接近开关	SQ5	X011	三楼下接近开关	SQ10	X025
二层接近开关	SQ6	X012	二楼下接近开关	SQ11	X026
三层接近开关	SQ7	X013			

表 7.3 输出信号及地址分配

名称	符号	输出点	名称	符号	输出点
开门继电器	KM1	Y000	二层指示灯	E4	Y023
关门继电器	KM2	Y001	三层指示灯	E5	Y024
上行继电器	KM3	Y002	一层内指令指示灯	E6	Y025
下行继电器	KM4	Y003	二层内指令指示灯	E7	Y026
快速继电器	KM5	Y004	三层内指令指示灯	E8	Y027
加速继电器	KM6	Y005	一楼向上召唤灯	E9	Y030
慢速继电器	KM7	Y006	二楼向上召唤灯	E10	Y031
上行方向灯	E1	Y020	二楼向下召唤灯	E11	Y032
下行方向灯	E2	Y021	三楼向下召唤灯	E12	Y033
一层指示灯	E3	Y022			

3. 梯形图程序设计

根据三层电梯控制的功能要求以及输入/输出点的地址分配表,来设计 PLC 控制程序的梯形图。为方便起见,把程序分成以下几段来讨论。

电梯开门、关门梯形图如图 7.2 所示。

(1) 电梯开门控制

电梯开门控制分手动和自动两种情况。

① 手动开门时,当电梯运行到位后,按下 SB1,X000 闭合,Y000 得电,电动机正转,轿厢门打开。开门到位,开门行程开关 SQ1 动作,X002 常闭触点断开,Y000 失电,开门过程结束。

② 自动开门时,当电梯运行到位后,相应的楼层接近开关 SQ5 或 SQ6 或 SQ7 被压下,即 X011 或 X012 或 X013 闭合,T0 开始计时。延时 3s 后,T0 触点闭合,Y000 输出有效,轿厢门打开。

(2) 电梯关门控制

电梯关门控制也分手动和自动两种情况。

① 手动关门时,当按下关门按钮 SB2 时 X001 闭合,Y001 得电并自锁,驱动关门继电器使电动机反转,轿厢门关闭。关门到位,关门行程开关 SQ2 动作,X003 常闭触点断开,Y001 失电,关门过程结束。

② 自动关门时,由定时器 T1 来控制。当电梯开门到位后 X002 常开触点闭合,T1 开始计时。延时 5s 后,T1 触点闭合,Y001 输出有效,轿厢门自动关闭。

自动关门时,可能夹住乘客,因此在门两侧均装有红外线检测装置 SL1 和 SL2。当有人进出时由 SL1 和 SL2 发出信号使得 X006 和 X007 闭合,辅助继电器 M0 得电并自锁,使得 T2 开始定时,延时 2s 后再关门。

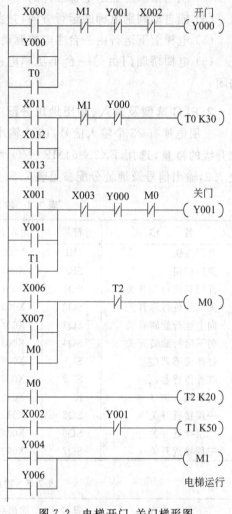

图 7.2 电梯开门、关门梯形图

(3) 层呼叫指示灯控制

层呼叫指示灯控制梯形图如图 7.3 所示。当有乘客在轿厢外的某一层按下呼叫按钮 SB6、SB7、SB8 和 SB9 中的任一个后,对应的输入点 X017、X020、X021 和 X022 中的某一个就会闭合,同时所对应的层指示灯点亮,指示有人呼叫。呼叫信号会一直保持到电梯到达该层,由该层的接近开关 X011、X012 和 X013 中的某一个动作时才被撤销。

(4) 电梯到层指示

电梯到层指示梯形图如图 7.4 所示。

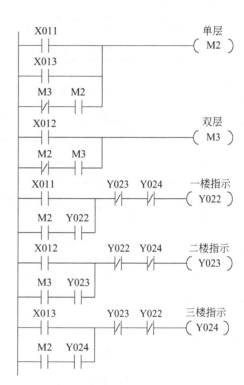

图 7.3 层呼叫指示灯控制梯形图　　　图 7.4 电梯到层指示梯形图

X011、X012 和 X013 分别是一、二和三层的接近开关 SQ5、SQ6 和 SQ7 的输入点，Y022、Y023 和 Y024 分别是一、二和三层楼面的指示灯 E3、E4 和 E5 的输出点。辅助继电器 M2 和 M3 分别是单、双层指示灯互锁控制。当电梯到达某一层楼面后，只能是该层楼的指示灯亮。

(5) 电梯启动和方向选择及变速控制

电梯启动和方向选择及变速控制梯形图如图 7.5 所示。电梯运行方向由输出继电器 Y020 和 Y021 指示，当电梯运行方向确定后，在关门信号和门锁信号符合要求的情况下，或者通过电梯上行输出继电器 Y002，驱动电机正转，电梯上升；或者通过电梯下行输出继电器 Y003，驱动电机反转，电梯下降。

电梯启动后快速运行，2s 后加速，在接近目标楼层时，相应的接近开关动作，电梯开始转为慢速运行，直至电梯到达目标楼层时停止。

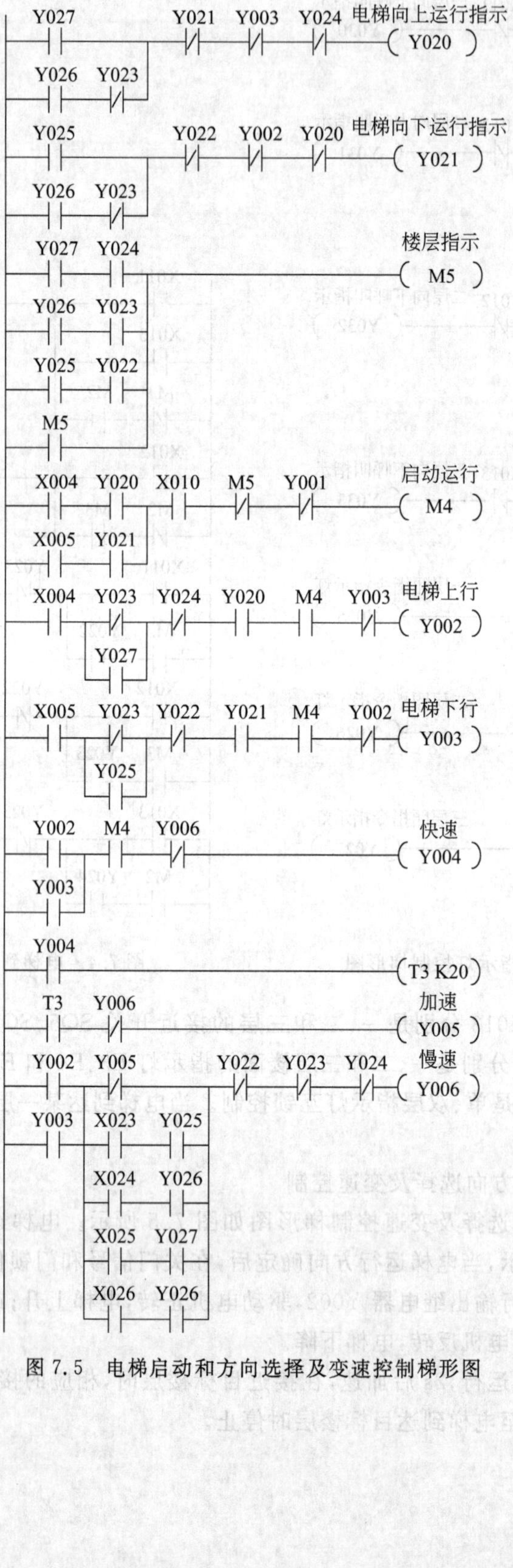

图 7.5 电梯启动和方向选择及变速控制梯形图

7.3.2 三菱 FX2N 系列 PLC 对 T68A 卧式镗床的控制

镗床是一种精密加工机床,可以加工许多种复杂的大型工件。镗床的运动部件比较多,在加工工件时镗床各部分的运动也相对复杂:下溜板沿床身导轨可作纵向移动,上溜板则可沿下溜板上的导轨作横向移动,而工作台又可以相对于上溜板进行回转。另外,还有镗头架的垂直移动,工作台的纵横向移动和回转。由此可见,卧式镗床对调速范围要求广,对电力拖动的控制要求高,并要求设置一定的连锁和保护。图 7.6 所示为 T68A 型卧式镗床电气控制原理图,将其移植为三菱 FX2N 系列 PLC 对 T68A 型卧式镗床的控制。

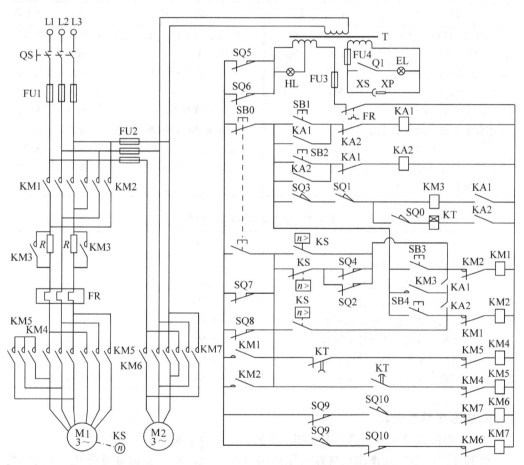

图 7.6　T68A 型卧式镗床电气控制原理图

1. T68A 型卧式镗床的控制原理简述

在图 7.6 中,M1 为主轴与进给电动机,M2 为快速移动电动机。KM1、KM2 为主轴正、反转接触器,KM3 为主轴制动电阻短接接触器,KM4 为主轴电动机低速运转接触器,

KM5 为主轴电动机高速运转接触器。主轴电动机正反转停止时,都由速度继电器 KS 控制实现反接制动。快速移动电动机由接触器 KM6、KM7 实现正反转控制。主轴电动机停止按钮 SB0,正、反转启动按钮 SB1、SB2,正、反转点动按钮 SB3、SB4。SQ0～SQ10 均为行程开关,KT 为时间继电器。

2. PLC 选型及输入、输出地址分配

控制线路部分输入信号共有 17 个,SB0～SB4、SQ0～SQ10、KS;输出控制的执行元件共有 7 个,KM1～KM7,均为接触器。所以可以选择 FX2N-48MR。输入信号及地址分配参见表 7.4,输出信号及地址分配参见表 7.5。

表 7.4 输入信号及地址分配

名 称	符号	输入点	名 称	符号	输入点
主轴电机 M1 停止按钮	SB0	X000	进给变速操作行程开关	SQ5	X011
M1 正转启动按钮	SB1	X001	行程开关	SQ6	X012
M1 反转启动按钮	SB2	X002	变速冲动行程开关	SQ7	X013
M1 正转点动按钮	SB3	X003	变速冲动行程开关	SQ8	X014
M1 反转点动按钮	SB4	X004	反向快速移动行程开关	SQ9	X015
工作台主轴箱手柄行程开关	SQ1	X005	正向快速移动行程开关	SQ10	X016
主轴进给手柄行程开关	SQ2	X006	变速行程开关	SQ0	X017
变速手柄行程开关	SQ3	X007	速度继电器触头	KS	X020
进给变速操作行程开关	SQ4	X010			

表 7.5 输出信号及地址分配

名 称	符号	输出点
主轴电动机正转接触器	KM1	Y000
主轴电动机反转接触器	KM2	Y001
主轴制动电阻短接接触器	KM3	Y002
主轴电动机低速运转接触器	KM4	Y003
主轴电动机高速运转接触器	KM5	Y004
快速移动电动机正转接触器	KM6	Y005
快速移动电动机反转接触器	KM7	Y006

3. 梯形图程序设计

T68A 型卧式镗床控制梯形图如图 7.7 所示。指令表略。

根据 T68A 型卧式镗床电气控制原理图,以及上述输入/输出地址分配,可以采用"移植法"将电气控制原理图改为 PLC 的控制梯形图。电气控制原理图中的中间继电器 KA1、KA2 可以由 PLC 的内部辅助继电器 M1、M2 代替。时间继电器的功能由 T0 来实现。在线路移植时,要做一些必要的电路的等效变换,使之符合梯形图的设计原则。

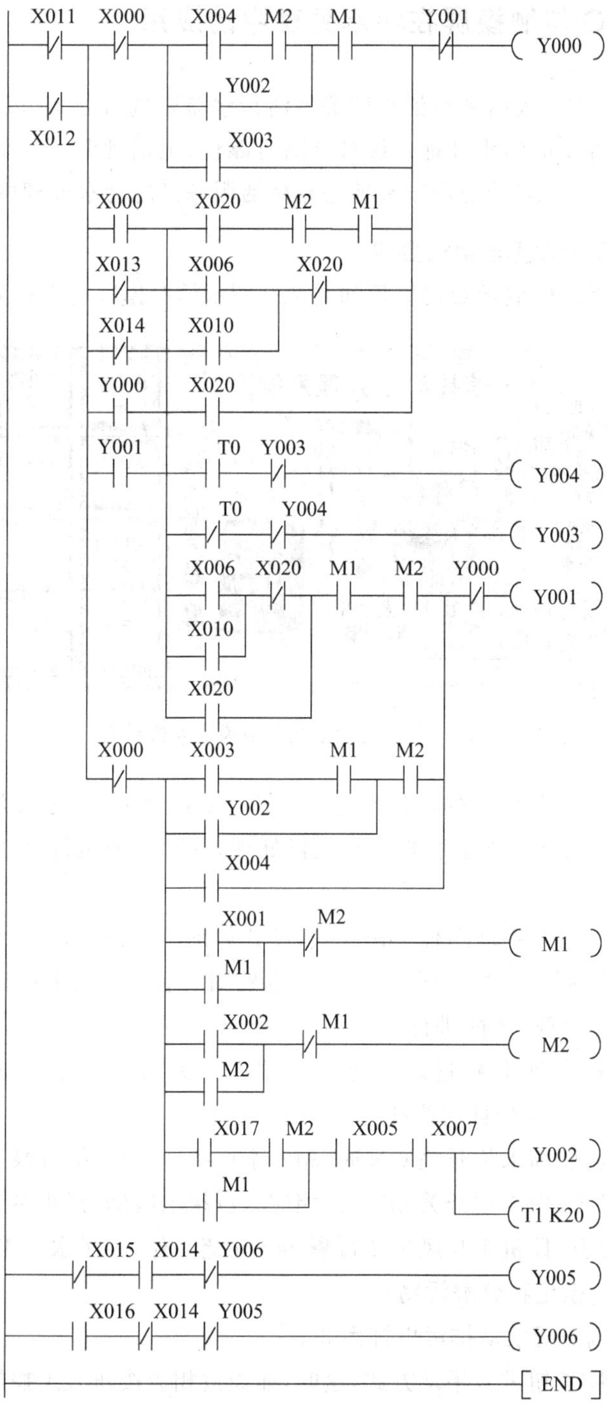

图 7.7 T68A 型卧式镗床控制梯形图

7.3.3 信捷 PLC 与触摸屏在污水处理中的应用

为保护环境,对宾馆饭店和生活小区等生活污水需要进行处理,以符合《污水综合排放标准》。用 PLC 控制的污水处理系统具有高可靠性、灵活性和可扩展性。本节介绍的信捷污水处理系统,已经成功应用于高速公路生活服务区的污水处理中。

1. 污水处理组成示意与功能要求

(1) 污水处理系统组成示意可以用如图 7.8 所示的触摸屏的人机界面来表示。

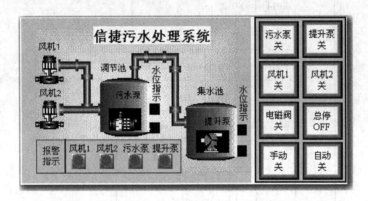

图 7.8 污水处理系统的触摸屏人机界面

提升泵能根据下面集水池的水位把污水打到上面调节池中,污水泵根据调节池水位进行工作,两风机轮流对调节池中的污水进行处理,处理后的沉淀物由电磁阀推动排污板排出。

(2) 系统设置自动和手动两种工作方式,设置如图 7.8 所示的 8 个触摸屏按钮来控制总停、工作方式和对风机、提升泵、污水泵和电磁阀的启停。其余按钮操作只有在总停指示断开后(即总停 OFF)才能进行。

(3) 开机后,按"自动"按钮进入自动方式,若 10s 无动作,则自动进入自动方式。自动方式下要求能对系统进行自动控制。

① 当集水池的低、高水位开关 ON 时,相应水位指示闪烁,提升泵工作。

② 当调节池的低、中水位开关 ON 时,相应水位指示闪烁,污水泵工作。

③ 若污水泵已开,风机 1 与风机 2 每隔 24h 轮流工作;若污水泵未开,风机 1 或 2 工作 2h,停 1h(有利于微生物分解污物)。

④ 每隔 12h,电磁阀推动排污板排污 3s。

(4) 可按"手动"按钮进入手动方式,这时,能通过相应按钮人工控制提升泵、污水泵、风机和电磁阀的启停。

2. PLC 与触摸屏选型及存储分配

输入/输出信号及地址分配分别如表 7.6 和表 7.7 所示,其中输入信号共有 8 个,输出信号共有 12 个。因此，选择信捷 XC3-48RT-E 型 PLC。

表 7.6 污水处理输入信号及地址分配

名　　称	符号	输入点	名　　称	符号	输入点
风机 1 报警常开触点	KA2	X1	调节池低水位常开	SL1	X11
风机 2 报警常开触点	KA3	X2	调节池中水位常开	SL2	X12
污水泵报警常开触点	KA1	X3	集水池低水位常开	SL4	X15
提升泵报警常开触点	KA5	X5	集水池高水位常开	SL5	X16

表 7.7 污水处理输出信号及地址分配

名　　称	符号	输出点	名　　称	符号	输出点
手动指示灯	HL1	Y2	总停指示灯	HL5	Y11
自动指示灯	HL2	Y3	污水泵接触器	KM1	Y12
电磁阀接触器	KM4	Y4	风机 1 接触器	KM2	Y14
提升泵接触器	KM5	Y5	风机 2 接触器	KM3	Y15
调节池低水位指示灯	HL3	Y6	集水池低水位指示灯	HL6	Y16
调节池中水位指示灯	HL4	Y7	集水池高水位指示灯	HL7	Y17

根据图 7.8 的画面选择信捷 7 英寸 256 色真彩触摸屏 TP760-T。图 7.8 画面的右部可见 8 个指示灯，其上分别叠放了 8 个隐形的按钮（目的是为了充分利用显示屏的可视面积），画面中还有 4 个报警指示灯和 4 个水位指示灯，这些部件的存储分配与属性分别如表 7.8 和表 7.9 所示。按照表中的数据，用信捷触摸屏软件"TouchWin 编辑工具"（V2.89），就可以把这些部件画出来。画法详见第 8 章实训 1 中的介绍。

表 7.8 图 7.8 人机界面中按钮与指示灯的存储分配与属性

名　　称	操　作	对象	名　　称	OFF/ON 状态文字	对象
手动按钮	瞬时 ON	M100	手动指示灯	手动关/手动开	Y2
自动按钮	瞬时 ON	M101	自动指示灯	自动关/自动开	Y3
污水泵按钮	瞬时 ON	M102	污水泵指示灯	污水泵关/污水泵开	Y12
风机 1 按钮	瞬时 ON	M104	风机 1 指示灯	风机 1 关/风机 1 开	Y14
风机 2 按钮	瞬时 ON	M105	风机 2 指示灯	风机 2 关/风机 2 开	Y15
电磁阀按钮	瞬时 ON	M106	电磁阀指示灯	电磁阀关/电磁阀开	Y4
总停按钮	瞬时 ON	M107	总停指示灯	总停关/总停开	Y11
提升泵按钮	瞬时 ON	M108	提升泵指示灯	提升泵关/提升泵开	Y5

表 7.9 图 7.8 人机界面中报警指示灯的存储分配与属性

名　　称	操　作	对象	名　　称	操　作	对象
风机 1 报警灯	ON 状态闪烁	M51	污水泵报警灯	ON 状态闪烁	M53
风机 2 报警灯	ON 状态闪烁	M52	提升泵报警灯	ON 状态闪烁	M55
集水池低水位灯	ON 状态闪烁	Y16	集水池高水位灯	ON 状态闪烁	Y17
调节池低水位灯	ON 状态闪烁	Y6	调节池中水位灯	ON 状态闪烁	Y7

3. 梯形图程序设计

污水处理梯形图如图 7.9 所示，读者可以结合注释来阅读，下面作几点说明。

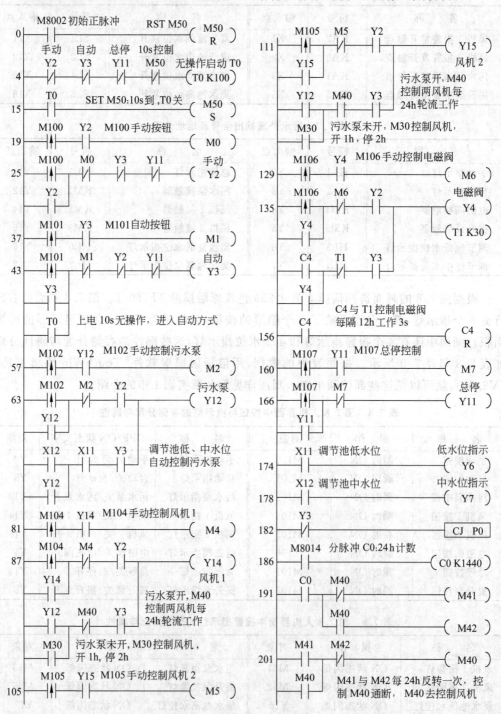

图 7.9 污水处理梯形图

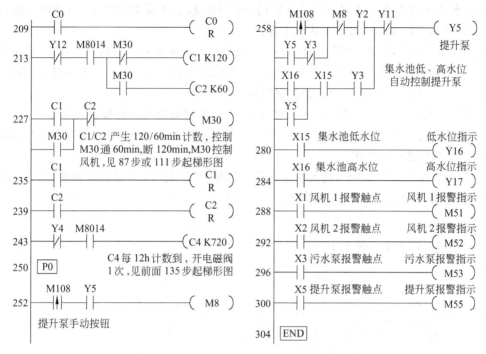

图 7.9(续)

(1) 梯形图中 8 个触摸屏按钮 M100～M102、M104～M108(见表 7.9)都采用上升沿常开,而且采用相同的电路结构,即单按钮控制启停的梯形图。单按钮控制启停电路的分析过程、波形图和 GPPW 中的模拟仿真画面详见例 3.13 中的解答。这样,其他 7 个按钮电路原理就不难举一反三来理解了。

(2) 在自动方式下计数器的计数定时作用见表 7.10,表中最后一列是为了以后调试方便而设置的分脉冲常数的调试值。

表 7.10 在自动方式下几个计数器的计数定时作用

计数器	分脉冲常数	控制辅助继电器	控制作用	调试值
C0	K1440	M40 通 24h,断 24h	污水泵(Y12)开时,风机 1、2(Y14、Y15)每 24h 轮流工作	K14
C1	K120	M30 断 2h	污水泵(Y12)未开时,风机 1 或 2(Y14 或 Y15)工作 1h,休息 2h	K4
C2	K60	M30 通 1h		K2
C4	K720		电磁阀(Y4)每 12h 工作 1 次	K7

可按下面的步骤进行梯形图调试(括号中的分钟数为调试值)。

① 若上电后无按钮动作,将启动 T0 计数,10s 定时到,T0 常开闭合,Y3=ON,进入自动方式。也可触按 M101 进入自动方式。根据表 7.10 中各计数器的计数定时作用,就比较容易理解自动方式下各部件的动作时序了。

② 若调节池的低、中水位 X11、X12=ON,低、中水位指示 Y6、Y7=ON,同时 Y12=

ON,污水泵开始工作。这时,C0 计数定时,使 M40 状态每隔 24h(14min)反转一次,使 Y14 和 Y15 轮流 ON,风机 1、2 轮流工作。

③ 若低、中水位 ON 条件不满足,Y12＝OFF,污水泵未开。这时 C1、C2 计数定时,使 M30 接通 1h(2min),断开 2h(4min),使 Y14 风机 1 或 Y15 风机 2,按休息 2h(4min)工作 1h(2min)工作,以利于微生物分解污物。

④ C4 计数定时,每隔 12h(7min)使 Y4＝ON,电磁阀推动排污板排污 3s。

⑤ 若集水池的低、高水位 X15、X16＝ON,低、高水位指示 Y16、Y17＝ON,同时 Y5＝ON,提升泵开始工作。

⑥ 若上电后触按 M100,进入手动方式。这时,通过表 7.8 中相应按钮可以人工控制提升泵、污水泵、风机和电磁阀的启停。

4. 接线图

污水处理接线图如图 7.10 所示。

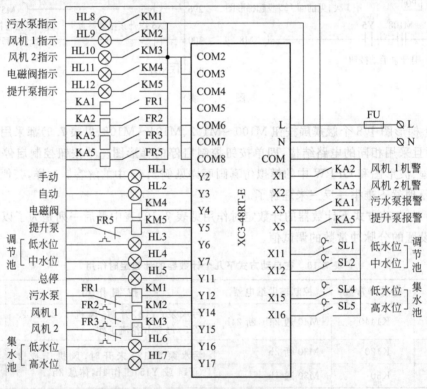

图 7.10 污水处理接线图

7.3.4 丰炜 PLC 对二相步进电机绝对定位控制

步进电机是一种能将数字输入脉冲转换成旋转或直线增量运动的电磁执行元件。每输入一个脉冲信号就可使步进电机旋转一个固定的角度,这个角度称为步距角。步进电机的输出位移量与输入脉冲数成正比,转速与脉冲频率成正比,转向与脉冲分配到步进电机的各相绕组的相序有关。

步进电机与普通电机的使用不同,它是通过步进电机驱动器来驱动的。在图 7.15 中,作为控制器的 PLC,只要从 Y2 和 Y0 输出端分别给驱动器发送两个信号,一个是具有给定频率的脉冲信号,另一个是脉冲方向信号,便可控制步进电机的转动位移、速度和转向了。

1. 功能要求

(1) 系统设置自动和手动两种工作方式,用丰炜 PLC 和信捷 DSP-565 细分驱动器控制二相步进电机来回运动,示意图如图 7.11 所示。

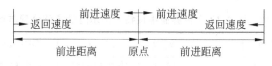

图 7.11 二相步进电机来回运动示意图

(2) 设计如图 7.12 所示的触摸屏人机界面,通过 4 个触摸屏按钮来控制启停、工作方式和前进与返回。通过数据显示框实时显示当前距离;通过数据输入框对运动参数和步进电机参数进行设置。

① 设置步进电机的前进距离、前进速度和返回速度;

② 设置步进电机的直径和步距角,驱动器的细分取 125。

(3) 按信捷 DSP-565 驱动器说明,选用能适配的二相步进电机(42、57、85 型)。本例采用的是常州宝来电器生产的 39BYG703-24 二相步进电机,步距为 1.8°,电压为 12V,电流为 0.31A,轴直径为 5mm。

图 7.12 步进电机控制的触摸屏人机界面

2. PLC 与触摸屏选型及存储分配

输出信号只有两个,其地址分配和相关信息如表 7.11 所示。选择专为运动控制而设计的丰炜 VB1-32MT 型 PLC,为步进电机所要求的晶体管输出型,且支持定位控制指令。

表 7.11 步进电机控制输出信号及地址分配

输出点	输出信号	控制驱动器信号名称	控制步进电机
Y2	给定频率的脉冲信号	PUL−	转动位移和速度
Y0	脉冲方向信号	DIR−	转动方向

根据图 7.12 的画面选择信捷 7 英寸 256 色真彩触摸屏 TP760-T。此画面的右部可见的是 4 个指示灯,其上分别叠放了 4 个隐形的触摸屏按钮,以充分利用显示屏的可视面积;画面中间部分最上面的 1 个为数据显示框,其下为 5 个数据输入框。这些部件的存储分配与属性分别如表 7.12 和表 7.13 所示。按照这两个表中的数据,用信捷触摸屏软件"TouchWin 编辑工具"(V2.89),就可以画出图 7.12 的人机界面了。

表 7.12 图 7.12 人机界面中按钮与指示灯的存储分配与属性

名 称	操 作	对象	名 称	OFF/ON 状态文字	对象
方式按钮	取反	M0	方式指示灯	手动方式/自动方式	M0
前进按钮	瞬时 ON	M2	前进指示灯	前进停止/前进开始	M504
返回按钮	瞬时 ON	M3	返回指示灯	返回停止/返回开始	M505
启停按钮	取反	M4	启停指示灯	停止/启动	M506

表 7.13 图 7.12 人机界面中数据显示和输入框的存储分配与属性

名 称	操 作	对象	名 称	操 作	对象
数据显示框	显示当前距离	D4100	数据输入框 3	输入前进距离	D7000
数据输入框 1	输入电机轴直径	D7010	数据输入框 4	输入前进速度	D7002
数据输入框 2	输入电机步距角	D7012	数据输入框 5	输入后退速度	D7004

3. 梯形图程序设计

丰炜 VB1-32MT 型 PLC 控制步进电机梯形图如图 7.13 所示。对程序设计中相关知识和算法作如下说明。

(1) 绝对位置控制指令

① 指令格式:

DRVA [S1・] [S2・] [D1・] [D2・]

② 指令概要如表 7.14 所示,示例梯形图如图 7.14 所示。

表 7.14 脉冲输出指令概要

绝对位置控制指令	操 作 数								程序步
	[S1・][S2・]								
FNC159 DRVA D	K, H	KnX Y	KnY M	KnM S	KnS	T	C	D V, Z	DRVA 9 步 (D) DRVA 17 步
				[D1・]: Y0~Y1					
		[D2・]							

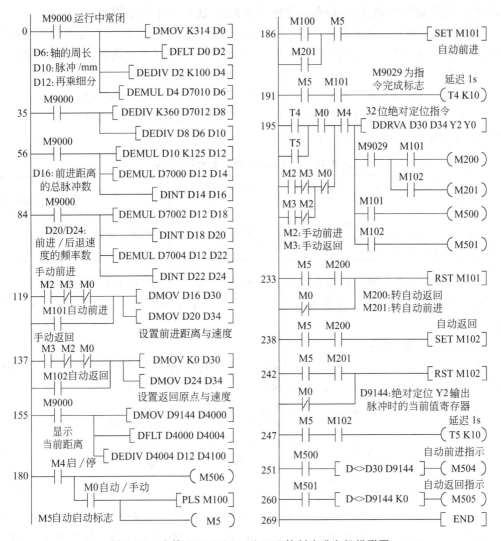

图 7.13 丰炜 VB1-32MT 型 PLC 控制步进电机梯形图

图 7.14 所示为 32 位绝对位置控制指令,丰炜 VB1-32MT 型 PLC 支持这条指令,指令执行过程如下。

图 7.14 绝对位置控制指令示例

当 M4 接通时,Y2 输出点以 12499Hz 频率输出脉冲,直到当前值寄存器(D9145,D9144)的值与目的位置(D31,D30)中的值相等时,表示到达绝对定位点,Y2 停止输出。Y0 输出点状态会根据当前位置(D9145,D9144)与目的位置(D31,D30)的比较而改变,当目的位置>当前位置时,Y0 为 ON,表示正转;当目的位置<当前位置时,Y0 为 OFF,表

示反转。当目的位置到达时,指令完成标志 M9029 置 1(一个扫描周期)。

要注意与 DRVA 指令相关的软元件丰炜的与三菱的不同,表 7.15 为本程序中用到的相关的软元件比较。从表中可见,丰炜 VB1 型 PLC 提供了 4 点高速脉冲输出,可同时执行 4 个独立轴定位控制。其中:

[D1·]=Y0、Y1 时,[S2·]=10~20000,即 Y0、Y1 可输出 20kHz 以下脉冲;

[D1·]=Y2、Y3 时,16 位指令:[S2·]=10~32767,32 位指令:10~200000。即 Y2 和 Y3 可输出 200kHz 以下高速脉冲。

表 7.15 丰炜与三菱相关软元件的比较

PLC	脉冲输出点当前值寄存器				指令完成标志
	Y0	Y1	Y2	Y3	
丰炜	D9141,D9140	D9143,D9142	D9145,D9144	D9147,D9146	M9029
三菱	D8141,D8140	D8143,D8142	无	无	M8029

三菱 DRVA 指令中脉冲输出仅限 Y0 和 Y1,[S2·]指定的输出脉冲频率必须小于最高频率(D8147,D8146),设定范围为 10~100000,即 Y0 和 Y1 只可输出 100kHz 以下脉冲。

(2) 步进电机的计算

程序中要计算对应前进距离的最大脉冲数和对应前进和返回速度的脉冲频率上限,分别作为 DDRVA 指令中的[S1·]和[S2·]的值,依据公式如下:

$$\text{最大脉冲数量} = \frac{\text{移动距离} \times \text{细分数}}{\text{脉冲当量}} = \frac{\text{移动距离} \times 125}{\text{脉冲当量}} \quad (a)$$

$$\text{脉冲频率上限} = \frac{\text{移动速度} \times \text{细分数}}{\text{脉冲当量}} = \frac{\text{移动速度} \times 125}{\text{脉冲当量}} \quad (b)$$

$$\frac{1}{\text{脉冲当量}} = \frac{360° \times \text{传动比}}{\text{步距角} \times \text{螺距}} = \frac{360°}{\text{步距角} \times \text{轴周长}} \quad (c)$$

(a)和(b)式中取细分数为 125。(c)式中,取传动比=1,螺距=轴周长;1/脉冲当量的单位是:脉冲/mm,其含义是电机移动 1mm 所需要的脉冲数。将计算出的 1/脉冲当量的值代入(a)和(b)式中,就可以计算出 DDRVA 指令中的[S1·]和[S2·]的值了。

上述算法在本梯形图中的实现说明如下(用到的 D7000~D7012 的含义见表 7.13)。

① 0 步梯级:将浮点数 3.14 乘以 D7010 中轴的直径得到轴的周长 D6。

② 35 步梯级:按公式(c)计算出脉冲/mm 的值 D10,D7012 中是步距角的值。

③ 56 步梯级:按公式(a)计算出对应前进距离(D7000)的总脉冲数的值 D16。

④ 84 步梯级:按公式(b)分别计算出对应前进和返回速度(D7002 和 D7004)的脉冲频率值 D20 和 D24。

(3) 手动和自动的工作过程

① 手动工作过程:当只按下启动按钮,由图 7.13 中的 180 步梯级可知,M4 常开接通,使 M506 线圈得电,指示系统处于启动状态。而 M0 常开是断开的,为手动方式。这时,若按下前进按钮,M2 常开接通,119 步梯级设置前进距离和速度,195 步梯级执行绝对定位指令而驱动电机前进;若按下返回按钮,M3 接通,137 步梯级设置返回原点和速

度，195 步梯级执行绝对定位指令而驱动电机返回原点。

② 自动工作过程：当启动按钮和自动按钮都按下时，由图 7.13 中的 180 步梯级可知，自动标志 M506 线圈和自动启动标志 M5 线圈均得电，M100 产生一个扫描周期的脉冲。在此脉冲驱动下，程序将按照触摸屏中输入的运动参数开始自动执行电机前进和返回的循环运动，过程如下：

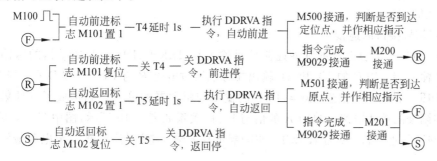

4. 接线图

丰炜 VB1-32MT 型 PLC 步进电机控制接线图如图 7.15 所示。对各部件作如下说明。

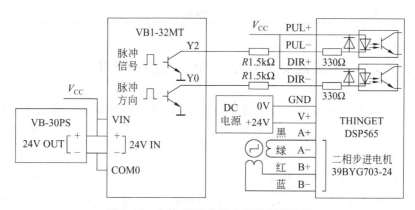

图 7.15　丰炜 PLC 步进电机控制接线图

（1）丰炜 VB1-32MT-D 型 PLC

这个型号的 PLC 为 NPN 晶体管输出，DC24V 供电，适配的电源是 VB-30PS。配线时要按图 7.15 所示将此电源的 24V OUT 的正负输出端与主机的 24V IN 的正负输出端以及 VIN、COM0 端子分别对应相连。

VB1 与 TP760-T 触摸屏之间的连接如图 7.16 所示。此连接线可由丰炜提供，也可自行按图制作，但不能使用 VB1 与 PC 相连的那根连接线 MWPC-200，否则将会引起通信错误。

（2）信捷 DSP-565 细分驱动器

DSP-565 为二相细分型步进电机驱动

连接触摸屏端　　　　　　连接 PLC 端
DB-9 母插　　　　　　　USB A 接头

3 TXD — 2 RXD
2 RXD — 3 TXD
5 GND — 4 GND

图 7.16　VB1 与 TP760-T 触摸屏之间的连接

器,细分动态可调达128,能驱动5.6A以下二相混合式4、6、8线步进电机。下面说明强电接口和控制信号接口的连接。

① 强电接口的连接

V+和GND是驱动器的电源输入端,其供电电压范围在20~48V之间。图中用DC24V电源供电。驱动器的A+、A-和B+、B-输出端分别和步进电机(39BYG703-24)A、B相线圈相连。

② 控制信号接口的连接

PUL+、PUL-为驱动器的脉冲控制信号输入端,DIR+、DIR-为驱动器的脉冲方向控制信号输入端。PLC的Y2和Y0输出端分别通过电阻R与PUL-和DIR-相连,PUL+和DIR+都与V_{cc}相连,这样,PLC的输出与驱动器的输入之间构成了一种集电极开路的共阳极的接法电路。电阻R的值与V_{cc}的关系如表7.16所示,图中V_{cc}与VB-30PS的+24V相连,所以R为1.5kΩ。驱动器本身的输入电源与V_{cc}的供电电源最好是分开的。

表7.16 电阻R的值与V_{cc}的关系

V_{cc}的DC电压值/V	5	12	24
电阻R阻值	不串电阻	500Ω	1.5kΩ

7.3.5 信捷PLC多段速脉冲输出控制三相步进电机

信捷XC3系列PLC具有2路高速脉冲输出,其输出频率最高可达200kHz,本节介绍用PLSR指令实现的多段速双向脉冲输出,它能更好地适应实际的控制要求。

1. 功能要求

(1) 系统设置自动和手动两种工作方式,用信捷PLC和DSP-5230三相步进驱动器控制三相步进电机,也要求按图7.11所示来回运动,但前进时可按4种不同的段速变速前进。

(2) 设计如图7.17所示的文本显示器人机界面。通过主画面(a)可以跳转到手动画面(b)和自动画面(c),在画面(b)和(c)中分别可以手动或自动启动电机前进和返回,同时显示当前的脉冲段段号和累计脉冲数。

(a) 主画面　　　　(b) 手动画面　　　　(c) 自动画面

图7.17 多段速脉冲输出文本显示器人机界面

(3) 按信捷DSP-5230驱动器说明书,DSP-5230能驱动输入电压为300VDC或220VAC、电流在5.2A以下的各种三相混合式步进电机(如90、110、130型),适合要求高定位精度、低速平稳运行的自动化设备。本例选用的是110型三相混合式步进电机,型号为110BYG350C,步距为0.6°/1.2°,电压为80～300V,电流为3A,保持转距18N·m,重量达10kg以上。

2. PLC与文本显示器选型及存储分配

输出信号只有两个,其地址分配和相关信息如表7.17所示。PLC选择信捷XC3-48RT-E型,属于XC系列的标准机型,为继电器和晶体管混合输出,上面提到的两路高速脉冲输出Y0、Y1为晶体管输出。

表7.17 步进电机控制输出信号及地址分配

输出点	输出信号	控制驱动器信号名称	控制步进电机
Y0	给定频率的脉冲信号	PUL—	转动位移和速度
Y1	脉冲方向信号	DIR—	转动方向

根据图7.17画面选择信捷可编程文本显示器OP320-A-S(DC24V,3W),它能显示12汉字×4行。图7.17各画面中相应部件的存储分配与属性分别如表7.18～表7.22所示,按照这些表中的数据,用信捷"OP20系列画面设置工具"(V6.5n),就可以画出图7.17的人机界面了。

表7.18 图7.17(a)人机界面中功能键存储分配与属性

名称	功能键	操作	对象	名称	功能键	操作	对象
手动方式 手动画面	SET ↑	瞬时ON 跳至手动画面	M100	自动画面	↓	跳至自动画面	

表7.19 图7.17(b)人机界面中功能键存储分配与属性

名称	功能键	操作	对象	名称	功能键	操作	对象
手动前进 返回原点	→ ←	瞬时ON 瞬时ON	M101 M102	手动停止 回主画面	ESC ↑	瞬时ON 跳至主画面	M110

表7.20 图7.17(b)人机界面中数据显示窗存储分配与属性

名称	进制	整数位数	对象	名称	进制	整数位数	对象
当前脉冲段	十进制	3	D8172	累计脉冲数	十进制	6	D8170

表7.21 图7.17(c)人机界面中功能键存储分配与属性

名称	功能键	操作	对象	名称	功能键	操作	对象
自动启动 自动停止	ENT ESC	瞬时ON 瞬时ON	M200 M210	回主画面	↑	跳至主画面	

表7.22 图7.17(c)人机界面中数据显示窗存储分配与属性

名称	进制	整数位数	对象	名称	进制	整数位数	对象
当前脉冲段	十进制	3	D8172	累计脉冲数	十进制	6	D8170

3. 梯形图程序设计

多段速脉冲输出控制三相步进电机采用状态编程,其状态梯形图如图 7.18 所示,读者可以结合注释来阅读。下面对程序设计中的算法和相关知识作如下说明。

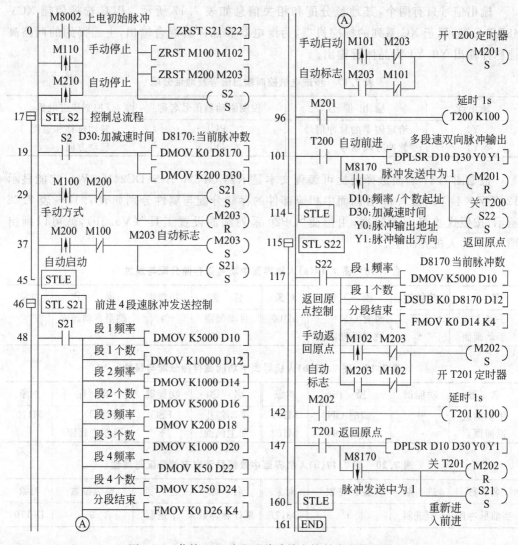

图 7.18　信捷 PLC 多段速脉冲输出控制步进梯形图

(1) 状态表

多段速双向脉冲输出控制的状态表如表 7.23 所示。S2 为总流程控制初始状态。可以通过手动和自动按钮转移到 S21 状态,Y0 输出脉冲,Y1 输出脉冲方向,驱动步进电机按 4 段速前进;通过 M8170 标志可转移到 S22 状态,Y0 输出脉冲,Y1 输出脉冲方向,驱动步进电机返回原点。此后,M8170 标志又将控制状态转移到 S2,从而控制步进电机在前进与返回两个工步之间循环运动。

表 7.23　多段速双向脉冲输出控制的状态表

工步号	状态号	状态输出	状态转移
原位	S2	初始化,控制总流程	M100 或 M200：S2→S21
第 1 工步	S21	Y0 输出脉冲,Y1 输出脉冲方向驱动步进电机按 4 段速前进	M8170↓：S21→S22
第 2 工步	S22	Y0 输出脉冲,Y1 输出脉冲方向驱动步进电机返回原点	M8170↓：S22→S21

(2) 带加减速脉冲输出指令

信捷 PLSR 指令除兼容三菱的 FNC59 脉冲输出指令外,还扩展了另外两种控制模式。本案例中介绍的是最具特色的多段速双向脉冲输出控制模式,它是以指定的频率、加减速时间和脉冲方向分段产生定量脉冲。下面以图 7.19 示例梯形图(即图 7.18 中 101 梯级处这条 32 位脉冲输出指令)和图 7.18 中设定的相关脉冲参数为例,进行说明。

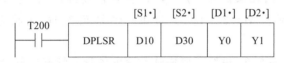

图 7.19　多段速双向脉冲输出指令示例

[S1·]为设置脉冲输出参数的数据寄存器区域的起始地址。示例中 D10、D11 设定第 1 段脉冲的最高频率,D12、D13 设定第 1 段脉冲的个数;D14、D15 设定第 2 段脉冲的最高频率,D16、D17 设定第 2 段脉冲的个数;以此类推,最多可设定 24 段,当遇到 D_n、D_{n+1} 的值都为 0 时,表示分段结束。示例梯形图中[S1·]的取值为图 7.18 梯形图中 48 步梯级处所设定的值,总共设定 4 段,如表 7.24 所示。

表 7.24　图 7.19 中[S1·]的设定

段名称	最高频率/Hz	脉冲个数	段名称	最高频率/Hz	脉冲个数
第 1 段	5000	10000	第 2 段	1000	5000
第 3 段	200	1000	第 4 段	50	250

[S2·]为加减速时间,指从开始到第一段最高频率的加速时间,这一调速斜率也将是其余段的加减速率。可用操作数为十进制常数 K 和各类数据寄存器。示例梯形图中[S2·]的取值为图 7.18 梯形图中 19 步梯级处所设定的值,即 D30=200ms。

[D1·]为脉冲输出的 Y 地址,只限 Y0 或 Y1。本例中取 Y0。

[D2·]为脉冲输出方向的 Y 地址,可以任意指定。在一次多段速脉冲输出中,当[S1·]中第一段设定的脉冲个数为正时,脉冲方向为 ON;而当设定的脉冲个数为负时,脉冲方向为 OFF。这一脉冲方向的设定也将是其余各段的脉冲方向。本例中取 Y1。

在图 7.19 中,当 T200 接通时,Y0 将先后按照表 7.24 指定的各段频率,以 200ms 为加减速时间,分段输出指定的定量脉冲,脉冲方向信息由 Y1 输出,可用于驱动步进电机。

(3) 步进电机的计算

由于 DSP-5230 设计时把方波改为三相正弦波驱动,所以步进电机步距角要按 1.8°/

步估算。若细分数等于10,按上节介绍的计算方法,可算出其转一圈的脉冲数为2000。对应表7.24中各段的脉冲数步进电机的圈数如表7.25所示。

表 7.25 对应表 7.24 中各段的脉冲数步进电机的转数

段名称	脉冲个数	转动圈数	段名称	脉冲个数	转动圈数
第1段	10000	5	第2段	5000	2.5
第3段	1000	0.5	第4段	250	0.125

(4) 手动和自动的工作过程

上电后 M8002 接通一个扫描周期,对系统进行初始化,同时置状态 S2=1。文本显示器上出现主画面,用到的功能键定义见表 7.18~表 7.22。

① S2 状态:设置加减速时间为 200ms,把 Y0 脉冲当前值寄存器 D8170 清 0。在文本显示器的主画面,如果触按 SET 键,M100 常开瞬时 ON,进入手动方式(触按"↑"键可跳转至手动画面);如果触按"↓"键,跳转至自动画面后,触按 ENT 键,M200 常开瞬时 ON,置自动标志 M203=1。手动和自动是互锁的,在状态最后均将置状态 S21=1。

② S21 状态:按表 7.24 设置 4 段速脉冲输出各段的频率和脉冲数。在手动画面触按"→"键,M101 常开瞬时 ON,进入手动启动,M201 置 1,开 T200 定时器,延时 1s 后,按图 7.19 中说明启动手动前进。如果在 S21 已置 M203=1,则会启动自动前进。在脉冲发送中标志 M8170 的下降沿,复位 M201,关 T200 定时器,电机前进停止,最后置状态 S22=1。

③ S22 状态:设置返回原点时的频率和脉冲数(D10 和 D30)。在手动画面触按返回原点"←"键,M102 常开瞬时 ON,M202 置 1,开 T201 定时器,延时 1s 后,按 5000Hz 频率返回原点。如果在 S21 已置 M203=1,则会启动自动返回原点。在 M8170 脉冲发送中标志的下降沿,复位 M202,关 T201 定时器,电机到原点停止。最后置状态 S21=1。在自动方式,又将循环执行电机自动前进,在手动方式需要触按前进功能键。

在手动或自动画面中,分别触按 ESC 键,M110 或 M210 常开瞬时 ON,将停止步进电机运转。

4. 接线图

多段速脉冲输出接线图如图 7.20 所示。其中,信捷 XC3-48RT-E 是 AC 电源型,电压允许范围为 AC90~265V,它与文本显示器 OP320-A-S 之间仍然可以用 DVP 连接线(即与 PC 连接的那根通信电缆)连接。

信捷 DSP-5230 为三相高精度步进驱动器,适用各种要求高定位精度、低速平稳运行的自动化设备中,如雕刻机、数控机床、切割机等。同 DSP-565 一样,它有控制信号接口、强电接口和 8 个微型拨动开关 SW1~SW8,其外形如图 7.21 所示。它的控制信号接口的连接与上面介绍的 DSP-565 一样,不再重复说明。它的强电接口用于同供电电源和步进电机连接,只要把驱动器的 A、B、C 输出端分别和步进电机三相线圈输出端 1、3、5 对应相连即可(不管三相线圈是星接还是角接)。它的供电电压为 AC50~220V 或

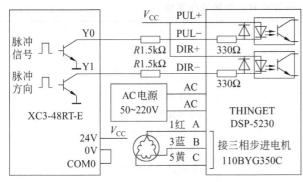
图 7.20　信捷多段速双向脉冲输出接线图

图 7.21　DSP-5230

DC70～300V,本案例中采用 AC 供电。

DSP-5230 细分动态可调范围为 2～128,用 SW5～SW8 可设定 15 挡细分值,SW1～SW3 可设定 8 挡电流值;还可用 SW4 设定全流和半流。本例为空载试验,SW4 为 OFF(半流工作状态),电流设定为 2.8A。表 7.26 是本例中对 SW1～SW8 的设定。

表 7.26　图 7.19 中 [S1·] 的设定

SW1	SW2	SW3	SW4	SW5	SW6	SW7	SW8
OFF	OFF	ON	OFF	OFF	ON	ON	OFF
设定电流为 2.8A			半流	设定细分数为 10			

本章小结

本章介绍了 FX2N 系列 PLC 控制系统的应用设计,关键是系统总体设计,核心则是控制程序设计。要重点掌握 PLC 系统设计的基本原则和设计的一般流程,要有一个整体的概念。在满足控制要求、环境要求和性价比等条件下,合理选择 PLC 的机型和硬件配置,正确地进行内存估算,合理选择输入/输出模块,完成 PLC 的硬件与软件的设计。本章还介绍了与生产实际密切相关的国产 PLC 高性价比应用案例——污水处理和步进电机控制,通过这些应用实例来掌握触摸屏、文本显示器和步进电机驱动器的使用。

习题 7

1. 阐述 PLC 应用系统设计的基本原则和设计流程。
2. 如何正确选择 PLC 的机型?
3. 如何进行 PLC 内存容量的估算?
4. 设计一个 3 层电梯的 PLC 控制系统,电梯的控制要求如表 7.27 所示。

表 7.27 三层电梯控制的动作要求

序号	输入		运行方向	输出
	原停楼层	呼叫楼层		结果
1	1	3	升	上升到3层停
2	2	3	升	上升到3层停
3	3	3	停	呼叫无效
4	1	2	升	上升到2层停
5	2	2	停	呼叫无效
6	3	2	降	下降到2层停
7	1	1	停	呼叫无效
8	2	1	降	下降到1层停
9	3	1	降	下降到1层停
10	1	2,3	升	先升到2层暂停2s,再升到3层停
11	2	先1后3	降	下降到1层停
12	2	先3后1	升	上升到3层停
13	3	2,1	降	先降到2层暂停2s后,再降到1层停
14	任意	紧急上升	升	上升到3层停
15	任意	紧急下降	降	下降到1层停

5. 如何进行 PLC 内存容量的估算?

6. 在 7.3.3 小节的污水处理系统中,再增加一个污水泵2,当调节池的低、中和高水位开关 ON 时,污水泵2也投入工作,其余功能要求不变。试设计双污水泵的污水处理系统。

7. 在 7.3.4 小节的图 7.12 步进电机控制的触摸屏人机界面中,再增加一个细分数设置输入框,其余功能要求不变。试设计二相步进电机绝对定位控制系统。

8. 在 7.3.5 小节多段速脉冲输出控制中,修改控制要求为电机后退时按表 7.24 中的 4 种段速参数运转,其余功能要求不变。试设计多段速脉冲输出控制三相步进电机系统。

第 8 章

PLC 控制系统的实验与实训

本章导读

本章介绍了 8 个 PLC 控制实验,都是比较经典而实用的,要求掌握实验的一般步骤,会对实验梯形图进行监控调试。还介绍了 4 个实训案例,虽然案例中所需器材比较庞大,但是它们与工程应用结合密切,而且可以通过梯形图的监控调试进行模拟运行。另外,6.4 节的 PLC 与上位机 VB 通信,6.5 节的变频器自由格式通信中的 C 函数调用,也可以作为实训案例。通过这些案例,要求熟悉触摸屏、文本显示器、步进电机驱动器和变频器的编程与使用。读者可以通过自己动手装接用单片机主控的学习型 PLC,完成 PLC 的实验,培养设计 PLC 控制系统的综合分析和实际应用能力。这些案例也适用于维修电工等工种技师、高级技师的 PLC 技术培训的应会课题。

8.1 PLC 控制系统实验

PLC 的实验与实训采用个人电脑加 PLC 编程软件方式进行,实验用 PLC 选择晶体管输出型,或者晶体管与继电器混合输出型。PLC 与对应的编程软件举例如下:

(1) 三菱 FX1S-20MT(或深圳九天丰菱 FL1S-20MT)+FXGP V3.30(或 GPPW V8.52 中文版与内装的仿真软件 GX Simulator6-C)。

(2) 无锡信捷 XC3-48RT-E+XCPPro(V3.1a)。

(3) 上海丰炜 VB1-32MT+Ladder Master(V1.70.1)。

PLC 控制系统实验可以在实验板上进行,将一些常用器件,如各类按钮开关、发光二极管、直流小电机、步进电机、七段码 LED 显示器,以及所需的接插件等预先装在实验板上,再通过电缆线与 PLC 相连。

在做以下实验时,务必先仔细阅读 6.3 节,特别是通过例 6.1,熟练掌握用 FXGP 编辑、调试梯形图的全过程;务必先仔细阅读 4.2.3 小节,特别是通过例 4.2,熟练掌握用 FXGP 编辑、调试 SFC 的全过程;仔细阅读 2.4 节,熟练掌握用 GPPW 编辑、调试梯形图的全过程,特别是能用其内装的 GX Simulator 对梯形图进行模拟仿真和获得时序图。这样,如果没有实际的 PLC,也能用 GPPW 做下面 8 个实验,弥补了 PLC 硬件的不足。

注意,在以下实验中将不再重复说明 FXGP 或 GPPW 软件的操作过程。

8.1.1 实验1 双灯闪烁——熟悉 PLC 控制实验的步骤

1. 功能要求

系统上电后,按下按钮 X000,两个彩灯即交替闪烁。两彩灯交替闪烁间隔为 2s。

2. 输入/输出端口设置

双灯闪烁 PLC 控制的 I/O 端口分配如表 8.1 所示。

表 8.1 双灯闪烁 PLC 控制的 I/O 端口分配表

输入			输出		
名 称	符号	输入点	名 称	符号	输出点
启动按钮	SB1	X000	接触器1	KM1	Y000
			接触器2	KM2	Y001

3. 梯形图与指令表

双灯闪烁 PLC 控制的梯形图与指令表分别如图 8.1(a)和(b)所示。

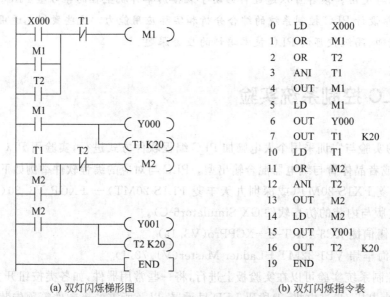

(a) 双灯闪烁梯形图   (b) 双灯闪烁指令表

图 8.1 双灯闪烁 PLC 控制梯形图与指令表

4. 接线图

双灯闪烁 PLC 控制的接线图如图 8.2 所示。

注意,在实验室中可以用 Y000 和 Y001 直接驱动发光二极管来模拟,也可观察 PLC 面板上 Y000 和 Y001 的 OUT 指示灯。以下实验均可按此处理。

5. 梯形图监控调试

按 6.3 节介绍的方法用 FXGP 进行双灯闪烁梯形图监控画面如图 8.3 所示。

其中,分图(a)表示触按 X000 按钮后,Y000 接通,同时 T1 定时 2s 的画面;分图(b)

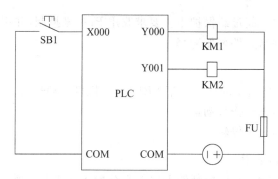

图 8.2 双灯闪烁 PLC 控制接线图

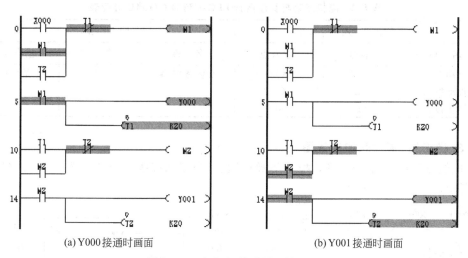

(a) Y000 接通时画面　　　　　　(b) Y001 接通时画面

图 8.3 双灯闪烁梯形图监控画面

表示 T1 定时 2s 到，Y001 接通，同时 T2 开始定时的画面。T2 定时 2s 到，监控画面又将转到分图(a)，如此循环重复。

6. 练习题

(1) 修改梯形图，设计新的扫描模式，如按例 3.17 要求的 8 彩灯扫描。

(2) 把双灯闪烁 PLC 控制改为 SFC 编程，重做本实验。

8.1.2　实验 2　点动与长动——在 GPPW 中调试并加注释

图 8.4 为点动与长动继电器控制电路。SB1 为点动按钮，按下 SB1 后，KM 线圈得电，驱动电机运行；释放 SB1，电机即停转。SB2 为长动按钮，按下 SB2 后，KA 线圈得电，其常开吸合，下一个 KA 常开起自保作用，上一个 KA 常开使 KM 线圈得电，驱动电机运行。SB3 为停止按钮，按下 SB3 电机停转。FR 为热继电

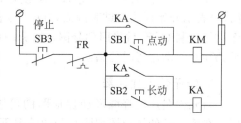

图 8.4　点动与长动继电器控制电路

器常闭(可简化不考虑),起过载保护用。要求改用 PLC 来控制,并用 GPPW 对设计的梯形图进行模拟仿真,并给元件名加注释。

1. 功能要求

(1) 当接上电源,电机不动作。按下 SB1 后,电机可点动运行。
(2) 按下 SB2 后,电机作长动运行。
(3) 按下 SB3 后,电机停转。

2. 输入/输出端口设置

电机点动与长动运行 PLC 控制的 I/O 端口分配表如表 8.2 所示。

表 8.2 电机点动与长动运行 PLC 控制的 I/O 端口分配表

输入			输出		
名称	符号	输入点	名称	符号	输出点
点动按钮	SB1	X001	交流接触器	KM1	Y000
长动按钮	SB2	X002			
停止按钮	SB3	X003			

3. 梯形图、指令表和接线图

电机点动与长动运行 PLC 控制的梯形图、指令表和接线图分别如图 8.5(a)、(b) 和 (c) 所示。

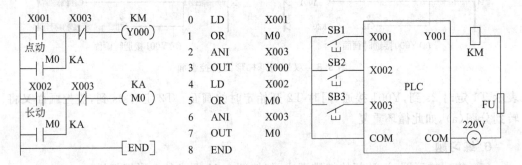

(a) 点动与长动控制梯形图　　(b) 点动与长动控制指令表　　(c) 点动与长动控制接线图

图 8.5 点动与长动控制

4. 梯形图模拟调试

按 2.4 节介绍的方法用 GPPW 模拟仿真此梯形图的画面如图 8.6 所示。其中,分图(a)表示开始逻辑测试时画面;分图(b)表示 X001 被"强制 ON"后,Y000 点动运行时画面,再"强制 OFF"后将回到分图(a);分图(c)表示 X002 被"强制 ON",再被"强制 OFF"后,Y000 长动运行时的画面。

5. 给元件名加注释

给元件名加注释能增加梯形图的可读性,可直观地表达每个软元件在程序中的作用。在编辑好的梯形图视图打开的情况下,如何在 GPPW 中给软元件加注释呢?可按以下步骤进行。

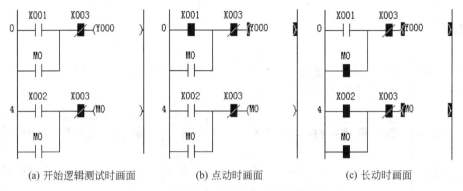

(a) 开始逻辑测试时画面　　　(b) 点动时画面　　　(c) 长动时画面

图 8.6　点动与长动控制梯形图的模拟调试

① 选择"显示"|"工程数据列表"菜单命令,打开工程数据列表窗口,见图 8.7(a)。

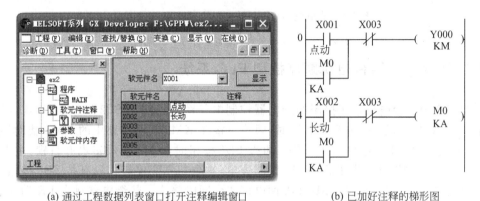

(a) 通过工程数据列表窗口打开注释编辑窗口　　　(b) 已加好注释的梯形图

图 8.7　给点动与长动梯形图加注释

② 在工程数据列表窗口中,展开"软元件注释"项后,双击通用注释 COMMENT,弹出软元件注释编辑窗口(在图 8.7(a)工程数据列表右边区域)。

③ 在元件注释编辑窗口中的"软元件名"下拉列表框中输入要编辑的元件名 X001,单击"显示"按钮。在对应 X001 的"注释"栏输入要注释的内容"点动"。用同样的方法给图 8.5(a)梯形图中其他的软元件加上注释。

④ 双击工程数据列表窗中 MAIN 项,出现梯形图视窗,选择"显示"|"注释显示"菜单命令,就能在梯形图中看到所加的注释了,如图 8.7(b)所示。

6. 练习题

(1) 用 GPPW 给图 8.1 双灯闪烁梯形图中各元件加上注释。
(2) 用 GPPW 对图 8.1 双灯闪烁梯形图进行模拟调试。

8.1.3　实验 3　直流电机正反转控制 PLC 系统

本实验可参照"例 3.16　设计一个用 FX1S-20MT 的输出端子直接驱动直流电动机正反转控制系统"进行。

练习题

用 GPPW 对图 3.37(a)直流电动机正反转控制梯形图进行模拟调试,并对图 8.8(a) 和(b)两个 GPPW 模拟调试画面进行说明。

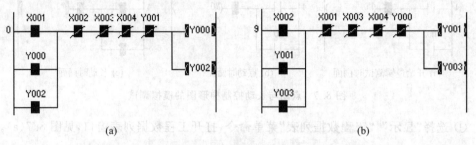

图 8.8 直流电动机正反转控制的 GPPW 模拟调试

8.1.4 实验 4 两台电机顺序控制 PLC 系统

图 8.9 为两台电机顺序控制的继电器控制电气图。当按下 SB2 按钮后,KM1 线圈得电并自锁,泵电机 M1 先运转。同时,因为串接在 KM2 线圈支路中的 KM1 辅助触点闭合,为 KM2 线圈得电创造了条件。再按 SB4 按钮时,KM2 线圈得电并自锁,主电机 M2 才会运转。按 SB3 按钮后,KM2 线圈失电,主电机 M2 停转。只有按 SB1 按钮后,KM1 和 KM2 线圈同时失电,M1、M2 两电机才会同时停止。热继电器触点 FR 动作后,M1、M2 两电机因过载保护而停止。试改用 PLC 来控制。

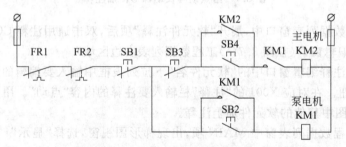

图 8.9 两台电机顺序控制的电气图

1. 功能要求

(1)当接上电源时,电机不动作。当按下 SB2 按钮后,泵电机 M1 动作,再按 SB4 按钮,主电机 M2 才会动作。未按 SB2 按钮,而先按 SB4 按钮时,主电机 M2 将不会动作。

(2)按 SB3 按钮后,只有主电机 M2 停止;而按 SB1 按钮后,M1、M2 两电机将会同时停止。按 FR 后,两电机 M1 和 M2 均因过载保护而停止。

2. 输入/输出端口设置

两台电机顺序控制的 I/O 端口分配如表 8.3 所示。

表 8.3 两台电机顺序控制的 I/O 端口分配表

输入			输出		
名称	符号	输入点	名称	符号	输出点
M1 启动按钮	SB2	X002	交流接触器 1	KM1	Y000
M2 启动按钮	SB4	X004	交流接触器 2	KM2	Y001
热继电器常闭	FR	X000			
停止按钮	SB1	X001			
M2 停止按钮	SB3	X003			

3. 梯形图与指令表

两台电机顺序控制的 PLC 控制的梯形图和指令表分别如图 8.10(a) 和 (b) 所示。

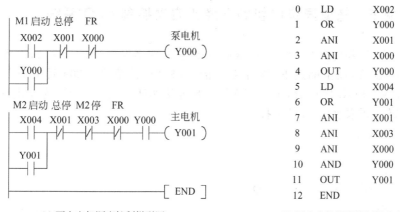

(a) 两台电机顺序控制梯形图　　　　(b) 两台电机顺序控制指令表

图 8.10 两台电机顺序控制的 PLC 控制的梯形图和指令表

4. 接线图

两台电机顺序控制的 PLC 控制系统的接线图如图 8.11 所示。

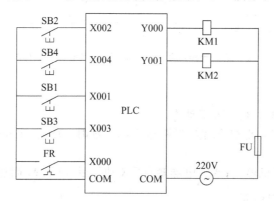

图 8.11 两台电机顺序控制的 PLC 控制系统的接线图

5. 思考与练习

(1) 按图 8.10(a) 所示,能在 FXGP 中给此梯形图加上中文元件注释吗?

(2) 按 6.3 节介绍的方法,用 FXGP 对图 8.10(a)梯形图进行监控调试,并对图 8.12 的监控画面进行说明。

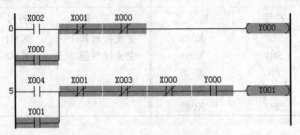

图 8.12 两台电机顺序控制系统梯形图在 FXGP 中的监控画面

8.1.5 实验 5 笼型异步电机Y/△降压启动控制 PLC 系统

图 8.13 为笼型异步电机Y/△降压启动继电器控制电气图。按下 SB2 后,主触点 KM1 和 KM3 闭合,而主触点 KM2 是断开的,电机作Y形启动。20s 后主触点 KM3 断开,主触点 KM1 和 KM2 闭合,电机切换为△形连接作连续运行。SB1 为停止按钮,按下 SB1 电机停转。要求改用 PLC 来控制。

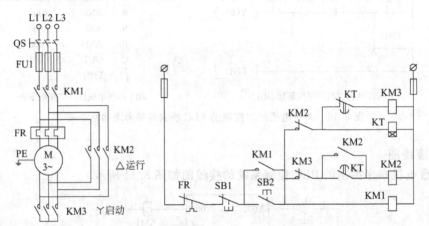

图 8.13 笼型异步电机Y/△降压启动继电器控制电气图

1. 功能要求

(1) 当接上电源时,电机 M 不动作。

(2) 当按下 SB2 后,电机 M 作Y形降压启动。延时 20s 后,电机 M 以△形连接作全压运行。

(3) 按下 SB1,电机停机;热继电器触点 FR 动作后,电机 M 因过载保护而停机。

2. 输入/输出端口设置

电机Y/△降压启动 PLC 控制的 I/O 端口分配如表 8.4 所示。

3. 梯形图与指令表

电机Y/△降压启动 PLC 控制的梯形图和指令表如图 8.14(a)和(b)所示。

表 8.4 电机Y/△降压启动 PLC 控制的 I/O 端口分配表

输入			输出		
名称	符号	输入点	名称	符号	输出点
启动按钮	SB2	X002	电源接触器	KM1	Y001
停止按钮	SB1	X001	Y形接触器	KM3	Y003
热继电器触点	FR	X004	△形接触器	KM2	Y002

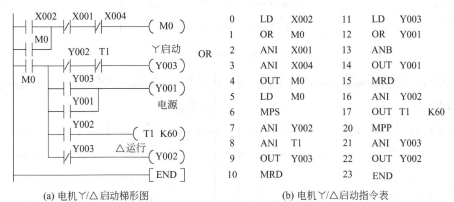

(a) 电机Y/△启动梯形图   (b) 电机Y/△启动指令表

图 8.14 电机Y/△降压启动 PLC 控制的梯形图及指令表

4. 接线图

电机Y/△降压启动 PLC 控制的接线图如图 8.15 所示。

5. 梯形图监控调试

按 6.3 节介绍的方法用 FXGP 进行电机Y/△降压启动梯形图的监控画面如图 8.16 所示。其中,分图(a)表示进入监控时的初始画面;分图(b)表示触按 X002 按钮后,Y001 和 Y003 接通,电机作Y形启动,同时 T1 定时 20s 的画面;分图(c)表示 T1 定时 20s 到,使 Y003 断开,Y002 接通,而 Y001 仍是接通的,电机切换为△形连接作连续运行。

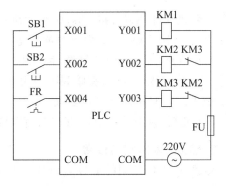

图 8.15 电机Y/△降压启动 PLC 控制的接线图

6. 思考题

使用指令:MOV K5 K1Y1,可以使 Y001 和 Y003 接通,电机为Y形启动。按此思路,能用功能指令 MOV 来设计电机Y/△启动的梯形图并重做本实验吗?

8.1.6 实验 6 交通灯控制 PLC 系统

1. 功能要求

(1) 设置一个启停开关 X010。系统上电后,按下开关 X010,南北红灯与东西绿灯同

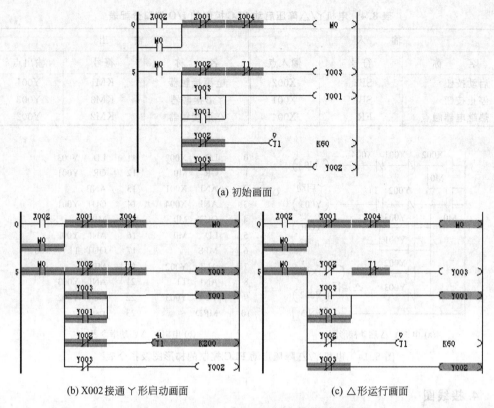

图 8.16 电机 Y/△降压启动梯形图的监控画面

时亮。南北红灯亮将维持 18s；而东西绿灯亮先维持 12s，接着绿灯闪烁，亮暗间隔各为 0.5s，闪烁 3 次后熄灭；变为东西黄灯亮，并维持 3s 后熄灭，同时南北红灯也熄灭。

（2）接着，变为东西红灯亮，南北绿灯亮。东西红灯亮将维持 18s；而南北绿灯亮先维持 12s，接着绿灯闪烁，亮暗间隔各为 0.5s，闪烁 3 次后熄灭；变为南北黄灯亮，并维持 3s 后熄灭。同时东西红灯也熄灭。

（3）此后，恢复为南北红灯与东西绿灯同时亮，如此重复循环。

2. 输入/输出端口设置

交通灯 PLC 控制的 I/O 端口分配表如表 8.5 所示。

表 8.5 交通灯 PLC 控制的 I/O 端口分配表

输入			输出		
名称	符号	输入点	名称	符号	输出点
启/停开关	SA	X010	南北红灯	HL0	Y000
			东西绿灯	HL1	Y001
			东西黄灯	HL2	Y002
			南北绿灯	HL3	Y003
			东西红灯	HL4	Y004
			南北黄灯	HL5	Y005

3. 梯形图与指令表

交通灯 PLC 控制系统的梯形图和指令表如图 8.17(a)和(b)所示。

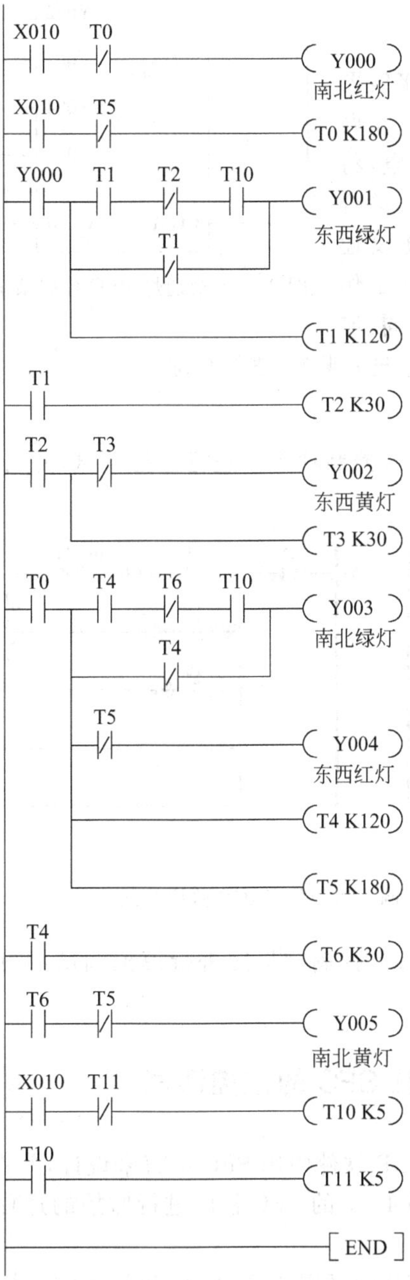

步序	指令		
0	LD	X010	
1	ANI	T0	
2	OUT	Y000	
3	LD	X010	
4	ANI	T5	
5	OUT	T0	K180
8	LD	Y000	
9	MPS		
10	LD	T1	
11	ANI	T2	
12	AND	T10	
13	ORI	T1	
14	ANB		
15	OUT	Y001	
16	MPP		
17	OUT	T1	K120
20	LD	T1	
21	OUT	T2	K30
24	LD	T2	
25	MPS		
26	ANI	T3	
27	OUT	Y002	
28	MPP		
29	OUT	T3	K30
32	LD	T0	
33	MPS		
34	LD	T4	
35	ANI	T6	
36	AND	T10	
37	ORI	T4	
38	ANB		
39	OUT	Y003	
40	MRD		
41	ANI	T5	
42	OUT	Y004	
43	MPP		
44	OUT	T4	K120
47	OUT	T5	K180
50	LD	T4	
51	OUT	T6	K30
54	LD	T6	
55	ANI	T5	
56	OUT	Y005	
57	LD	X010	
58	ANI	T11	
59	OUT	T10	K5
62	LD	T10	
63	OUT	T11	K5
66	END		

(a) 梯形图   (b) 指令表

图 8.17 交通灯 PLC 控制系统的梯形图与指令表

4. 接线图

交通灯 PLC 控制系统的接线图如图 8.18 所示。

5. 梯形图在线调试

在系统未上电情况下,按照图 8.18 接线图进行接线,把南北红绿黄灯放在南北位置,东西红绿黄灯放在东西位置。此后,给系统上电,将程序传送至 PLC 中,并将 PLC 的 RUN 开关合上,使 RUN 灯亮。合上开关 X010 后,观察交通灯是否符合功能要求进行转换。交通灯的工作波形图也可参看图 4.56,仅数据上有些不同,波形是一样的。如果在线调试出现问题,可以进入监控,进行排除。

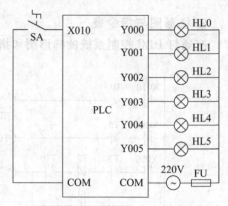

图 8.18 交通灯 PLC 控制系统的接线图

6. 思考题

(1) 用 FXGP 对图 8.17(a)交通灯 PLC 控制梯形图进行监控调试,并对图 8.19(a)和(b)两个调试画面进行说明。

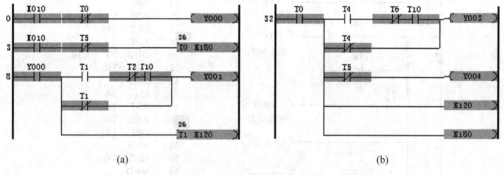

图 8.19 交通灯 PLC 控制梯形图的 FXGP 监控调试

(2) 用 GPPW 对图 8.17(a)交通灯 PLC 控制梯形图进行模拟调试,并加上元件名注释。

8.1.7 实验 7 广告牌 PLC 控制及 SFC 的监控调试

本实验内容请参看例 4.9,要求在 FXGP 软件中用 SFC 语言来设计,并进行 SFC 程序的监控调试。下面仅给出用 FXGP 对图 4.37 的 SFC 程序进行监控的过程,此前读者应完成以下操作。

(1) 按照例 4.10 介绍的方法,用 FXGP 画好图 4.37 SFC 和相关内置梯形图,并将其转换成相应的步进梯形图和指令表(见图 4.40)。

(2) 按照例 6.1 介绍的方法,选择"PLC"|"传送"|"写出"菜单命令,将程序传送到 PLC。

(3) 在系统未上电情况下,按照图 4.39 接线图进行接线;此后,给系统上电,并将

PLC 的 RUN 开关合上,使 RUN 灯亮,就可以进行 SFC 程序监控调试了。

SFC 程序具体监控调试步骤可以参照例 6.1 介绍的梯形图程序监控调试步骤进行。

① 选择"监控/测试"|"开始监控"菜单命令,进入 SFC 程序监控,初始监控画面如图 8.20(a)所示。图中,只有初始状态 S2 有绿色底纹,说明 S2 处于接通状态;没有底纹的 S20～S23 均处于关闭状态。

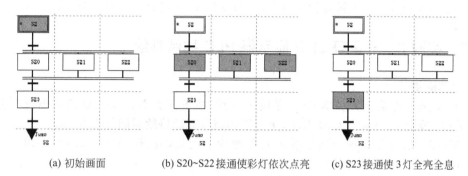

(a) 初始画面　　　　(b) S20~S22接通使彩灯依次点亮　　(c) S23接通使3灯全亮全息

图 8.20　广告牌 PLC 控制 SFC 程序的监控

② 如果没有外接按钮 X010,可以进行元件 ON/OFF 的模拟。选择"监控/测试"|"强制 ON/OFF"菜单命令,打开如图 8.21 所示"强制 ON/OFF"对话框,在"元件"文本框中输入 X010,并单击"确认"按钮。这时转移条件 X010 将接通一个扫描周期,使状态从 S2 同时转移到 3 个并行分支 S20～S22,使彩灯每隔 0.5s 依次点亮。监控画面如图 8.20(b)所示,状态 S20～S22 因接通而出现绿色底纹,同时 S2 因自动复位而失去底纹。

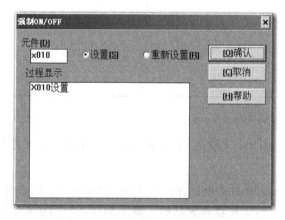

图 8.21　"强制 ON/OFF"对话框

③ T0 定时时间 1.5s 到,从状态 S20～S22 汇合转移到状态 S23,使彩灯全亮全熄闪烁 3 次。监控画面如图 8.20(c)所示,状态 S23 因接通而出现绿色底纹,同时 S20～S22 因自动复位而失去底纹。

④ T3 定时时间 3s 到,一次扫描结束,从状态 S23 跳转到初始状态 S2,监控画面回到图 8.20(a)。

⑤ 如果接有外接按钮 X010,可以进行在线监控调试。按下 X010 开关后,监控画面

自动在图 8.20(b)～(c)之间循环。

选择"监控/测试"|"停止监控"菜单命令,可以结束梯形图监控。

练习题

修改 SFC 程序,设计新的扫描模式,例如按例 3.17 要求的 8 彩灯扫描。

8.1.8　实验 8　七段码 LED 显示器 PLC 控制系统

1. 功能要求

(1) 设置一个启停开关 X010。系统上电后,按下开关 X010,LED 显示器逐个显示十六进制数码:0～9、a、b、C、d、E、F,每个数码被点亮的持续时间均为 0.5s。

(2) LED 显示器各段排列见图 5.117,相应的七段码的译码见表 5.72,要求使用功能指令(MOV、ZRST)来编程。

2. 输入/输出端口设置

七段码 LED 显示器 PLC 控制的 I/O 端口分配如表 8.6 所示。

表 8.6　七段码 LED 显示器 PLC 控制的 I/O 端口分配表

输入			输出	
名　称	符号	输入点	对应控制的 LED 段	输出点
启/停开关	SA	X010	a	Y000
			b	Y001
			c	Y002
			d	Y003
			e	Y004
			f	Y005
			g	Y006

3. 梯形图与指令表

七段码 LED 显示器 PLC 控制的梯形图如图 8.22 所示,指令表从略。

4. 接线图

七段码 LED 显示器 PLC 控制的接线图如图 8.23 所示。PLC 采用 FX1S-20MT,采用继电器输出型 FX0N-60MR 也是成功的。输出端 Y000～Y006 通过 150Ω 电阻直接驱动 3 英寸共阳 LED 显示器的引脚 a～g,12V 直流电源的正负极分别与 LED 显示器的共阳端和 PLC 的 COM 端相连(实际连接时要将 COM0～COM3 短接)。本实验使用的 LED 显示器的引脚图如图 8.24 所示,不同尺寸、型号的 LED 显示器的引脚有所不同,应按实际使用 LED 显示器的引脚图来连接。限流电阻也要按实际电路进行调整。

5. 梯形图在线调试

按照图 8.23 接线图进行接线后,给系统上电,将程序传送至 PLC 中,并将 PLC 的 RUN 开关合上,使 RUN 灯亮。合上开关 X010 后,LED 显示器将依次显示功能要求中所要求的十六进制数码 0～F。如果在线调试出现问题,可以进入监控,进行排除。

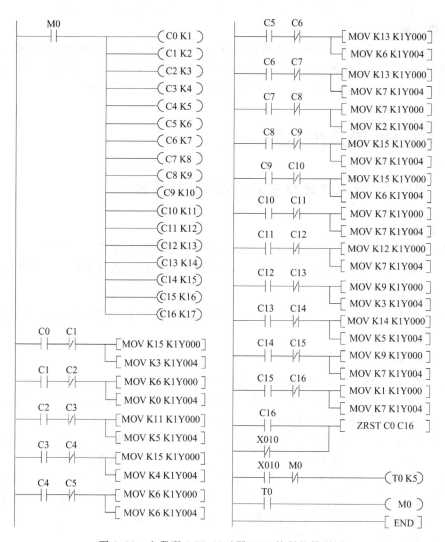

图 8.22 七段码 LED 显示器 PLC 控制的梯形图

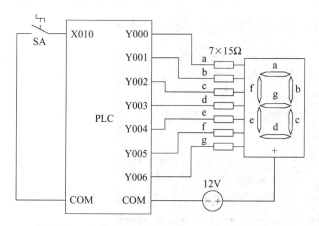

图 8.23 七段码 LED 显示器 PLC 控制的接线图

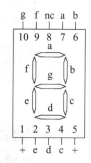

图 8.24 共阳 LED 显示器的引脚图

6. 思考题

FX2N 的七段译码指令 SEGD,可以对十六进制数 0～F 进行译码,并驱动七段码 LED 显示器。如使用指令:SEGD K0 K2Y0,就能使图 8.23 所示电路中的 LED 显示器显示数码 0。能用 SEGD 指令简化图 8.22 所示梯形图来做本实验吗?

8.2 PLC 控制系统实训

8.2.1 实训 1 污水处理程序调试和触摸屏编程

1. 实训目的

(1) 会用 XCPPro V3.0 绘制污水处理中的梯形图并对程序进行监控调试。
(2) 会用"TouchWin 编辑工具"(V2.89)绘制人机界面并进行模拟和在线调试。

2. 实训知识

本实训的相关知识点,请仔细阅读 7.3.3 小节"信捷 PLC 与触摸屏在污水处理中的应用"中的内容。

3. 实训步骤

(1) XCPPro V3.1a 正式版编程软件的安装

XCPPro 是信捷梯形图编程软件,其安装程序在随机光盘中,也可从信捷电气网站 http://www.xinje.com/下载,可以同时下载 Microsoft.NET Framework 2.0。

如果 Windows XP 系统中未安装过 Framework 2.0 库,就要先运行 dotnetfx 文件夹下的 dotnetfx.exe 文件,安装 Framework 2.0。此后,就可以双击安装文件 XCPPro3.1a_zh.exe,如果选择默认的安装路径 C:\Program Files\XCPPro 和开始菜单文件夹 XCPPro,就可一路单击"下一步"按钮。当出现"安装"对话框时,单击"安装"按钮,软件迅速进行安装。安装完成时,单击"完成"按钮,XCPPro 软件安装结束。

(2) 用 XCPPro 设计污水处理梯形图

双击桌面执行图标 ,启动 XCPPro,XCPPro 软件界面与组成说明如图 8.25 所示。

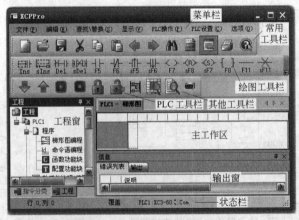

图 8.25 XCPPro 软件界面

下面简要说明图 7.9 所示污水处理梯形图的绘制过程。

① 新建工程

选择"文件"|"新建工程"菜单命令,或者单击常用工具栏中左起第一个"新建"按钮,打开"机型选择"对话框,选择所使用 PLC 的类型,然后单击"确定"按钮。如果当前已经连接了 PLC,XCPPro 将会自动检测出机型,选择默认,如图 8.26 所示。

② 绘制梯形图

这时,在主工作区打开了一个空的梯形图编辑窗口,就可以绘制图 7.9 所示梯形图了。由于信捷 PLC 指令与三菱的兼容,会使用 FXGP(见 6.3 节)的读者很容易掌握 XCPPro 的用法,如常开 F5、常闭 F6 和线圈 F7 等两者都是一样的。

梯形图画好后,选择"文件"|"保存工程"菜单命令,以"污水处理.xcp"文件名存盘。

(3) 联机通信,程序传送

① 联机通信

在系统未上电之前,用 DVP 通信电缆将 PC 与 PLC 连接起来。电缆一端为 9 芯 D 型母插,应插入计算机的 COM 口,其另一端为 MINI-DIN8 芯插头,插入 PLC 的通信口 1。

选择"选项"|"软件串口设置"菜单命令,打开如图 8.27 所示"软件串口设置"对话框,选择正确的通信串口、波特率和奇偶校验,或者单击"检测"按钮,软件将会自动检测并设定正确的通信参数。联机成功的标志是,在对话框的左下方显示红色的"成功连接 PLC"文字。单击"确定"按钮。

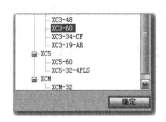

图 8.26 "机型选择"对话框

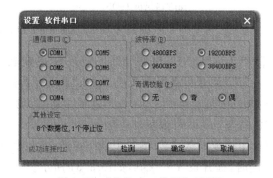

图 8.27 "软件串口设置"对话框

② 下载程序

选择"PLC 操作"|"下载用户程序及用户数据"菜单命令,将用户程序及数据下载到 PLC 中。在实际工程中,若要保护用户的知识产权,也可以选择菜单中的"保密下载"命令。这时,PLC 中的程序或数据将无法上传,在学习调试时请予以注意。

(4) 梯形图监控,调试运行

为了缩短调试时间,可按表 7.10 中的调试值来相应修改梯形图中 C0~C4 的计数值。先后选择"PLC 操作"|"运行 PLC"菜单命令和"PLC 操作"|"梯形图监控"菜单命令,进入梯形图监控,按 7.3.3 小节"3.梯形图程序设计"中的调试步骤①~⑥(请仔细阅读)来进行。

① 上电后无按钮动作,或右击 M101,在弹出的快捷菜单中选择"置线圈 M101 为 ON",将进入自动方式。可观察到 Y3=ON,如图 8.28 所示(有底纹的元件表示接通)。

② 用接线把 X11、X12 与 COM 相连,可观察到调节池的低、中水位指示 Y6、Y7＝ON。同时,污水泵 Y12＝ON,如图 8.29 所示。每隔 14min 可观察到 Y14 风机 1 和 Y15 风机 2 轮流 ON,如图 8.30 所示。

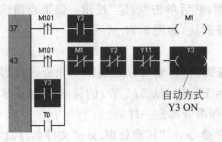 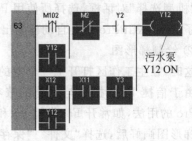

图 8.28　Y3＝ON 自动方式　　　　　图 8.29　水位开关 X11、X12 ON 后画面

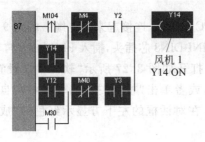 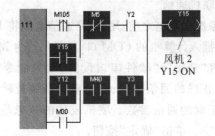

(a) Y14 风机 1=ON　　　　　　　(b) Y15 风机 2=ON

图 8.30　Y14 风机 1 和 Y15 风机 2 轮流 ON

③ 拆除 X11、X12 与 COM 的连线,将观察到水位指示 Y6、Y7＝OFF,同时污水泵 Y12＝OFF。注意观察 Y14 风机 1 或 Y15 风机 2,约以 4min OFF 与 2min ON 轮流工作。调试时的梯形图可参照图 8.30,只不过现在是由 M30 和 M40 共同决定风机的状态。

④ 每隔 7min,可观察到电磁阀 Y4＝ON。

⑤ 用接线把 X15、X16 与 COM 相连,将观察到集水池的低、高水位指示 Y16、Y17＝ON。同时,提升泵 Y5＝ON,如图 8.31 所示。

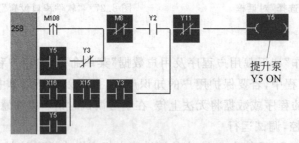

图 8.31　Y5 提升泵 ON

⑥ 上电后,右击 M100,在弹出的快捷菜单中选择"置线圈 M100 为 ON",可观察到 Y2＝ON,表示进入手动方式。这时,用右键菜单把 M102～M108(见表 7.8)置为 ON/OFF,就能人工控制提升泵、污水泵、风机和电磁阀的启停,并观察梯形图监控时的画面。

(5) 信捷"TouchWin 编辑工具"(V2.89)触摸屏软件的安装

TouchWin 是信捷触摸屏编程软件,可从信捷电子网站下载 TWin V2.89 安装文件。安装比较容易,双击安装文件 setup.exe,一路单击"下一步"按钮就可以了。当出现许可协议询问时,选中"我同意此协议";当出现序列号对话框时,在序列号栏输入 ThingetTouchWin;选择默认的路径和快捷方式。当出现准备安装对话框时,单击"安装"按钮,软件就迅速进行安装。安装完成时,单击"完成"按钮。

(6) 图 7.8 所示触摸屏人机界面的绘制

双击桌面执行图标■,启动 TouchWin,TouchWin 软件界面与组成说明如图 8.32 所示。

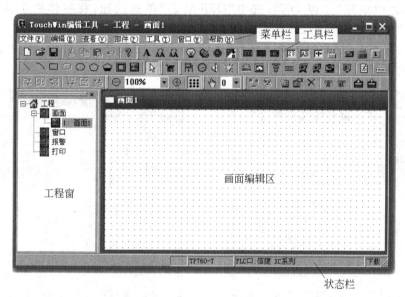

图 8.32　TouchWin 软件界面

① 新建工程

选择"文件"|"新建"菜单命令,或者单击工具栏中"新建"按钮,一路按提示进行。当出现"请选择显示器"窗口时,选择"TP760-T",如图 8.33 所示。当出现"请选择 PLC 口设备"窗口时,选中"信捷 XC 系列",如图 8.34 所示。若所显示的通信参数不正确,可以通过"设置"按钮并按图 8.27 所示参数设置。当出现选择 Download 口设备对话框时,选

图 8.33　"请选择显示器"窗口

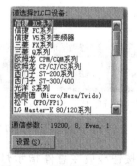

图 8.34　选择 PLC 口设备

择"不使用 Download 口",出现"工程"对话框时,单击"完成"按钮。这时出现"画面1"的编辑环境,见图8.32。

② 绘制图7.8所示画面中的指示灯与按钮

以总停指示灯与总停按钮的画法为例来说明。单击工具栏中"指示灯"按钮,移动光标至画面合适位置处,单击确认放置,出现"指示灯"对话框。在"对象"选项卡中,根据表7.8中的对象值,在"对象类型"文本框中填入"Y11",如图8.35所示。

在图8.36所示"灯"选项卡中,单击"更改外观"按钮,在出现的"样式"对话框中,选中 Lamp_T_Rect_06 样式,单击"确定"按钮回到"灯"选项卡中。选中"ON 状态"单选按钮,在字体栏中填写"总停 ON";选中"OFF 状态"单选按钮,在字体栏中填写"总停 OFF"。在"颜色"选项卡中,选择"ON 状态色"为绿色,"OFF 状态色"为白色。在"位置"选项卡中取宽度为55,高度为50,"闪烁"选项卡中取默认设置。这种可由读者自行决定的或默认的设置,下面将不再说明。

 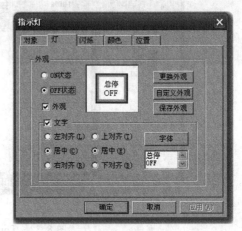

图8.35 "指示灯"对话框"对象"选项卡　　　图8.36 "指示灯"对话框"灯"选项卡

单击按钮图标,并将其放到总停指示灯上面,出现"按钮"对话框。在"对象"选项卡中,根据表7.8中的对象值,在"对象类型"栏中填入"M107",如图8.37(a)所示。在"操作"选项卡中,选中"瞬时 ON"单选按钮,如图8.37(b)所示。在"按键"选项卡中,选中"按键隐形"复选框,如图8.38所示。

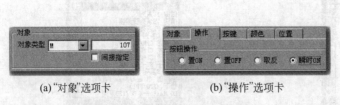 

图8.37 "按钮"对话框中设置　　　图8.38 选中"按键隐形"复选框

总停按钮叠放在总停指示灯上,既不影响使用,又充分利用了显示屏的可视面积。根据表7.8中按钮与指示灯的存储分配与属性,同样可以画出其余7个指示灯与按钮的组合。更快捷的方法是,复制已经画好的总停指示灯与按钮的组合,再按表 7.8 修改相应的数据,最后将 8 个指示灯与按钮的组合用矩形包围后组合起来。画面中 4 个报警指示灯与 4 个水位指示灯,按照已介绍的指示灯画法,结合表 7.9 中数据就可以绘制了。画面中的矩形和线可分别单击"矩形" 和"线" 按钮来绘制,十分简单,此处不再说明。

③ 绘制图 7.8 所示画面中部示意图动画

单击"素材库"按钮 ,出现如图 8.39 所示"素材库"对话框,选中左部的 NEW_pipe6 目录,在右部选择合适的管道,画好图 7.8 所示示意图中的管道连接。

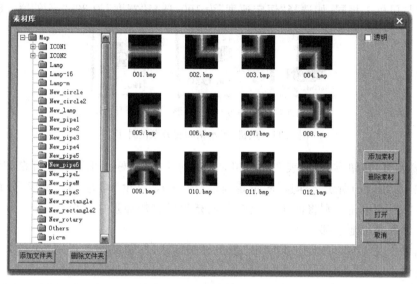

图 8.39 "素材库"对话框

调节池由矩形和上下两个椭圆组成。单击"椭圆"按钮 ,在画面上用鼠标拖曳出一个宽度为 68、高度为 16 的椭圆。此后会自动出现"椭圆"对话框,如图 8.40 所示。单击"填充"选项卡,对椭圆进行垂直"线性渐变"填充,"式样种类"选择其下拉列表框中最后

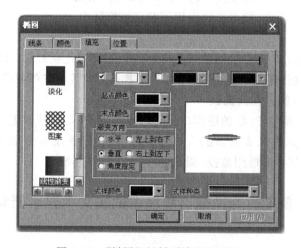

图 8.40 "椭圆"对话框"填充"选项卡

第 2 个样式。把做好的椭圆复制一份,分别作为调节池的顶和底。同样,用"矩形"按钮,画一个有水平"线性渐变"填充的矩形,"式样种类"选择其下拉列表框中第 1 个样式。矩形宽度为 68,高度为 65。把做好的矩形和椭圆顶底组合起来,再复制一份,分别作为调节池和集水池。

单击"风机"按钮，移动光标至画面合适位置处,单击放置外形如图 8.41(a)所示风机,打开"风机"对话框。根据表 7.9 中风机 1 的对象值,在"对象"选项卡的"对象类型"文本框中填入 Y14。用复制修改的方法,画好风机 2。修改风机 2 的对象值为 Y15,其余设置值均与风机 1 相同,如选择"恒定速度"为 100,选择"宽度"为 39,"高度"为 38。

(a) 风机外形　　(b) 污水泵外形　　(c) 提升泵外形

图 8.41　风机、污水泵和提升泵的外形

单击"水泵"按钮，根据表 7.9 中相应泵的对象值,画好污水泵和提升泵,其外形分别如图 8.41(b)、(c)所示。均选择"恒定速度"为 100,"高度"均为 28,"宽度"分别为 41、32。通过"矩形"按钮分别将两个泵包围在填充为黑色的矩形中,并组合在一起,再分别放入调节池和集水池下部。

画面中相关文字,可以用"文字串"工具来标注,标题文字也可用"动态文字串"工具来标注。

污水处理人机界面绘制过程的屏幕录像文件,将在清华大学出版社网站提供下载。

(7) 污水处理系统的在线模拟

① 下载画面至触摸屏

在系统未上电之前,用下载电缆(两端均是 DB9F)将 PC 的 COM 口与 TP760-T 的 Download 口连接起来。污水处理人机界面画好后,给触摸屏上电(DC24V),选择"文件"|"下载数据"菜单命令,就可以将画面下载到触摸屏中。

② 在线模拟

用 DVP 通信电缆将 PLC 的通信口 1 与 PC 的 COM 口连接起来,选择"文件"|"在线模拟"菜单命令,进行在线模拟。具体可按本节"(4)梯形图监控,调试运行"中调试步骤进行。

(8) 污水处理系统的在线调试

用 DVP 通信电缆将 PLC 的通信口 1 与触摸屏的 PLC 口连接起来,并给它们上电。这时在触摸屏上出现图 7.8 所示的人机界面,可以直接触按 8 个触摸屏按钮来控制系统。具体参看本节"(4)梯形图监控,调试运行"中的调试步骤。

8.2.2　实训 2　多段速脉冲输出程序调试和文本显示器编程

1. 实训目的

(1) 会用 XCPPro 绘制多段速脉冲输出中的梯形图并对程序进行监控调试。

（2）会用"OP 系列画面设置工具"（V6.5n）绘制人机界面并进行在线调试。

2. 实训知识

本实训的相关知识点，请仔细阅读 7.3.5 小节"信捷 PLC 多段速脉冲输出控制三相步进电机"中的内容。

3. 实训步骤

实训步骤可参照 8.2.1 小节进行，下面仅列出要点和说明不同点。

（1）用 XCPPro 设计多段速脉冲输出状态梯形图

在信捷的状态梯形图中，每个状态以"STL 状态名"开始，以"STLE"结束。绘制它们的快捷方法是光标定位后双击，在出现的功能框中直接输入相应内容。梯形图画好后，选择"文件"|"保存工程"菜单命令，以"多段速脉冲输出.xcp"文件名存盘。

（2）联机通信，程序传送

选择"PLC 操作"|"下载用户程序及用户数据"菜单命令，将用户程序及数据下载到 PLC 中。在下载前若 PLC 中有程序在运行，要选择"PLC 操作"|"停止 PLC"菜单命令，先将其停止。

（3）梯形图监控，调试运行

先后选择"PLC 操作"|"运行 PLC"菜单命令和"PLC 操作"|"梯形图监控"菜单命令，进入梯形图监控。仔细阅读 7.3.5 小节"3.梯形图程序设计"中介绍的"（4）手动和自动的工作过程"，先说明以自动方式来进行梯形图监控。先后两次右击 M200，在弹出的快捷菜单中分别选择"置线圈 M200 为 ON"和"置线圈 M200 为 OFF"，来模拟 M200 常开瞬时 ON，使自动标志 M203＝1，进入自动运行模式。注意观察梯形图监控画面，先执行 4 段速自动前进脉冲输出指令，如图 8.42 所示，后执行单速返回原点脉冲输出指令，如图 8.43 所示。

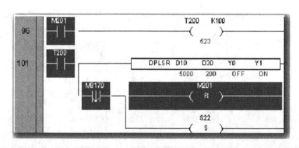

图 8.42　执行 4 段速自动前进脉冲输出指令

以手动方式来进行梯形图监控，要先用右键菜单的方法使 M100 常开瞬时 ON，进入手动方式；再用右键菜单的方法使 M101 常开瞬时 ON，进入手动启动，同样能观察到执行 4 段速手动前进脉冲输出指令，如图 8.42 所示。此后，用右键菜单的方法使 M102 常开瞬时 ON，同样能观察到执行手动单速返回原点脉冲输出指令，如图 8.43 所示。

用右键菜单的方法使 M110 或 M210 常开瞬时 ON，梯形图监控将进入手动停止或自动停止。

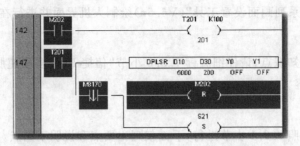

图 8.43 执行手动单速返回原点脉冲输出指令

(4) 信捷"OP 系列画面设置工具"(V6.5n)文本显示器软件的安装

OP 系列画面设置工具是信捷文本显示器编程软件,可从信捷电气网站下载 OP20 V6.5n 安装文件。安装比较容易,双击安装文件 setup.exe,一路单击"下一步"按钮即可完成。当出现许可协议询问时,选中"我同意此协议";当出现序列号对话框时,在"序列号"文本框中输入 ThingetTouchWin;接着,选择默认的路径和快捷方式。当出现"准备安装"对话框时,单击"安装"按钮,软件就迅速进行安装。安装完成时,单击"完成"按钮。

(5) 图 7.18 所示文本显示器人机界面的绘制

双击桌面执行图标,启动 OP20,OP20 软件界面与组成说明如图 8.44 所示。

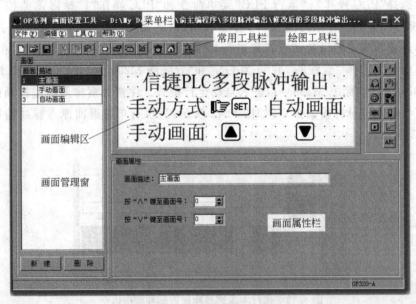

图 8.44 OP20 软件界面

① 新建工程

选择"文件"|"新建工程"菜单命令,或单击常用工具栏中"新建"按钮,一路按提示进行。当出现"选择显示器"窗口时,选择 OP320-A 单选按钮,如图 8.45 所示。当出现"PLC 选择"对话框时,选中"信捷 XC"类型,如图 8.46 所示,可以通过"设置"按钮设置通信参数,正确的设置如图 8.27 所示。这时在画面编辑区出现的是"画面 1"的编辑环境,

在"画面描述"文本框中输入"主画面";通过单击画面管理窗口下方的"新建"按钮,分别新建"手动画面"和"自动画面",如图8.44所示。

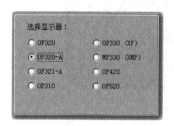

图8.45 "选择显示器"窗口

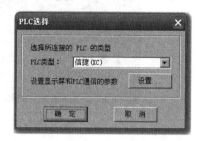

图8.46 "PLC选择"对话框

② 绘制图7.18(a)所示主画面

单击画面管理窗的画面号1,激活主画面编辑。单击绘图工具栏中"文字串"按钮,移动光标至画面合适位置处,单击确认放置。在下面的文字串栏中,把默认的"文字串"覆盖输入为"信捷PLC多段脉冲输出",如图8.47所示。用同样的方法设置图7.18(a)所示主画面中的其他文字串。

单击"功能键"按钮,移动光标至"手动方式"文字串右边,单击确认放置。按图8.48所示进行功能键属性设置:在"键"下拉列表框中选择'SET'键,在"线圈号"列表框中选择"M100"(见表7.18),并选中"瞬时ON"单选按钮,其余选项取默认值。用同样的方法放置手动画面跳转键"↑"和自动画面跳转键"↓",注意表7.18中为跳转操作,所以要在功能键属性设置的"功能"栏中选中"画面跳转"单选按钮。

图8.47 在文字串栏输入文字

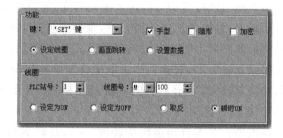

图8.48 功能键属性设置

③ 绘制图7.18(b)所示手动画面

单击画面管理窗的画面号2,激活手动画面编辑。按上面介绍的方法,放置手动画面中的文字串和功能键,并按表7.19进行设置。

单击"寄存器"按钮,移动光标至"当前脉冲段"文字串右边,单击确认放置数据显示框。根据表7.20中相应的设置值,按图8.49所示进行寄存器属性设置:分别在"寄存器号"与"位数"下拉列表框中选择D8172与3,其余选项取默认值。用同样的方法放置"累计脉冲数"右边的数据显示框,并按表7.20中相应设置值设置。注意"整数位数"为6位,其余均与"当前脉冲段"数据显示框设置值相同。

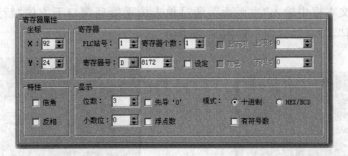

图 8.49 寄存器属性设置

④ 绘制图 7.18(c)所示自动画面

按上面绘制手动画面的方法,并按照表 7.21、表 7.22 相应的设置值,读者不难画出自动画面了。

⑤ 下载画面至文本显示器

在系统未上电之前,用下载电缆 OP-SYS-CAB0 将 PC 的 COM 口与 OP320-A 的串口连接起来。多段速脉冲输出人机界面画好后,给文本显示器上电(DC24V),选择"文件"|"下载数据"菜单命令,就可以将画面下载到文本显示器中。

(6) 多段速脉冲输出系统的在线调试

按图 7.21 所示接线图把系统中各部件连接起来,用 DVP 通信电缆将 PLC 的通信口 1 与文本显示器串口连接起来,并给系统各部件上电。这时在文本显示器屏幕上出现图 7.18(a)所示主画面,可以直接触按文本显示器按钮来控制系统。

① 手动方式调试

在主画面触按 SET 键,进入手动方式,触按手动画面跳转键"↑",跳转到手动画面。在手动画面,触按手动启动键"→",观察到步进电机将按 4 段速由快至慢前进,同时观察文本显示器屏幕上"当前脉冲段"数从 1 到 4 变化,"累计脉冲数"从 0 到 16250 变化。触按返回原点键"←",观察到步进电机将按单速快速返回,同时观察文本显示器屏幕上"当前脉冲段"数始终显示 1,"累计脉冲数"从 16250 到 0 变化。

② 自动方式调试

在主画面触按自动画面跳转键"↓",跳转到自动画面。在自动画面,触按自动启动键 ENT,观察到的实验现象与手动方式相同,只是前进和返回是反复循环的。

③ 手动或自动停止

在手动或自动画面中,分别触按 ESC 键,将停止步进电机运转,触按"↑"键,返回主画面。

4. 实训练习

练习 1:设定其他细分值,重做本实训。如细分为 50 和 125,计算出对应表 7.24 中各段的脉冲数的理论转数,并观察实际转数与理论转数是否相符。

练习 2:本实训中采用的步进电机 110BYG350C 重量超过 10kg,也可改用重量在 1.3kg 左右的反应式步进电机作定性试验。如本实验中也采用过常州市多维电器有限公司生产的 70BC3-3J(电机实际转数比理论转数是偏大的)。

8.2.3 实训 3 丰炜绝对定位控制程序的调试与人机界面编程

1. 实训目的
(1) 会用 Ladder Master 绘制 7.3.4 小节图 7.15 所示梯形图并进行监控调试。
(2) 会用 TouchWin 绘制此案例中的人机界面并进行在线调试。

2. 实训知识
本实训的相关知识点,请仔细阅读 7.3.4 小节"丰炜 PLC 对二相步进电机绝对定位控制"中的内容。

3. 实训步骤
(1) 用 Ladder Master 设计绝对定位控制梯形图

Ladder Master 是丰炜梯形图编程软件,其安装软件 chi-v1.70.1.zip 可从丰炜公司网站 http://www.vigorplc.com.tw/download.htm 下载。安装比较容易,双击安装文件 setup.exe 一路按提示进行即可,直至安装完成。

先用 MWPC-200 连接线把 PC 和 PLC 连接起来,电缆一端为 9 芯 D 型母插,应插入计算机的 COM 口,另一端为 USB 插头,插入 PLC 的 USB 通信口中,然后给系统上电。

双击桌面执行图标,启动 Ladder Master,Ladder Master 软件界面与组成说明如图 8.50 所示。下面简要说明图 7.15 所示梯形图的绘制过程。

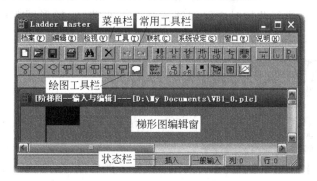

图 8.50 Ladder Master 软件界面

① 建立新档

单击"新建"按钮,出现"PLC 机型"选择对话框,在"PLC 机型"文本框中将检测出已连接的机型 VB1,单击"确定"按钮。

② 绘制梯形图

这时,在主工作区打开了一个空的梯形图编辑窗口,由于丰炜 PLC 指令与三菱的兼容,会使用 FXGP 的读者很容易掌握 Ladder Master 的用法。使用绘图工具栏中各种绘图按钮,可以画出图 7.15 所示梯形图。

③ 编译存盘,程序传送

选择"工具"|"编译"菜单命令进行编译,成功的标志是在母线的左侧出现步序号。

编译通过的梯形图以"步进控制.plc"文件名存盘。选择"联机"|"下载程序"菜单命令,将程序下载到PLC中。

(2) 梯形图监控,调试运行

先后选择"联机"|"使PLC--开始运转"菜单命令和"联机"|"监看"菜单命令,进入梯形图监控。出现"监控元件"对话框时,可根据需要,选择监控的元件。本案例采用默认选择——梯形图监控。

① 设置数据寄存器的调试值

根据采用的步进电机的参数和相关计算,设置表7.13中各数据寄存器的调试值如表8.7所示。可算得电机轴周长为15.7mm,前进距离31.4mm对应电机转2圈;速度7.85mm/s是按30r/min换算得到的(1r/min对应0.26mm/s)。

表8.7　设置表7.13各数据寄存器的调试值

名　称	对　象	调试值	名　称	对　象	调试值
电机轴直径	D7010	5mm	前进速度	D7002	7.85mm/s
电机步距角	D7012	1.8°	后退速度	D7004	7.85mm/s
前进距离	D7000	31.4mm(2圈)			

梯形图监控时,应先对表8.7中数据寄存器进行设置,下面以D7002的设置为例来说明。光标指向D7002右边的当前值并双击,出现图8.51所示数据寄存器当前值设定对话框,输入设定值7.85并单击"确定"按钮,D7002的当前值就从原先的0变为7.85了,如图8.52所示。进行监控时应仔细阅读7.3.4小节"3.梯形图程序设计"中的"(3)手动和自动的工作过程"。

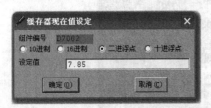

图8.51　数据寄存器当前值设定

图8.52　D7002设置前后的值

② 自动方式梯形图监控

双击常开M4,出现如图8.53所示"接点状态强制设定"对话框,观察到已经选中单选按钮"强制ON"后,单击"确定"按钮。同样地用双击方法,使常开M0"强制ON",执行195步梯级绝对定位指令而驱动电机前进,如图8.54所示;延迟1s后,自动执行195步梯级的绝对定位指令而驱动电机返回原点,如图8.55所示;延迟1s后,又执行自动前进,如此反复循环运动。

③ 手动方式梯形图监控

在M0断开的情况下,双击常开M4,使其"强制ON"。再双击常开M2,在出现的"接点状态强制设定"对话框中选择"ON

图8.53　"接点状态强制设定"对话框

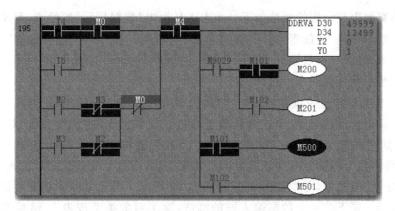

图 8.54　自动前进时梯形图监控画面

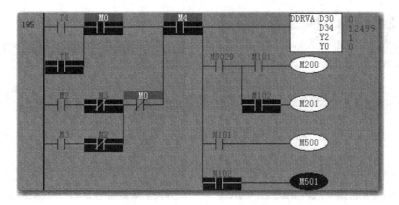

图 8.55　自动返回时梯形图监控画面

脉波",使其瞬间 ON,这时,同样可以观察到执行 195 步梯级绝对定位指令而手动前进。如果改使 M3 瞬间 ON,则观察到执行绝对定位指令而手动返回。梯形图监控画面与自动方式时相似,仅驱动条件不同,读者可自行观察监控画面。

④ 手动或自动停止

双击常开 M4,使其"强制 OFF",将停止执行 195 步梯级绝对定位指令,读者可自行观察监控画面。

(3) 图 7.13 所示触摸屏人机界面的绘制

图 7.13 所示人机界面的绘制可参照实训 1 的步骤进行,下面仅列出要点和说明不同点。

① 新建工程

按实训 1 介绍的方法新建工程,并以 vgbj.twp 文件名存盘。

② 绘制图 7.13 所示画面中 6 个数据框

图 7.13 所示画面右部有 4 个指示灯,每个灯上也各叠放了 1 个隐形的按钮,与图 7.8 中的指示灯与按钮组合结构相同;画面中还有各种文字串,均可以参照实训 1 中介绍的方法,用信捷触摸屏软件 TouchWin(V2.89)绘制。下面仅说明左部 6 个数据框的画法,绘制时要按照表 7.13 给出的数据进行。

当前距离数据显示框的画法如下。单击工具栏中"数据显示"按钮▣，移动光标至画面合适位置处，单击确认放置，出现"数据显示"对话框。在"对象"选项卡的"对象类型"文本框中填入 D4100，在数据类型下拉列表框中选择 Dword，如图 8.56 所示。其余选项卡参数可以按照默认值或自行选择。

数据输入框 1（轴直径设置输入框）的画法如下。单击工具栏中"数据输入"按钮▣，移动光标至画面合适位置处，单击确认放置，出现"数据输入"对话框。在"对象"选项卡的"对象类型"栏中填入 D7010，在"数据类型"下拉列表框中选择 Dword；在"显示"选项卡中选中"浮点数"单选按钮，并选择数据长度为 7 位，小数位为 2 位；在"输入"选项卡中选择"弹出键盘"复选框，分别如图 8.57～图 8.59 所示。其余选项卡参数可以按照默认值或自行选择。剩下的 4 个数据输入框的画法，除了对象类型按表 7.13 给出数据填入外，其余均可参照数据输入框 1 的画法。

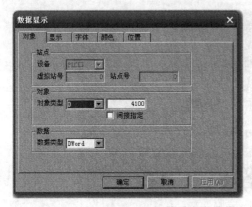

图 8.56　数据显示"对象"选项卡

图 8.57　数据输入"对象"选项卡

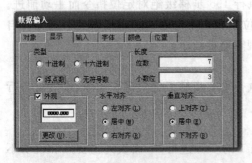

图 8.58　数据输入"显示"选项卡

图 8.59　数据输入"输入"选项卡

（4）绝对定位控制系统的在线调试

参照实训 1 中的方法将上述画好的画面下载到触摸屏中。

按照图 7.16 所示接线图把系统各部件连接起来，VB1 与触摸屏 TP760-T 之间要按图 7.17 所示方法连接。此后，给系统各部件上电，这时在触摸屏屏幕上出现图 7.13 所示画面，要先用触摸屏输入表 8.7 中步进电机的各项调试值。调试步骤可参照本节中"（2）梯形图监控，调试运行"进行，不同之处是改用触摸屏 4 个按钮来进行控制调试。

① 自动方式在线调试

上电后,在触摸屏上出现的图 7.13 所示画面中触按启停键,进入启动状态;再触按手动/自动键,进入自动运行方式。这时,将观察到步进电机先自动前进 2 圈,同时"当前距离显示"文本框中的数字从 0 到 31.399 变化;延迟 1s 后,步进电机自动返回 2 圈,同时"当前距离显示"文本框中的数字从 31.399 变化到 0。延迟 1s 后,又执行自动前进,如此反复循环运动。

② 手动方式在线调试

上电后,在触摸屏上出现的图 7.13 所示画面中触按启停键,进入启动状态。再触按手动前进/停止键,进入手动运行方式,同样将观察到自动前进时画面;到位后,触按手动返回/停止键,同样将观察到自动返回时的画面。不同之点在于这两个键是设计成"瞬间ON"的结构,只有按下键时才起作用;而手动/自动键则设计成"取反"的结构,触按一次后,键的状态就一直处于相反状态。

③ 手动或自动停止

在手动或自动画面中,触按停止键,将停止步进电机运转。

4. 实训练习

练习 1:在图 7.13 所示触摸屏画面上再增加一个细分值输入框,以使程序能处理不同的细分值,其他功能要求不变,重做本实训。

练习 2:从成本考虑,实验中的步进电机电流一般在 1A 以下。本案例中还成功用过比较容易得到的二手两相 6 线步进电机 PH268-22-A21(电流 0.68A),中心抽头可空着不用;以及常州市多维电器有限公司生产的 42BY48B02(电流 0.36A)。步进驱动器还成功采用过常州宝来电器生产的小巧的 BL-210(适用 1A 以下二相步进电机)。读者可以用容易得到的器材来重做本实训。

8.2.4 实训 4 自制 PLC 并用单片机仿真 PLC 方法进行控制

1. 实训目的

(1) 设计并装接一个用单片机主控的学习型 PLC——FL1S-20MT。
(2) 在自制的 FL1S-20MT 上用指令转换的方法仿真 PLC 控制实验 4。

2. 实训知识

学习型 PLC 的硬件部分可以参照 1.4 节 FL1S-20MT 型 PLC 电原理图,并结合自己所选用的单片机的不同特点来进行设计。但是,PLC 要能运行还需要系统软件,为此,本节提出了一种将 PLC 指令转换为单片机的指令,用 STC89C58RD+单片机来仿真PLC 控制的方法。该方法能集单片机控制和 PLC 控制的优点于一体,允许用户先按梯形图对控制对象编程(这对于对继电器控制较为熟悉的电气技术人员来说提供了方便),再通过两者之间的指令转换,把梯形图转换成单片机控制指令,进行单片机仿真 PLC 控制。单片机控制作为嵌入式系统的核心技术,具有高可靠性和高性价比,而且小巧玲珑、成本低廉。使得使用者无须购买上千元的 PLC,就能进行仿真 PLC 的控制。因此,这种方法十分适合于制作专用的嵌入式功能电路板，同时，只要修改单片机芯片中的 HEX 代码，就能改变其控制功能，所以仿真板又是"柔性"的。

当然，对于 FL1S-20MT，因为系统软件已经写入在 STC89C58RD＋单片机中，用户可以按通常的 PLC 控制方法来使用。但是，STC89C58RD＋具有"在系统编程"（in-system programming, ISP）功能，可以把专用程序代码写入芯片中，从而可以把它改造成为一个用单片机仿真 PLC 的专用功能板，也可兼作学习单片机的用户板，从而一物二用。下面以 1.4 节介绍的丰菱 FL1S-20MT 为平台，用单片机仿真 PLC 的指令转换法来做实验 4。

把实验 4 中图 8.10(a) 所示的梯形图转化为 MCS-51 汇编指令，需要有一些相关单片机方面的知识，读者可参看相关单片机的书籍。MCS-51 中的布尔处理器，具有丰富的位处理功能，可以用这些位操作逻辑指令来替换 FX2N 系列梯形图中对应的基本逻辑指令。下面将实验中经常用到的可以替换的指令（较之第 1 版有了一些扩充），用表 8.8 和表 8.9 列出。

同样的 LD、LDI 指令一般可按表 8.8 所示来转换，但当它们与块操作指令 ANB 和 ORB 联用时，就要按表 8.9 所示来转换。以 LD BIT 来说明，它是取当前位的状态到位累加器 C，但在取进来前，要将原 C 中的状态进行压栈保护，即压入片内 RAM 字节地址为 1FH 的堆栈中，然后再将当前位的状态取到 C 中。由于堆栈的长度是 8 位，所以 LD 指令连续使用次数不能超过 8 次。表 8.9 中其他指令，可按表中简要的说明来理解，不再详细说明。

表 8.8　部分 MCS-51 指令与 FX2N 系列 PLC 的基本指令转换表 1

FX2N 基本指令	MCS-51 位操作指令	FX2N 基本指令	MCS-51 位操作指令
LD BIT	MOV C, BIT	ORI BIT	ORL C, /BIT
LDI BIT	MOV C, BIT; CPL C	OUT BIT	MOV BIT, C
AND BIT	ANL C, BIT	END	LJMP START
ANI BIT	ANL C, /BIT	INV	CPL C
OR BIT	ORL C, BIT	NOP	NOP

表 8.9　部分 MCS-51 指令与 FX2N 系列 PLC 的基本指令转换表 2

FX2N 基本指令	对应 MCS-51 位操作指令及说明
LD BIT	先存原状态：MOV A, 1FH；RLC A；MOV 1FH, A；再取状态：MOV C, BIT
LDI BIT	同上：MOV A, 1FH; RLC A; MOV 1FH, A; 再取反状态：MOV C, BIT; CPL C
SET BIT	原状态保护：MOV 7FH, C；目的位保持：ORL C, BIT; MOV BIT, C; 原状态恢复 MOV C, 7FH
RST BIT	状态保护：MOV 7FH, C；目的位复位：CPL C; ANL C, BIT; MOV BIT, C; 状态恢复 MOV C, 7FH
ANB	将原压栈位取出来后与 C 相与：MOV A, 1FH; RRC A; MOV 1FH, A; ANL C, ACC.7
ORB	将原压栈位取出来后与 C 相与：MOV A, 1FH; RRC A; MOV 1FH, A; ORL C, ACC.7
MPS	先修正地址，后压入状态：MOV A, 0EH; RL A; MOV ACC.0, C; MOV 0EH, A
MPP	先弹出状态，后修正地址：MOV A, 0EH; MOV C, ACC.0; RR A; MOV 0EH, A
MRD	读出状态，地址不变：MOV A, 0EH; MOV C, ACC.0

这样,就可以按这两个表给出的指令间等效替换的方法将梯形图转化为 51 汇编指令了。实验 4 两台电机顺序控制的完整汇编源程序以"顺控.ASM"存盘,内容如下:

```
P4       EQU    0E8H            ;把 P4 口的地址 E8H 赋给 P4,P4 是 P4 口的符号地址
X00IN    BIT    P4.1            ;定义 X00IN 为 P4.1(输入 X000～X007 选通信号)
Y00OUT   BIT    P4.3            ;定义 Y00OUT 为 P4.3(输出 Y000～Y007 选通信号)
X00      BIT    00H             ;定义 X00 为位地址 00H,X00 就是 00H 的符号地址
X01      BIT    01H             ;定义 X01 为位地址 01H,X01 就是 01H 的符号地址
X02      BIT    02H             ;定义 X02 为位地址 02H,X02 就是 02H 的符号地址
X03      BIT    03H             ;定义 X03 为位地址 03H,X03 就是 03H 的符号地址
X04      BIT    04H             ;定义 X04 为位地址 04H,X04 就是 04H 的符号地址
Y00      BIT    10H             ;定义 Y00 为位地址 10H,Y00 就是 10H 的符号地址
Y01      BIT    11H             ;定义 Y01 为位地址 11H,Y01 就是 11H 的符号地址
         ORG    0000H           ;0000H 为复位入口地址
         AJMP   START           ;程序跳转至 START
         ORG    0030H           ;指定程序的起始地址为 0030H
START:   MOV    P1, #00H        ;置 P1 口为 00H,输出口清零
         CLR    Y00OUT          ;从此起 3 指令,模拟 P4.3 产生正脉冲选通信号
         NOP
         SETB   Y00OUT
         MOV    SP, #60H        ;设置堆栈地址从 60H 开始
PLC:     ACALL  INOUT           ;调用输入/输出刷新子程序
MN1:     MOV    C, X02          ;对应指令 LD   X002 的转换
         ORL    C, Y00          ;对应指令 OR   Y000 的转换
         ANL    C, /X01         ;对应指令 ANI  X001 的转换
         ANL    C, /X00         ;对应指令 ANI  X000 的转换
         MOV    Y00, C          ;对应指令 OUT  Y000 的转换
         MOV    C, X04          ;对应指令 LD   X004 的转换
         ORL    C, Y01          ;对应指令 OR   Y001 的转换
         ANL    C, /X01         ;对应指令 ANI  X001 的转换
         ANL    C, /X03         ;对应指令 ANI  X003 的转换
         ANL    C, /X00         ;对应指令 ANI  X000 的转换
         ANL    C, Y00          ;对应指令 AND  Y000 的转换
         MOV    Y01, C          ;对应指令 OUT  Y001 的转换
MN2:     AJMP   PLC             ;循环扫描
INOUT:   MOV    P1, #0FFH       ;P1 口先写 1,下面指令将执行输入刷新
         CLR    X00IN           ;使输入选通 P4.1 为低电平
         NOP                    ;延时
         MOV    ACC, P1         ;采样输入状态至累加器
         CPL    A               ;A 求反(模拟输入电路反相)
         MOV    20H, ACC        ;将采集到的信号送片内 RAM 单元 20H
         SETB   X00IN           ;使输入选通 P4.1 为高电平,一次输入采样结束
         MOV    P1, #00H        ;P1 口先写 0,下面指令将执行输出刷新
         MOV    P1, 22H         ;将片内 RAM 单元 22H 输出状态信号送 P1 口
```

```
        CLR     Y00OUT          ;使输出选通 P4.3 为低电平,从此起 4 条指令模
        NOP                     ;拟产生输出选通脉冲
        NOP                     ;NOP 均为延时
        SETB    Y00OUT          ;使输出选通 P4.3 为高电平,一次输出刷新结束
        RET                     ;返回
        END     START
```

上述程序中,开头 10 行是定义一些符号地址,使其下的程序使用时更方便。标号 MN1～MN2 之间的指令就是用指令转换方法,把图 8.10(a)梯形图转换为 51 汇编指令。用得较多的是串联使用与指令、并联使用或指令。子程序 INOUT 是模拟 PLC 的输入/输出刷新,它是通用的,也可以用在其他替换法的程序中。

3. 实训步骤

(1) 实训内容、功能要求、输入/输出端口设置、梯形图和接线图与实验 4 相同。学习型 PLC 可参照 1.4 节 FL1S-20MT 型 PLC 电原理图设计并装接,或用 FL1S-20MT 套件装接。

(2) 按表 8.8 把图 8.10(a)所示的梯形图转化为 MCS-51 汇编指令,最后得到上面给出的汇编源文件"顺控.ASM"。

(3) 使用 Keil μVision3 软件将上述汇编源程序进行编辑、编译,直至最后输出 Intel HEX 文件"顺控.HEX"(有关 Keil μVision3 软件的使用,可参看笔者主编的清华大学出版社 2008 年 8 月出版的《MCS-51 单片机原理与应用》一书)。

(4) 将"顺控.HEX"十六进制文件的内容用 STC-ISP 下载编程烧录软件写入到 STC89C58RD+中,就可以进行两台电机顺序控制的实验了。

4. 实训练习

练习 1:在自制的 FL1S-20MT 上,用单片机仿真 PLC 方法重做实验 2。
练习 2:在自制的 FL1S-20MT 上,用单片机仿真 PLC 方法重做实验 5。

APPENDIX A

附录 A

三菱 FX2N 系列 PLC 编程元件

FX2N 系列 PLC 性能规格见表 A.1。

表 A.1　FX2N 系列 PLC 性能规格

项　　目		FX2N 系列	
运行控制方式		存储程序,周期扫描,反复运行(专用 LSI),也有中断方式	
输入/输出控制方式		批处理方式(当执行 END 指令时),但也有 I/O 刷新指令	
指令执行时间		基本指令:0.08μs/指令;应用指令:1.52～几百 μs/指令	
程序语言		梯形图、指令清单和步进梯形图(可用 SFC 表示)	
程序存储器容量与形式		内置 8K 步 E^2PROM,使用附加寄存盒可扩展到 16K 步	
指令条数	基本、步进指令	基本(顺控)指令 27 条,步进指令 2 条	
	应用指令	应用指令 128 种,最大可用 298 条应用指令	
I/O 点数	扩展并用输入点	X000～X267(八进制),184 点	
	扩展并用输出点	Y000～Y267(八进制),184 点	
	扩展并用总点数	总共 256 点	
辅助继电器	一般用	M0～M499,500 点①	
	锁存用	M500～M1023,524 点②	通信用:主→从 M800～M899 从→主 M900～M999
	锁存用	M1024～M3071,2048 点③	
	特殊用	M8000～M8255,256 点	
状态元件	一般用	S0～S499,500 点①	初始化用 S0～S9,10 点
			原点回归用 S10～S19,10 点
	锁存用 报警用	S500～S899,400 点② S900～S999,100 点③	
定时器	100ms(通用型)	T0～T199,200 点(0.1～3276.7s),T192～T199 可用于子程序	
	10ms(通用型)	T200～T245,46 点(0.01～327.67s)	
	1ms(累计型)	T246～T249,4 点(0.001～32.767s)③	
	100ms(累计型)	T250～T255,6 点(0.1～3276.7s)③	

续表

项 目		FX2N 系列
计数器 (C)	16 位增计数	C0～C99,100 点(0～32767)①,一般用
	16 位增计数	C100～C199,100 点(0～32767)②,锁存用
	32 位增/减	C200～C219,20 点(-2147483648～+2147483647)①,一般用
	32 位增/减	C220～C234,15 点(-2147483648～+2147483647)②,锁存用
	高速 32 位增/减	C235～C255,21 点(只有 6 个高速计数输入端)②,锁存用
数据寄存器(D)使用 1 对时 32 位	16 位通用	D0～D199,200 点①,一般用
	16 位通用	D200～D511,312 点②,锁存用
	16 位通用	D512～D7999,7488 点(D1000 后可以 500 点设置文件寄存器)③
	16 位特殊用	D8000～D8255,256 点
	16 位变址用	V0～V7,Z0～Z7,16 点
指针 (P/I)	转移用	P0～P127,128 点
	中断用	输入、定时中断:I0□□～I8□□,9 点;计数中断:I010～I060,6 点
嵌套	主控	N0～N7,8 点
常数	十进制 K	16 位:-32768～+32767;32 位:-2147483648～+2147483647
	十六进制 H	16 位:0～FFFF;32 位:0～FFFFFFFF

注:① 非电池后备区,通过参数设置可改为电池后备区。
② 电池后备区,通过参数设置可改为非电池后备区。
③ 电池后备固定区,区域特性不可改变。
FX2N 系列 PLC 用 X 表示输入继电器,Y 表示输出继电器,M 表示辅助继电器,D 表示数据寄存器,T 表示定时器,C 表示计数器,S 表示状态继电器,特 M 表示特殊辅助继电器,特 D 表示特殊数据寄存器。

APPENDIX B

附录 B

FX2N系列PLC指令表

表 B.1 FX2N 系列 PLC 基本逻辑指令表

助记符名称	操作功能	梯形图与目标组件	程序步数
LD 取	常开接点 运算开始	 X Y M S T C	1
LDI 取反	常闭接点 运算开始	 X Y M S T C	1
OUT 输出	线圈驱动	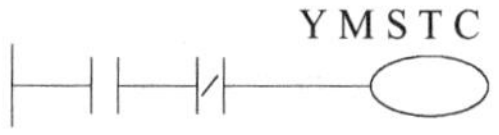 Y M S T C	Y,M: 1; S,特M: 2 T,C16位:3; C32位:5
AND 与	常开接点 串联连接	 X Y M S T C	1
ANI 与非	常闭接点 串联连接	 X Y M S T C	1
OR 或	常开接点 并联连接	 X Y M S T C	1
ORI 或非	常闭接点 并联连接	 X Y M S T C	1
LDP 上升沿取	上升沿 运算开始	 X Y M S T C	2
LDF 下降沿取	下降沿 运算开始	 X Y M S T C	2
ANDP 上升沿与	上升沿 串联连接	 X Y M S T C	2
ANDF 下降沿与	下降沿 串联连接	 X Y M S T C	2
ORP 上升沿或	上升沿 并联连接	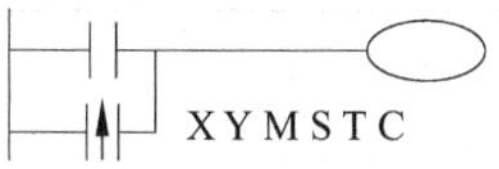 X Y M S T C	2

续表

助记符名称	操作功能	梯形图与目标组件	程序步数
ORF 下降沿或	下降沿 并联连接	X Y M S T C	2
ORB 块或	串联块的并联连接	无	1
ANB 块与	并联块的串联连接	无	1
MPS 进栈	进栈	MPS	1
MRD 读栈	读栈	MRD	1
MPP 出栈	出栈	MPP 无	1
SET 置位	线圈得电保持	SET Y M S	Y,M:1; S,特 M:2
RST 复位	线圈失电保持	RST Y M S T C D	S,T,C:2; D,V,Z,特 D:3
PLS （升）	微分输出 上升沿有效	PLS Y M 除特 M	2
PLF （降）	微分输出 下降沿有效	PLF Y M 除特 M	2
MC 主控	公共串联接点 另起新母线	MC N Y M N 嵌套数：N0~N7	3
MCR 主控复位	公共串联接点 新母线解除	MCR N N 嵌套数：N0~N7	2
INV 反	运算结果取反	无	1
NOP 空操作	空操作	无	1
END 结束	程序结束 返回 0 步	无 END	1

表 B.2　FX2N 系列 PLC 功能指令一览表

分类	功能号	指令符号	功　能	D 指令	P 指令	程序步
程序流	00	CJ	有条件跳转		○	3
	01	CALL	子程序调用		○	3
	02	SRET	子程序返回			1
	03	1RET	中断返回			1
	04	EI	开中断			1
	05	DI	关中断			1
	06	FEND	主程序结束			1
	07	WDT	监视定时器刷新		○	1
	08	FOR	循环区起点			3
	09	NEXT	循环区终点			1
传送比较	10	CMP	比较	○	○	7/13
	11	ZCP	区间比较	○	○	9/17
	12	MOV	传送	○	○	5/9
	13	SMOV	移位传送		○	11
	14	CML	反向传送	○	○	5/9
	15	BMOV	块传送		○	7
	16	FMOV	多点传送	○	○	7
	17	XCH	交换	○	○	5/9
	18	BCD	BCD 转换	○	○	5/9
	19	BIN	BIN 转换	○	○	5/9
算术逻辑运算	20	ADD	BIN 加	○	○	7/13
	21	SUB	BIN 减	○	○	7/13
	22	MUL	BIN 乘	○	○	7/13
	23	DIV	BIN 除	○	○	7/13
	24	INC	BIN 加 1	○	○	3/5
	25	DEC	BIN 减 1	○	○	3/5
	26	WAND	逻辑字与	○	○	7/13
	27	WOR	逻辑字或	○	○	7/13
	28	WXOR	逻辑字异或	○	○	7/13
	29	NEG	求补码	○	○	3/5

续表

分类	功能号	指令符号	功能	D指令	P指令	程序步
旋转移位	30	ROR	循环右移	○	○	5/9
	31	ROL	循环左移	○	○	5/9
	32	RCR	带进位右移	○	○	5/9
	33	RCL	带进位左移	○	○	5/9
	34	SFTR	位右移		○	9
	35	SFTL	位左移		○	9
	36	WSFR	字右移		○	9
	37	WSFL	字左移		○	9
	38	SFWR	先进先出写入		○	7
	39	SFRD	先进先出读出		○	7
数据处理	40	ZRST	区间复位		○	5
	41	DECO	解码		○	7
	42	ENCO	编码		○	7
	43	SUM	ON位总数	○	○	7/9
	44	BON	ON位判别	○	○	7/9
	45	MEAN	平均值	○	○	7/13
	46	ANS	报警器置位			7
	47	ANR	报警器复位		○	1
	48	SOR	BIN平方根	○	○	5/9
	49	FLT	二进制数转浮点数	○	○	5/9
高速处理	50	REF	刷新		○	5
	51	REFE	刷新和滤波时间调整		○	3
	52	MTR	矩阵输入(1次)			9
	53	HSCS	比较置位(高速计数)	○		13
	54	HSCR	比较复位(高速计数)	○		13
	55	HSZ	区间比较(高速计数)	○		17
	56	SPD	速度检测			7
	57	PLSY	脉冲输出(1次)	○		7/13
	58	PWM	脉冲幅度调制(1次)			7
	59	PLSR	加减速的脉冲输出	○		9/17

续表

分类	功能号	指令符号	功能	D指令	P指令	程序步
方便指令	60	IST	状态初始化(1次)			7
	61	SER	数据搜索	○	○	9/17
	62	ABSD	绝对值凸轮顺控(1次)	○		9/17
	63	INCD	增量式凸轮顺控(1次)			9
	64	TIMR	示教定时器			5
	65	STMR	特殊定时器			7
	66	ALT	交替输出			3
	67	RAMP	斜坡信号			9
	68	ROTC	旋转台控制(1次)			9
	69	SORT	列表数据排序(1次)			11
外部I/O	70	TKY	0～9数字键输入(1次)	○		9/17
	71	HKY	16键输入(1次)	○		9/17
	72	DSW	数字开关(2次)			9
	73	SEGD	7段译码		○	5
	74	SEGL	带锁存7段码显示(2次)			7
	75	ARWS	矢量开关(1次)			9
	76	ASC	ASCII转换			7
	77	PR	ASCII代码打印输出(2次)			5
	78	FROM	特殊功能模块读出	○	○	9/17
	79	TO	特殊功能模块写入	○	○	9/17
外围设备	80	RS	串行数据传送			5
	81	PRUN	并联运行	○	○	5/9
	82	ASCI	HEX→ASCII转换		○	7
	83	HEX	ASCII→HEX转换		○	7
	84	CCD	校正代码		○	7
	85	VRRD	FX-8AV变量读取		○	5
	86	VRSC	FX-8AV变量整标		○	5
	88	PID	PID运算			9

续表

分 类	功能号	指令符号	功 能	D 指令	P 指令	程序步
F2 外部单元	90	MNET	NET/MINI 网		○	5
	91	ANRD	模拟量读出		○	9
	92	ANWR	模拟量写入		○	9
	93	RMST	RM 单元启动		○	9
	94	RMWR	RM 单元写入	○	○	7/13
	95	RMRD	RM 单元读出	○	○	7/13
	96	RMMN	RM 单元监控		○	7
	97	BLK	GM 程序块指定		○	7
	98	MCDE	机器码读出		○	9
浮点数运算	110	ECMP	二进制浮点数比较	○	○	13
	111	EZCP	二进制浮点数区间比较	○	○	9
	118	EBCD	二-十进制浮点数变换	○	○	9
	119	EBIN	十-二进制浮点数变换	○	○	9
	120	EADD	二进制浮点数加	○	○	13
	121	ESUB	二进制浮点数减	○	○	13
	122	EMUL	二进制浮点数乘	○	○	13
	123	EDIV	二进制浮点数除	○	○	13
	127	ESOR	二进制浮点数开平方	○	○	9
	129	INT	二进制浮点数取整	○	○	9
	130	SIN	浮点数 SIN 计算	○	○	9
	131	COS	浮点数 COS 计算	○	○	9
	132	TAN	浮点数 TAN 计算	○	○	9
定位控制（只适用于 FX1S 及 FX1N）	155	ABS	ABS 当前值读取	○无 16		13
	156	ZRN	原点回归		○	9/17
	157	PLSY	可变速的脉冲输出		○	9/17
	158	DRVI	相对位置控制		○	9/17
	159	DRVA	绝对位置控制		○	9/17

续表

分 类	功能号	指令符号	功　　能	D指令	P指令	程序步
时钟运算	160	TCMP	时钟数据比较		○	11
	161	TZCP	时钟数区间比较		○	9
	162	TADD	时钟数据加		○	7
	163	TSUB	时钟数据减		○	7
	166	TRD	时钟数据读出		○	3
	167	TWR	时钟数据写入		○	3
转换	147	SWAP	上下字节转化	○	○	3/5
	170	GRY	格雷码转换	○	○	5/9
	171	GBIN	格雷码逆转换	○	○	5/9
接点比较	224	LD=	(S1)=(S2)	○	○	5/9
	225	LD>	(S1)>(S2)	○	○	5/9
	226	LD<	(S1)<(S2)	○	○	5/9
	228	LD<>	(S1)≠(S2)	○	○	5/9
	229	LD≤	(S1)≤(S2)	○	○	5/9
	230	LD≥	(S1)≥(S2)	○	○	5/9
	232	AND=	(S1)=(S2)	○	○	5/9
	233	AND>	(S1)>(S2)	○	○	5/9
	234	AND<	(S1)<(S2)	○	○	5/9
	236	AND<>	(S1)≠(S2)	○	○	5/9
	237	AND≤	(S1)≤(S2)	○	○	5/9
	238	AND≥	(S1)≥(S2)	○	○	5/9
	240	OR=	(S1)=(S2)	○	○	5/9
	241	OR>	(S1)>(S2)	○	○	5/9
	242	OR<	(S1)<(S2)	○	○	5/9
	244	OR<>	(S1)≠(S2)	○	○	5/9
	245	OR≤	(S1)≤(S2)	○	○	5/9
	246	OR≥	(S1)≥(S2)	○	○	5/9

参 考 文 献

1. 钟肇新. 可编程控制器原理及应用. 第3版. 广州:华南理工大学出版社,2004
2. 周恩涛. 可编程控制器原理及其在液压系统中的应用. 北京:机械工业出版社,2003
3. 王兆义. 小型可编程控制器实用技术. 北京:机械工业出版社,2007
4. 陈苏波. 三菱PLC快速入门与实例提高. 北京:人民邮电出版社,2008
5. 张运刚. 从入门到精通——三菱FX2N PLC技术与应用. 北京:机械工业出版社,2008
6. 余雷声. 电气控制与PLC应用. 北京:机械工业出版社,2005
7. 章文浩. 可编程控制器原理及实验. 北京:国防工业出版社,2004
8. 俞国亮. MCS-51单片机原理与应用. 北京:清华大学出版社,2008

普通高等教育"十一五"国家级规划教材

高职高专电子信息专业系列教材

- 数字电子技术基础　　　　　　　　　　刘守义　钟　苏
- 电工电子技术　　　　　　　　　　　　陈新龙
- 电路分析基础　　　　　　　　　　　　曹才开
- 电子技能实训教程　　　　　　　　　　张永枫
- 电路实验　　　　　　　　　　　　　　曹才开
- 工厂电气控制技术（第2版）　　　　　 熊幸明
- 电气控制与PLC技术（第2版）　　　　　王兆明
- **PLC原理与应用（三菱FX系列）（第2版）　俞国亮**
- PLC原理与应用（松下FP0系列）　　　　李国厚
- 单片机应用技术　　　　　　　　　　　肖伸平
- MCS-51单片机原理与应用　　　　　　 俞国亮
- 单片机应用实训教程　　　　　　　　　张永枫
- EDA技术基础　　　　　　　　　　　　焦素敏
- 电视技术　　　　　　　　　　　　　　梁长垠
- 电视机综合实训技术　　　　　　　　　梁长垠
- 自动控制专业英语　　　　　　　　　　李国厚

清华大学出版社

官方微信号

ISBN 978-7-302-20106-9

定价：59.00元